绿色建筑与生态城区标准化 2022

Green Building and Eco-District Standardization 2022

王清勤　赵　力　姜　波　朱荣鑫　编著

中国建筑工业出版社

图书在版编目（CIP）数据

绿色建筑与生态城区标准化. 2022 = Green Building and Eco-District Standardization 2022/王清勤等编著. —北京：中国建筑工业出版社，2022.10

ISBN 978-7-112-27856-5

Ⅰ. ①绿…　Ⅱ. ①王…　Ⅲ. ①生态建筑—建筑设计—标准化—中国—2022　Ⅳ. ① TU201.5-65

中国版本图书馆 CIP 数据核字（2022）第 161631 号

责任编辑：张幼平
责任校对：张　颖

绿色建筑与生态城区标准化 2022
Green Building and Eco-District Standardization 2022
王清勤　赵　力　姜　波　朱荣鑫　编著

*

中国建筑工业出版社出版、发行（北京海淀三里河路 9 号）
各地新华书店、建筑书店经销
北京建筑工业印刷厂制版
北京同文印刷有限责任公司印刷

*

开本：787 毫米×1092 毫米　1/16　印张：21　字数：506 千字
2023 年 2 月第一版　　2023 年 2 月第一次印刷
定价：**78.00** 元
ISBN 978-7-112-27856-5
（40014）

《绿色建筑与生态城区标准化 2022》

编 委 会

主　　编：王清勤

副 主 编：赵　力　姜　波　朱荣鑫

编写委员：（按姓氏笔画排序）

丁　勇　马恩成　王有为　王陈栋　韦雅云

仇丽娉　叶　凌　刘　恒　刘茂林　刘敬疆

孙　景　杜杨燕　杜海龙　李　迅　李国柱

李晋秋　杨金鹏　杨建荣　汪滋淞　张　然

张聪达　罗淑湘　孟　冲　赵　蕊　赵乃妮

赵士永　赵张媛　宫　玮　郭振伟　黄　宁

黄俊鹏　康　熙　梁　浩　韩继红　谢琳娜

编写单位：中国建筑科学研究院有限公司

中国工程建设标准化协会绿色建筑与生态城区分会

国家技术标准创新基地（建筑工程）绿色建筑专业委员会

住房和城乡建设部科技与产业化发展中心

重庆大学

中国城市科学研究会

中国城市规划设计研究院

同济大学

中建工程产业技术研究院有限公司

北京市绿色建筑设计工程技术研究中心

上海市建筑科学研究院（集团）有限公司

山东建筑大学建筑城规学院

北京清华同衡规划设计研究院有限公司

河北省建筑科学研究院有限公司

友绿（北京）数字科技有限责任公司

北京新航城智慧生态技术研究院有限责任公司

北京建筑技术发展有限责任公司

英国建筑研究院（BRE）

序

"标准决定质量，有什么样的标准就有什么样的质量，只有高标准才有高质量。"习近平总书记的重要论述深刻揭示了标准与质量之间的关系。在工程建设领域，工程建设标准体系的高质量健康发展是保障我国工程建设质量、提高基础设施建设水平的先决条件，也是实现"十四五"规划和2035年远景目标的重要助力。随着《中华人民共和国标准化法》的修订实施，《国家标准化发展纲要》《"十四五"推动高质量发展的国家标准体系建设规划》等系列文件的发布，工程建设领域标准化改革正持续深入推进，强制性工程建设规范陆续发布，推荐性标准不断精简整合，团体标准蓬勃发展，企业标准数量逐年提升，"政府标准保基本，市场标准促创新"的新型工程建设标准二元体系初见雏形。

现阶段，我国城乡建设已经进入新的发展时期，绿色发展将是未来城乡发展的基调。2015年召开的中央城市工作会议、2016年发布的《中共中央　国务院关于进一步加强城市规划建设管理工作的若干意见》要求提高新型城镇化水平，贯彻"创新、协调、绿色、开放、共享"的发展理念，落实"适用、经济、绿色、美观"建筑八字方针，走出一条中国特色城市发展道路。2021年，中共中央办公厅、国务院办公厅印发了《关于推动城乡建设绿色发展的意见》，要求"加快转变城乡建设方式，促进经济社会发展全面绿色转型"，明确将"建设高品质绿色建筑"作为推动城乡建设绿色发展的重要内容之一。

"十三五"期间，我国绿色建筑实现跨越式发展。截至2021年底，全国累计建成绿色建筑85.91亿 m^2，其中2021年新增绿色建筑23.62亿 m^2，当年新增绿色建筑占年度新增建筑的比例达到84.22%；2022年上半年绿色建筑占新建建筑的比例已超过90%；到2025年，城镇新建建筑将全面建成绿色建筑。"十三五"期间，我国绿色建筑标准体系也得到了不断丰富和完善。目前，我国国家层面现有绿色建筑和绿色建筑产品标准共30余部，形成了较为完整的标准体系，基本实现对绿色建筑主要工程阶段和主要功能类型的全覆盖。在国家和行业标准的框架下，地方省市结合自身发展需求发布了地方绿色建筑标准；各社会团体组织编制了多部专项绿色标准，为国家和地方政府标准的实施提供了有效支撑。绿色建筑领域的标准化，已经形成了国家标准整体布局、地方标准协同发展、团体标准引领创新，百花齐放的繁荣景象。

2021年是"十四五"开局之年，2022年党的二十大顺利召开，在此关键时期，中国工程建设标准化协会绿色建筑与生态城区分会、国家技术标准创新基地（建筑工程）绿色建筑专业委员会及时总结绿色建筑和生态城区工程建设标准化发展经验，组织编撰《绿色建筑与生态城区标准化2022》一书，分析和思考我国绿色建筑与生态城区领域工程建设标准化改革和发展存在的问题，对我国绿色建筑与生态城区未来的工程建设标准化发展非常重要。

行远自迩，笃行不怠。希望中国工程建设标准化协会绿色建筑与生态城区分会、国家技术标准创新基地（建筑工程）绿色建筑专业委员会等单位继续坚持在绿色建筑与生态城区标准化方面的研究、探索和实践。同时，希望此书能对相关从业人员的专业技术工作以及绿色建筑与生态城区的全社会推广普及有所裨益，为我国绿色建筑和生态城区的建设、发展和推广发挥积极作用。

中国建筑科学研究院有限公司　党委书记、董事长
中国工程建设标准化协会　理事长
2022 年 10 月 26 日

前　　言

习近平总书记在 2016 年致第 39 届国际标准化组织大会的贺信中指出，标准是人类文明进步的成果。从中国古代的"车同轨、书同文"到现代工业规模化生产，都是标准化的生动实践。在工程建设领域，我国春秋战国时期的技术规则与工艺规范类文献《考工记》就已记载了"匠人"建国、营国、为沟洫等规划和工程制度规定。经过 70 余年的不断探索，我国工程建设国家、行业和地方标准共有 11861 项，形成了覆盖经济社会各领域、工程建设各环节的标准体系，在保障工程质量安全、促进产业转型升级、强化生态环境保护、推动经济提质增效、提升国际竞争力等方面发挥了重要作用。绿色建筑和生态城区的健康发展同样离不开标准的支撑。自 2006 年我国首部绿色建筑国家标准《绿色建筑评价标准》GB/T 50378—2006 发布实施，历经 10 余年的探索和发展，国家层面发布了 20 余部国家和行业绿色建筑标准，地方层面结合当地气候、环境、资源、经济和文化等特点制定了设计、评价、施工、检测等标准，以中国工程建设标准化协会为首的社会团体结合市场需求制定了相关创新性团体标准，初步形成了国家标准保基本、市场标准促创新的立体化绿色建筑和生态城区标准体系。

为贯彻落实《关于完整准确全面贯彻新发展理念　做好碳达峰碳中和工作的意见》《关于推动城乡建设绿色发展的意见》《绿色建筑创建行动方案》《"十四五"建筑节能与绿色建筑发展规划》等重大政策文件中有关大力发展绿色建筑、完善绿色建筑标准体系、推进绿色建筑标准实施等精神和要求，应对新时期绿色建筑和生态城区的新发展、新挑战，由中国工程建设标准化协会绿色建筑与生态城区分会、国家技术标准创新基地（建筑工程）绿色建筑专业委员会组织业内有关专家共同编撰了《绿色建筑与生态城区标准化 2022》，以指导我国绿色建筑和生态城区规划、设计、建设、评价及运行维护，在城乡建设领域推广绿色建筑发展理念，转变大量建设、大量消耗、大量排放的城乡建设发展方式，提升住房水平与人居环境，践行新发展理念，推动高质量发展，加快生态文明建设。

本书共分五篇，包括现状与发展趋势、国家与行业标准、地方与团体标准、标准应用与案例、借鉴与标准国际化，力求全面、系统地总结国内外绿色建筑和生态城区标准化的研究成果和工程实践经验，展示近两年我国可持续建筑和生态城区标准化发展的全景。

第一篇是现状与发展趋势，遴选了 8 篇文章对我国绿色建筑和生态城区发展的新动向、新内容、新成果进行介绍，阐述我国绿色建筑标准体系构建和性能提升技术研究及应用、碳达峰与碳中和愿景下的绿色建筑工作思考、绿色建筑助力双碳目标及标准化需求、绿色建筑标识现状与发展建议、绿色建材评价及标准体系现状、健康建筑与健康社区的发展及标准化现状、绿色建筑性能后评估标准体系研究、既有公共建筑改造标准体系构建研究。

第二篇是国家与行业标准，遴选了 3 个全文强制性规范、3 个国家推荐性标准，分别从编制背景和思路、主要技术内容、主要创新以及实施应用情况进行介绍，并对国家标准

《绿色建筑评价标准》GB/T 50378—2019 的应用与思考进行了分析。

第三篇是地方与团体标准，遴选了 7 个地方标准、6 个团体标准，分别从编制背景和前期准备、主要技术内容、关键技术及创新以及实施应用情况等方面进行介绍。

第四篇是标准应用与案例，遴选了具有代表性的新国标绿色建筑、既有建筑绿色改造、绿色雪上运动场馆、健康建筑、生态城区等 10 个案例，分别从项目总体情况、主要技术措施、实施效果、社会经济效益等方面进行介绍。

第五篇是借鉴与标准国际化，遴选了 7 篇文章，对中国绿色建筑的国际化发展、国际绿色建筑标准在中国的本土化进行了分析，介绍了 ISO 标准的编制过程、主要技术、主要创新、实施应用，对法国 HQE 和英国 BREEAM 标准的技术路径与应用进行了探讨，并对中外典型绿色生态城区评价标准系统化比较开展了研究。

最后，以附录的形式介绍了中国工程建设标准化协会绿色建筑与生态城区分会、国家技术标准创新基地（建筑工程）绿色建筑专业委员会，以大事记的方式展示了近两年相关的重大政策、标准规范和重要活动等。

由于编著者水平有限，本书难免存在缺点和不妥之处，恳请读者批评指正。对本书的意见和建议，请反馈至中国建筑科学研究院（地址：北京市朝阳区北三环东路 30 号）。希望与业内专家共同努力，将本报告打造为观察绿色建筑标准行业动态与趋势的精品之作。

本书编委会
2022 年 6 月

目　　录

第四篇 标准应用与案例

第五篇 借鉴与标准国际化

附　　录

第一篇　现状与发展趋势

1 谈"碳"——碳达峰与碳中和愿景下的中国绿色建筑工作思考

王有为[1,2]

1 中国城市科学研究会绿色建筑与节能专业委员会；

2 中国建筑科学研究院有限公司

2020 年 9 月 22 日，国家主席习近平在第七十五届联合国大会一般性辩论上发表重要讲话。习近平主席指出，人类社会发展史就是一部不断战胜各种挑战和困难的历史。新冠肺炎疫情全球大流行和世界百年未有之大变局相互影响，但和平与发展的时代主题没有变，各国人民和平发展、合作共赢的期待更加强烈。这场疫情启示我们，人类需要一场自我革命，加快形成绿色发展方式和生活方式，建设生态文明和美丽地球。人类不能再忽视大自然一次又一次的警告，沿着只讲索取不讲投入、只讲发展不讲保护、只讲利用不讲修复的老路走下去。应对气候变化的《巴黎协定》代表了全球绿色低碳转型的大方向，是保护地球家园需要采取的最低限度行动，各国必须迈出决定性步伐。中国将提高国家自主贡献力度，采取更加有力的政策和措施，二氧化碳排放力争于 2030 年前达到峰值，努力争取 2060 年前实现碳中和。各国要树立创新、协调、绿色、开放、共享的新发展理念，抓住新一轮科技革命和产业变革的历史性机遇，推动疫情后世界经济"绿色复苏"，汇聚起可持续发展的强大合力。

2020 年 8 月，中国工程院院士钱七虎教授在第十六届国际绿色建筑与建筑节能大会的主题报告中明确指出，新冠肺炎疫情后人类面对的最大挑战就是气候变化。气候变化的应对之策应当是推进绿色发展，实施生态大保护，建设绿色生态城市。

未来，"创新、协调、绿色、开放、共享"这一发展理念，不仅仅是中国人民的自我激励，更代表了世界绿色发展的必然方向。积极应对气候变化，践行绿色低碳策略势在必行。随着新冠疫苗接种工作的推进，愿人类命运共同体能够在"后疫情时代"同心同德，创造世界经济"绿色复苏"。在碳达峰、碳中和的人类共同愿景下，我在这里也谈谈切身感受与认知，愿与大家共同探索、分享建筑减碳之路的见闻见解。

地球在自然发展演化过程中，气候随之不断变化，这种变化是地球系统在自然力驱动下的长期演变过程。因此，在一般意义上，气候变化是气候平均状态统计意义上的长时间或较长尺度（通常为 30 年或更长）气候状态的改变。但自工业革命以来，人类活动（特别是化石燃料的使用）所产生的温室气体排放不断增加，影响了自然气候变化过程，导致全球温室效应加剧，加速了气候变化。气候变化会导致光照、热量、水分、风速等气候要素的量值及时空分布变化，进而会对生态系统和自然环境产生全方位、多层次的影响。

全球人为因素导致的气候变化，基本体现于产业、建筑、交通三大部分，且因国而异。近几年来，中国政府节能减排的措施主要是产业结构调整、发展绿色交通、推广建筑节能并大力发展绿色建筑。在加快城镇化进程的过程中，据专家预测，最终城镇化率可能达到65%～70%，每年新建建筑面积约15亿～20亿 m^2。总的形势是产业与交通行业所占碳排放比例正在递减，而建筑业碳排放比例未来则可能达到50%左右。

国际金融论坛（IFF）与欧盟碳定价特别工作组（Task Force of Carbon Pricing in EU）在欧盟—中国碳定价会议上提出建议：中国未来要把建筑纳入碳交易市场。建筑消耗全球三分之一左右的能源，温室气体排放也在这个比例。2017年开始建设的中国碳交易市场只纳入了电力行业，我国生态环境保护部已经发声，未来将进一步将建筑材料等7个行业纳入中国碳交易市场。但建筑能耗中，建材和施工阶段消耗的"内涵能"（embedded energy）仅占建筑全生命周期能耗的15%～20%，事实上，建筑采暖与制冷、通风、照明、插座能耗及动力设施占比更大。建筑业可借鉴北京、深圳碳市场的经验，先将能耗大的大型建筑（面积大于10000 m^2）纳入碳市场中。从理念上，碳价格不仅要让建筑企业、政府感受到，还需要个人也体会到！

中国建筑的碳排放分析计算始于2015年，国标《绿色建筑评价标准》（GB/T 50378—2014）"提高与创新"章节中明确规定：进行建筑碳排放计算分析，采取措施降低单位建筑面积碳排放强度，给予"创新分"。国内有些建筑项目已启动了这部分"创新分"的实践，起到了带头示范作用。能够在国家标准中包含建筑碳排放的条款，在全球范围内也实属罕见。

建筑碳排放按建材生产、建材运输、建筑施工、建筑运营、建筑维修、建筑拆解、废弃物处理七个环节构成全生命周期的模式，已得到世界公认。通过研究，我们认为，由于受到科技与经济水平的制约，每一个阶段的碳排放计算方法及计算结果是有差异的。例如，不同国家或地区每吨水泥或钢材的生产所产生的二氧化碳不可能相同，因此建造同类建筑单位每平方米排放的二氧化碳也是不同的。从整体上来讲，建筑运营的碳足迹在七个环节中占主导地位。联合国环境规划署（UNEP）明确指出，建筑运营的碳排放占建筑生命周期的80%～90%。我们的科研团队，通过对15个案例的对比研究（除一所学校由于用能高峰时段学校放寒暑假，故运营的碳排放不足70%）发现，建筑碳排放的80%～90%都在建筑运营阶段发生，并且这一比例大小与建筑的使用年限有关，考虑到所研究建筑案例的耐久年限均是按50年设计考虑的，而世界各国的建筑耐久年限大致在40～70年，因此耐久年限越高，建筑运营的碳排放所占比例越高。一般来讲，建筑使用年龄较大后，若保养维修不到位，其碳排放会大于初期的排放情况。

尽管影响建筑碳排放的参数很多，内容不确定性因素很多，科学定量获得很难，但从宏观上，只要紧紧抓住建筑运营期间的碳排放，就抓住了主流排放，抓住了最为本质的内涵。所以针对一个单体建筑的碳排放分析，首要的就是分析其运营期间的能耗，估算其所在地区的二氧化碳排放。至于建材生产、建材运输、建筑施工、建筑维修、建筑拆解、废弃物处理环节的碳排放，不必过细考虑，因为它们在建筑全生命周期中所占的比重不大。相对而言，建材生产所占的份额要大一些，尤其水泥是碳排放最具贡献率的材料。有资料分析，2007年中国62亿t碳排放中有5.5亿t是生产水泥而致，于是有绿色专家认为钢筋混凝土结构属于非绿色建筑结构。

不同功能建筑的能耗差异甚大，这是由使用时间、工况条件、设计要求、人员变动诸因素引起的。不同气候区的能耗差异甚大，这是由供暖制冷、日照情况、风力风向、环境条件诸因素引起的。不同地区的碳排放量差异甚大，这是由能源结构不同，火电、水电、核电、风电、光电的碳排放因子相异引起的。碳排放分析受制于如此繁复的因素，可想其复杂性不亚于绿色建筑诸多参数的分析设计值。近年来，在探索建筑碳排放过程中，我国建筑业同人积极努力，我们的科研团队针对典型办公建筑案例进行了数据挖掘、分析汇总，包括中国建筑科学研究院近零能耗示范楼、天津市建筑设计院新建业务用房、上海现代申都大厦、台南成功大学绿色魔法学校（台湾第一座零碳建筑）、杭州中节能绿色建筑科技馆、天津中新生态城公屋展示中心、杭州绿色低碳建筑科技馆A楼（源牌零能耗实验楼）、天津天友绿色设计中心、宁波诺丁汉大学可持续能源技术研究中心大楼、南京江北新区人才公寓（1号地块）零碳社区中心，每个案例均从项目本土条件、工程概况、关键技术、碳排放计算等方面体现出建筑能耗控制的智慧与经验。

建筑能耗是建筑运营碳排放中的关键数据。建筑节能，以建筑能耗基本数据为基线，通过主动、被动技术手段降低能耗数据，并向低能耗、超低能耗甚至近零能耗水平靠拢。在建筑运行能耗中，供暖空调能耗比重最大，一般能占到建筑总能耗的40%～50%，且受气候影响明显。例如，我国北方地区建筑以供暖能耗为主，南方地区建筑以制冷能耗为主，中部地区则二者兼有。而建筑的供暖能耗远大于空调能耗。全球统计资料表明，细化来看，空调能耗约占建筑总能耗的6%，而供暖能耗占比在30%以上。这是因为空调的室内外温差不大（我国在10℃左右），且空调只是部分空间、部分时间使用；而有采暖的室内外温差很大（北京约30℃，沈阳约40℃），全空间、全时段连续不停运转，我国东北、西北、华北运转大约4～6个月不等，所以建筑节能应优先关注供暖耗能问题。实际工程中围护结构热工性能的改善及供热制冷系统能效的提升一直是节能关键。需要指出的是，目前人们开始认识到建筑应用中的使用者行为对能耗的影响问题，例如室内设置温度的改变，完全有可能比单项节能技术带来更大的节能量。与此相关的还有建筑中使用者人数、使用时间、使用空间等不确定因素，因此建筑运营能耗变化很大。

目前确定建筑能耗有以下几个途径：

（1）借用分析软件。根据建筑项目所在地30年气象资料的平均值及建筑围护结构的热工性能，确定建筑的供暖制冷能耗及居家设备设施能耗等。由于各类软件的基本假定条件不一，建筑项目工况条件不一，计算结果相差百分之几十乃至成倍差别的现象时有发生。此外，建筑中的设备设施能耗、插座能耗等都无法具体估算，因此软件分析计算可供参考，但需要与其他分析方式进行对比。

（2）实测能耗。有人认为，应用自动计量仪器、仪表测试出真正的能耗数据是最能说明问题的。其实不然。一则是气候条件变化大，暖冬冷冬交替，年平均温差变化大；二则是人们在使用建筑时，融合了很多的人为因素，例如一栋办公建筑中正常有200人上班，但是暑期增加了新入职的大学毕业生，企业为每个人添置电脑、打印机等设备，那么这些新人所需的照明、电脑、复印、电梯等能耗自然会增加。所以实测能耗是在一个时间段内，在特定的气候条件下，面对相对稳定的人员和工作时间测得的综合能耗，是动态数据。由于气候条件、工作时间、建筑内人员的不确定性、建筑保温隔热性能的变化，这个实测值也是动态变化的，但与模拟计算数值比较，其准确度高、参考价值大。

（3）利用调查统计的方法，找出不同功能建筑的用能规律。上海市有关机构曾经组织相关单位对居住建筑进行调查，对小于 $50m^2$、$50\sim100m^2$、大于 $100m^2$ 的户型共 293 套分别统计，最终结论是上海居住建筑的能耗约为 $28.7kW \cdot h/m^2$。天津市有关机构曾对 15 个居住小区开展调查，得出平均能耗为 $27kW \cdot h/m^2$，但结合北方地区的供暖需求后，其平均能耗达 $113kW \cdot h/m^2$。与此同时，上海市有关机构也对各类公共建筑（如办公楼、商店等）进行了调查统计，根据上海能源平台对 1600 幢建筑的能耗数据统计分析发现，2013~2015 年三年间政府办公建筑的能耗均值分别为 $92kW \cdot h/（m^2 \cdot a）$、$83kW \cdot h/（m^2 \cdot a）$、$68kW \cdot h/（m^2 \cdot a）$，依据这样的数据做进一步的碳排放分析计算，其可靠性、科学性更合理些。

建筑使用年龄越长，运行能耗会越高。建筑能耗与气候条件、建筑功能、建筑设计、人的使用四大因素密切相关。要分析运营阶段的碳排放，一定要指出建筑能耗数据是如何获得的，若此参数含糊不清，整个建筑碳排放计算就失去了意义。然而，目前要科学精确地确定建筑能耗，确实还有一定的困难。美国从 20 世纪 70 年代末就已经投资建设能耗基础数据库，但据了解，迄今为止还未完善，不能广泛使用。考虑到我国国内建筑行业现状，建议以统计调查为基础，结合实测及软件计算结果，做出综合判断，确保各类建筑运行能耗数据可被工程技术人员认可。

目前我国正在推广智慧城市建设工作，大数据是其内涵之一。尤其我国政府高度重视节能减排工作，已经投资建设能耗监测平台，从中可获取大量建筑的能耗均值，并用其作为碳排放的分析依据，这样能耗监测平台的实用价值和意义就更高了。

从能耗到碳排放，涉及另一个重要参数——碳排放因子，即单位能源所产生的碳排放量。能源包括化石能源（煤、石油、天然气）、核能、水能、可再生能源（太阳能、风能、地热、生物质能）等，各种能源的碳足迹相差甚大。我国的能源结构现状是以化石能源为主的，占到能源总量的 70% 左右，这也是我国成为世界碳排放量第一的被动原因。当年世界先进国家的碳排放因子为 $0.6\sim0.7kgCO_2/kW \cdot h$ 时，我国的碳排放因子约为 $0.95kgCO_2/kW \cdot h$。而当前，由于政府的高度重视，我国已经成为全球在改变能源结构方面投资最大的国家，不仅是水能，而且在风能、太阳能方面都取得了非常显著的进展，因此碳排放因子也有所下降。具体到各地电网，由于电力配置由国家决策，综合能源结构的调整，现在事实上各地电网发电碳排放因子正处于不断下降的动态发展中。例如，2008 年和 2009 年上海全市用电量在 1138 亿 $kW \cdot h$ 左右，其中三峡水电和秦山核电站供电比例约占 20%，四川的水电又提供了 350 亿 $kW \cdot h$，使上海总电量的 50% 来自清洁能源，所以上海的碳排放因子为 $0.31kgCO_2/kW \cdot h$。而天津按照国家配置的能源结构，目前的碳排放因子为 $0.64kgCO_2/kW \cdot h$（由于此项工作启动伊始，各地部门统计口径不一，随着深入发展开展会标准化、规范化）。这就表明同样的能耗，天津的碳排放量会比上海增加约 1/2。

当前世界竞争中，很重要的一个方面体现为能源竞争。美国总统奥巴马上台后曾实施能源新政，启动了以新能源革命为代表的一场技术革命。美国、欧盟也均已经宣布，至 2050 年，新能源（即不排碳的能源）将占到所有能源的 80%。我国政府也极为重视能源发展，出台了一系列推动新能源发展的政策措施，并投资建设了一批新能源基地。我国国家规划纲要提出：到 2015 年，中国非石化能源占一次能源消费比重达到 11.4%，单位国内生产总值能源消耗量比 2010 年降低 16%，单位国内生产总值二氧化碳排放量比 2010 年降低 17%；到 2020 年，非石化能源占一次能源消费的比重将达到 15% 左右，单位国内生产总值二氧化碳排放比 2005 年下降 40%～45%。面对能源信息的不断变化，在分析建筑碳排放过程中，应紧密结合当时的碳排放因子，不要轻易套用其他地区的参数，以较为客观地计算碳排放量。

碳排放的表征方式有：（1）单位 GDP 的碳排放；（2）人均二氧化碳排放量；（3）单位地域面积（每平方千米）的碳排放量。其中人均二氧化碳排放指标涉及人数的问题。鉴于我国当前在城镇化过程中，农民工每年像候鸟一样迁徙工作谋求生计，城镇总人数统计数字的可靠性存在一定的不确定性，而单位 GDP 的碳排放与单位地域面积的碳排放量相对比较稳定，数据的可靠性较高。

应对产业排放问题，通过产业结构调整，限制高能耗、高排放、高污染的行业，碳排放得到了明显的遏制。应对交通排放问题，通过大量宣传绿色出行、限购限行小汽车、积极拓展轨道交通，其碳排放也受到了有效制约。唯独建筑碳排放影响因素错综复杂，国内每年约 20 亿 m^2 的新建建筑增量，再加上既有建筑的节能改造尚处于起步阶段，所以建筑碳排放在我国碳排放总量中所占比重有日益增大的趋势。如何对一个城区或一个城市群体建筑的碳排放进行分析估算，是建筑工程技术人员必须要回答的问题。应该说，建筑总面积是确凿的数据，可以分为多层或高层居住建筑、办公建筑、旅馆建筑、商场建筑、医院建筑等不同功能的建筑类别，因为它们的能耗差别较大，当然还要将它们区分为节能设计、非节能设计（非节能设计建筑由于建造年代不同，能耗也会有差异），然后用单体建筑的研究成果，选择一定的样板数进行能耗及碳排放统计分析，可得到有依据的均值，最终可得到建筑碳排放的总量。

近年来，中国建筑业从业者在探索建筑碳达峰预测、技术路径的相关问题上积极工作。我国的《近零能耗建筑技术标准》GB/T 51350—2019 紧密结合我国气候特点、建筑类型、用能特性和发展趋势，为我国近零能耗建筑的设计、施工、检测、评价、调适和运维提供了技术支持，2019 年 9 月已经开始全面实施。2020 年 11 月，国家全文强制标准《建筑节能与可再生能源利用通用规范》GB 55015—2021、《建筑环境通用规范》GB 55016—2021 的送审稿分别通过审查。《建筑节能与可再生能源利用通用规范》GB 55015—2021 从新建建筑节能设计、既有建筑节能、可再生能源利用三个方面，明确了设计、施工、调试、验收、运行管理的强制性指标及基本要求；《建筑环境通用规范》GB 55016—2021 从建筑声环境、建筑光环境、建筑热工、室内空气质量四个维度，明确了设计、检测与验收的强制性指标及基本要求。

2020 年 12 月 12 日，习近平主席在气候雄心峰会上讲话，进一步宣布：到 2030 年，中国单位国内生产总值二氧化碳排放将比 2005 年下降 65% 以上，非化石能源占一次能源消费比重将达到 25% 左右，森林蓄积量将比 2005 年增加 60 亿 m^3，风电、太阳能发电总装机容量将达到 12 亿 kW 以上。

建筑碳排放已成为绿色建筑发展的新动向，也是绿色发展的新国策，全国 31 个省市碳交易市场已全部建立，有些城市已出台政府文件，对碳排放做了详细规定，能源基金会已评出了"气候领袖企业"，这些事例已经走在全球的前端！我国建筑业有决心、有信心、有能力跟上这个潮流，为地球的生态安全贡献出我们的力量！

2 绿色建筑助力双碳目标及标准化需求

王清勤[1]　郭振伟[2]
1　中国建筑科学研究院有限公司；2　中国城市科学研究会

2.1 背景

　　双碳目标的确立，是党中央统筹国内国际两个大局作出的重大战略决策，是贯彻新发展理念、构建新发展格局、推动高质量发展的内在要求，将引发一场广泛而深刻的社会变革。这个过程不是一蹴而就的，需要全社会各行业共同努力，任何一个行业都不能因为减排目标高或推进难度大而懈怠，都需要有迎难而上的勇气和攻坚克难的魄力。在社会总碳排放中，建筑部门占比不可忽视。据统计，2018年我国建筑全过程碳排放占比高达51.2%[1]，并且与发达经济体相比，由于产业结构差异，我国工业部门碳排放占比相对较低，而建筑部门碳排放占比相对较高。造成这一现象的因素可能是多样的，既有我国工业部门转型升级和绿色发展的积极作用，也有建筑部门巨大的存量建筑普遍节能水平低、单位建筑面积碳排放强度大的客观困境，更有我国能源结构尚未完成绿色转型而建筑用能随着生活水平的提高不断攀升的直接影响。因此，可以说建筑部门的双碳目标落实具有其自身的复杂性，减碳或中和的效果与进度将直接影响我国整体碳达峰和碳中和目标的实现。在推进建筑部门贯彻双碳战略时，应注意把握好"整体与局部的关系、发展与减排的关系、短期与中长期的关系"，在继续支撑人民美好生活追求的前提下，以可承受的经济成本投入，最大化的阶段减碳效果，实现高质量的达峰与中和。

　　采取措施降低单位建筑面积碳排放强度是我国国家标准《绿色建筑评价标准》GB/T 50378长期坚持的创新项要求[2]，绿色建筑的定义为"在建筑全寿命期内，节约资源、保护环境、减少污染，为人们提供健康、适用、高效的使用空间，最大限度地实现人与自然和谐共生的高质量建筑"。这表明其不仅关注建筑运行使用环节的性能（使用品质和节能水平），更关注建筑全寿命期的资源节约和环境保护，以当前的碳排放计算和分部门双碳战略政策要求来看，绿色建筑完整响应了全过程、全范围、全生命期的节能减碳要求，将人与自然和谐共生作为发展目标，提倡以人为本、为人服务的同时做好节能降碳和环境保护，这是对平衡发展与减排关系的最佳表述，过去十余年的推广应用和工程实践也验证了绿色建筑的综合节能减碳效果，在新形势下，继续深入推进绿色建筑高质量实施将是建筑部门落实双碳战略的有效途径。

2.2 绿色建筑评价标准内容与减碳措施

为进一步充实"以人为本"的设计理念，全面提高建筑性能，增强绿色建筑的可感知性和获得感，推动建筑行业深化绿色发展，《绿色建筑评价标准》在2019年进行了修订。虽然从体例上来看，修订后的标准章节内容减少（图2.1），但实际上评价范围并没有缩小，且评价要求的覆盖面和指引性更加突出，体现在：

1）标准设置了基本级，将上一版标准中容易得分的评价内容和原有的控制项要求进行了归并，使之更容易推广应用，更好地支持地方绿色建筑施工图审查工作的开展，为绿色建筑整体工作构建了一个操作简洁、覆盖面广的基本盘，也为建筑碳排放强度控制提供了有力支撑。

2）标准设置了全装修的星级评价前置条件，进一步夯实了绿色建筑全生命期减碳的理念。毛坯交付，业主自装虽然在当前仍是常规做法，但暴露出的问题也是屡见不鲜。在装修过程中重复施工、破坏建筑结构，不仅会造成极大的建材资源浪费，也影响到建筑的安全性和耐久性，因此，绿色建筑星级评价进行全装修的规定，可降低常规做法建筑物化阶段的碳排放总量和建筑年均运行碳排放强度。

3）对于不同的星级，标准在分数线的基础上对主要建筑性能指标增设了限值要求，大幅提高各星级之间差别的同时，拉平了同一星级在不同区域、不同建筑类型间的性能差异，使星级绿色建筑真正成为高效节能、舒适环保的高质量高品质建筑，凸显高星级绿色建筑的科技含量以及对行业发展的凝聚和引领作用。从具体应用项目来看，高星级绿色建筑节能减碳效果明显，节能率可达到下一阶段建筑节能目标要求，减碳比例超过现行标准要求。

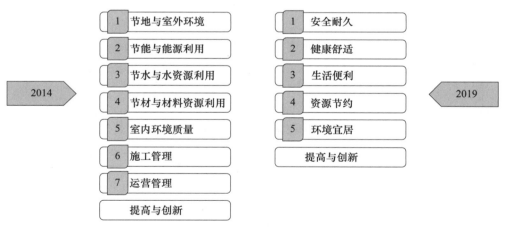

图2.1 《绿色建筑评价标准》修订前后变化

具体来看，2019版标准在基本规定、第5章健康舒适、第6章生活便利、第7章资源节约、第8章环境宜居的控制项、评分项，以及第9章提高与创新的加分项中均对建筑节能减排提出了要求，详述如下：

1）基本规定

标准第3.2.8条分别对一星级、二星级、三星级绿色建筑的节能水平提出了起点判定要求（表2.1），涉及的控制指标为围护结构热工性能、外窗传热系数、外窗气密性，这三者是建筑被动节能设计的关键，将直接影响建筑的供暖、空调负荷，这部分对应的能耗约占建筑整体能耗的40%～60%，因此，进一步提高节能要求，是从用能需求的源头着手，降低建筑运行碳排放。

GB/T 50378—2019 一星级、二星级、三星级绿色建筑对节能减排的基本要求　　　表2.1

性能要求	一星级	二星级	三星级
围护结构热工性能的提高比例，或建筑供暖空调负荷降低比例	围护结构提高5%，或负荷降低5%	围护结构提高10%，或负荷降低10%	围护结构提高20%，或负荷降低15%
严寒和寒冷地区住宅建筑外窗传热系数降低比例	5%	10%	20%
外窗气密性能	符合国家现行相关节能设计标准的规定，且外窗洞口与外窗本体的结合部位应严密		

2）评价条款

（1）直接碳减排相关条文

直接碳减排相关条文是指条文规定的内容可直接降低建筑用能或改善建筑用能结构，能够直接降低建筑的碳排放量。此类条文内容中最容易理解的是与建筑能耗相关的，例如"7.1.2 应采取措施降低部分负荷、部分空间使用下的供暖、空调系统能耗。"或"7.2.6 采取有效措施降低供暖空调系统的末端系统及输配系统的能耗。"此外，一些围护结构热工性能、采光、电气、可再生能源应用的相关规定也属于直接碳减排措施。其中，可再生能源中的光伏，不仅肩负着调整建筑用能结构的任务，还是建筑从用能终端走向产能终端的核心。总的来说，直接碳减排相关条文关注和解决的是建筑运行阶段的碳排放量控制。

标准在第5章健康舒适、第6章生活便利、第7章资源节约、第8章环境宜居、第9章提高与创新章节中设置了与建筑碳减排直接相关的条文，共计39条，其中控制项17条、评分项19条，加分项3条，各章节的分布如图2.2所示：

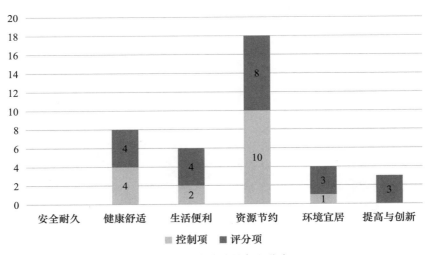

图2.2　直接碳减排条文分布

以分值计算，标准中与建筑碳减排直接相关条款的总分值为 406 分（控制项每条按 10 分计算），约占评分项和创新项分值（满分为 700 分）的 58%。将不同直接碳减排措施的分值从高到低排列，依次为暖通空调（175 分）、电气与照明（69 分）、建材（54 分）、给排水（49 分）、景观绿化（26 分），占评分项和创新项分值分别为 25.0%、9.86%、7.71%、7%、3.71%。

（2）间接碳减排相关条文

间接碳减排是指条文规定的内容并不能直接减少建筑能源、资源的消耗，降低建筑碳排放量，但通过应有的技术措施，可以间接实现节约资源、能源的目的。此类措施一般与建筑设计标准和使用行为有关，例如标准 4.2.6 条提出"采取提升建筑适变性的措施"，目的是延长建筑使用年限，避免因为内部使用功能不能满足使用需求的变化而导致的建筑废弃或拆除。从建筑的全生命期碳排放来看，物化阶段碳排放占比约为 30%[1]，具体到已建成的项目，在运行碳排放（年度）基本稳定的情况下，延长建筑使用年限无疑是效果最显著的减碳措施，基于这一逻辑的条文内容还有采取提升建筑部品部件耐久性的措施、合理采用耐久性好、易维护的装饰修建筑材料等。对于使用行为节能，这是绿色建筑自第一版以来一直强调的内容，在新修订的第三版标准中，对这一部分的内容重视程度也予以提高，将与行为节能密切相关的内容进行具象化，最直观的呈现就是对于建筑室内环境参数的监测要可视化，在一定的舒适度范围内可调节，既保证建筑的高品质，也确保建筑性能始终处于高水平。此外还有对公共交通、公共服务的要求，虽然交通碳排放在大多数建筑碳排放核算中都未进行考虑，但在大力推广电动车的当下，建筑能耗是否包含充电这部分仍存争议，可以肯定的是，社区、城区层面建筑以及建筑相关的能耗是合并计算的，因此，暂将此部分也列入间接碳减排中。已有的研究表明，良好使用习惯带来的行为节能效果能降低建筑运行阶段碳排放约 15% 的比例，[3]考虑到建筑运行使用的规模效应和时间效应，虽然比例并不是很高，但集聚效应明显。

标准在第 4 章安全耐久、第 6 章生活便利、第 7 章资源节约、第 8 章环境宜居章节中均设置了与建筑碳减排间接相关的条文，共计 24 条，包括控制项 5 条、评分项 5 条和加分项 1 条，各章节的分布如图 2.3 所示：

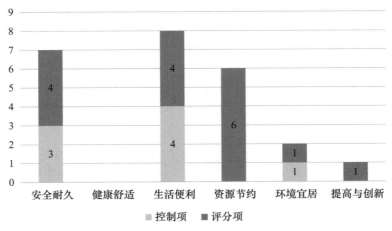

图 2.3　间接碳减排条文分布

以分值计算，标准中与建筑碳减排间接相关条款的总分值为254分（控制项每条按10分计算），约占评分项和创新项分值（满分为700分）的36.29%。将不同间接碳减排措施的分值从高到低排列，依次为建筑（132分）、管理服务（40分）、建材（39分）、给排水（23分）、暖通空调（20分），占评分项和创新项分值分别为18.86%、5.71%、5.57%、3.29%、2.86%。

　　3）减碳评价要求的效果分析

　　毫无疑问，无论是直接碳减排要求还是间接碳减排要求，绿色建筑评价条文要求的设备、技术措施或设计目标，均有减少建筑碳排放的作用。相对而言，直接碳减排的相关评价条文，其对应的减碳效果比较容易量化，而间接碳减排的相关评价条文，在发挥减碳作用的时候影响因素多、变量多，存在较大的不确定性，目前这种关联机制的研究还比较匮乏。以直接碳减排评价条文要求的可调节遮阳为例，四个朝向外窗遮阳系统，南向对于建筑全年负荷影响最大，中置卷帘的遮阳形式对于建筑负荷的降低率最高，可达35%，内置水平百叶遮阳对于建筑负荷的降低率最低，但也有10%[4]。虽然负荷降低不能直接等同于建筑碳排放间接，但负荷低意味着用能少，用能少在同等条件下自然碳排放量小，两者存在清晰的线性关系。类似的关联还有建筑供暖制冷和照明，前者占到了建筑能耗的50%～70%，后者占到了20%以上，任何能够降低用能的设计、设备或管理策略，都能够在同等情况下减少用能，降低运行使用碳排放。

　　同时，我们还应该注意到减碳效果评价的复杂性，我国南北差异大，不同建筑热工分区的设计参数都存在差异、建筑节能的关注点也有不同。以热岛效应对建筑采暖和空调能耗的影响为例，在夏热冬暖地区，受热岛效应影响总能耗增长率约为8.55%/（0.5℃）；在夏热冬冷地区，热岛效应带来的空调能耗增加和采暖能耗降低相差不大，总能耗基本保持不变；而在严寒和寒冷地区，居住建筑以采暖能耗为主，受热岛效应影响总能耗降低率分别约为1.74%/（0.5℃）和2.97%/（0.5℃）[5]。显然，这样的差异对于建筑碳排放的影响也是不同的。

2.3　绿色建筑评价标准应用的整体减碳效果

　　在双碳目标确定前，已发布和实施的各类建筑节能、可持续生态建筑设计和评价标准中，《绿色建筑评价标准》GB/T 50378是我国第一个关注并提出建筑碳排放要求的标准。建筑碳排放计算涵盖了建筑设计评价（预评价）和建筑运行评价两个阶段，在设计阶段的计算，可以帮助建筑设计人员优化设计策略和选材，而在运行阶段的计算，则能够为物业持有方和管理机构提供一个新的环保评价维度，从而优化设备运行和物业服务。通过绿色建筑标识评价，促进建筑碳排放计算的实施和发展，为当下探讨绿色建筑整体减碳效果积累可信的案例和数据。

2.3.1　新建绿色建筑项目碳排放情况

　　通过汇总分析，标准修订前后26个公共建筑项目（其中2014版项目22个，2019版项目4个）碳排放的计算结果可知，2014版项目的碳排放强度数据，剔除个别项目的极大值影响，平均碳排放强度为3.11tCO$_2$/m²（按使用年限50年计算全生命期碳排放，浅色数据点），而 2019 版项目的平均碳排放强度为 1.81tCO$_2$/m^2（按使用年限 50 年计算全生命期碳排放，深色数据点），数据分布如图 2.4 所示。

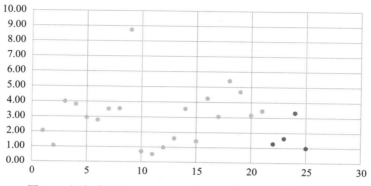

图 2.4　绿色建筑项目（公共建筑）碳排放强度（tCO$_2$/m^2）

　　标准修订后，从全生命期角度看，公共建筑碳排放强度从 3.11tCO$_2$/m^2 降低到了 1.81tCO$_2$/m^2，降低幅度为 41.8%，全过程减碳效果还是比较显著的。在碳排放占比比较大的建材和运行环节，修订前的平均比例为建材碳排放占比 28.64% 左右，运行使用碳排放占比 61.86% 左右，修订后平均比例为建材碳排放占比 26.34% 左右，运行使用碳排放占比 67.99% 左右。比例的变化表明在总量缩减的基础上，为保持建筑更高性能、更好的健康舒适体验，在建筑使用阶段压减碳排放的难度还是比较高的。

　　居住建筑方面，对近一年进行建筑全生命期碳排放计算的 8 个项目汇总后发现（图 2.5），2014 版项目（案例 1～6）和 2019 版项目（案例 7、8）未表现出明确的标准修订影响，原因可能是：（1）可供分析的数据过少，还需要更多的案例支持；（2）进行碳排放计算的居住建筑项目均为三星级，项目自身的设计标准高，为营造可控的、舒适的室内热湿环境，普遍采用了集中供暖制冷设备，标准对建筑设备性能和室内热湿控制的修订要求对其影响并不大。即便如此，我们依然可以看出，冬季集中供暖的项目（案例 3、8）碳排放强度显著高于未进行供暖的项目，这一结论和多个建筑部门碳排放研究报告的论点一致，也凸显了供暖碳排放在建筑整体碳排放中的比重和影响，将会成为降低建筑碳排放强度需要直面的一个困难。

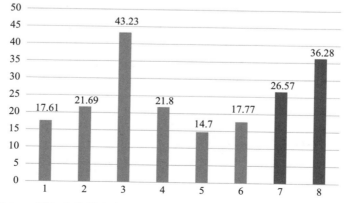

图 2.5　绿色建筑项目（居住建筑）碳排放强度〔kgCO$_2$/（m^2·a）〕

综合来看，采用新版《绿色建筑评价标准》GB/T 50378—2019 的项目，碳排放强度有不同程度的降低，公共建筑比居住建筑趋势更为明确。与全国平均水平对比，公共建筑单位建筑面积平均碳排放量为 36.20kgCO$_2$/（m^2·a），比全国平均值 60.78kgCO$_2$/（m^2·a）[1] 降低了 40.44%，居住建筑单位建筑面积平均碳排放量为 24.96kgCO$_2$/（m^2·a），比全国平均值 29.02kgCO$_2$/（m^2·a）[1] 降低了 13.99%。

2.3.2 既有建筑绿色改造项目碳排放情况

与新建建筑相比，既有建筑绿色改造碳减排的潜力更大，我国既有建筑面积超过 600 亿 m^2，且由于建成年代标准低、维修不及时等原因，约有 60% 以上的建筑是不节能建筑，可以说存量建筑正是建筑运行阶段碳排放量大的根本原因，由此也可以推断出既有建筑绿色改造是建筑部门整体实现碳中和的关键措施。既有建筑通过绿色改造，不仅可以实现改造活动碳中和，更有可能在提高可再生能源利用率的基础上，实现后续运行使用的碳中和（图 2.6，A 点 B 点为两种改造模式的碳排量平衡点，也可称之为改造碳排放的增量回收点）。

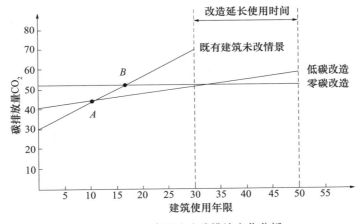

图 2.6　既有建筑改造碳排放变化分析

现行《既有建筑绿色改造评价标准》GB/T 51141—2015 从规划与建筑、暖通空调、给水排水、电气以及运营管理 5 个方面对改造提出了绿色低碳的要求，和《绿色建筑评价标准》GB/T 50378 相似，与建筑碳排放直接相关的评价内容多集中在供暖制冷、电气照明、可再生能源以及生活热水等方面，而与建筑碳排放间接相关的多集中在运行管理和使用行为方面，此处不再重复论述，直接就改造案例分析减碳效果。以典型建筑、气候区覆盖全面为原则，汇总整理了 11 个改造案例的碳排放计算结果，具体内容见表 2.2。

由表 2.2 可知，既有建筑绿色改造碳减排量和减排比例差异非常大，碳减排量最小的仅有 3.18tCO$_2$/a，而最大的可达到 6334tCO$_2$/a；减排比例最小为 16.11%，最大为 75%。通过对比案例的基本情况、使用功能，发现碳减排量大小主要与建筑面积有关，即改造项目的体量大小是决定碳减排量大小的首要因素；而减排比例大小主要与气候分区和建成年代有关，即需要供暖地区的项目改造减排比例大于非供暖地区项目，建成年代久的项目大于建成年代较新的项目。

既有建筑绿色改造碳减排情况统计

表 2.2

序号	项目名称	碳减排量 / (tCO₂/a)	碳减排比例 /%	碳排放强度 / [kgCO₂/ (m²·a)]	建筑类型	所属气候区	建成年份 / 年
1	哈尔滨河柏小区	6334	54.09	37.67	住宅	严寒	1999
2	北京翠微西里小区	2268	75	16.95	住宅	寒冷	1993
3	上海思南公馆	23.36	17.54	20.68	住宅	夏热冬冷	1920
4	深圳宝安区新桥街道 上星四村新区八巷	3.18	15.57	32.30	住宅	夏热冬暖	2001
5	吉林大学中日联谊医院 3 号楼	373.56	23.23	30.77	医院	严寒	1992
6	新疆维吾尔自治区道路 运输管理局中心楼	572.36	56.28	34	酒店	严寒	1994
7	新疆财经大学图书馆	536.31	51.95	34.53	学校	严寒	1997
8	北京城建大厦	2733.86	26.7	46.47	办公	寒冷	2004
9	上海申都大厦	454.13	41.43	44	办公	夏热冬冷	1995（首改）
10	麦德龙东莞商场	1020.68	30.41	63.38	商场	夏热冬暖	2002
11	广州建研大厦	61.04	16.11	22.34	办公	夏热冬暖	2005

说明：1 碳减排比例是改造后与改造前的比较；
     2 1kgce 碳排放因子取 2.69（2.66：2.72 的中间值）；
     3 外购电力排放因子统一取 0.6101tCO₂/M·Wh。

与碳减排量和碳减排比例相比，改造后单位建筑面积的碳排放强度比较趋于一致，平均值在 34kgCO₂/（m²·a）左右（图 2.7），其中住宅建筑改造后碳排放强度为 26.9kgCO₂/（m²·a），公共建筑改造后碳排放强度为 39.36kgCO₂/（m²·a），均低于全国建筑碳排放强度平均值。

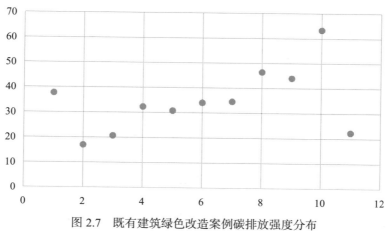

图 2.7 既有建筑绿色改造案例碳排放强度分布

根据多个研究机构发布的成果来看，建筑部门碳减排潜力在 70% 以上，是工业减排潜力的 1.5 倍，在三大能源消费部门中占比最大，将为碳排放提前达峰贡献约 50% 的节能量。既有建筑绿色改造前后的碳排放对比，能够直观地说明这种潜力是如何被挖掘和释放出来的，即使是在当前的电力绿色化水平（碳排放因子）和建筑用能结构（指建筑电气化比例）条件下，通过绿色化改造，个别项目也能够降低 75% 的建筑运行碳排放。这充分证明了既有建筑绿色改造的减碳潜力。

2.4 新时期绿色建筑标准化需求

住房和城乡建设部在其发布的《"十四五"建筑节能与绿色建筑发展规划》中明确提出要健全法规标准体系[6]，指出应完善建筑节能与绿色建筑标准体系，制（修）订零碳建筑标准、绿色建筑设计标准、绿色建筑工程施工质量验收规范、建筑碳排放核算等相关标准，加强标准化工作对双碳具体工作的支撑和引导作用。从前面的论述和分析可知，应用《绿色建筑评价标准》的综合减碳效益明显，而通过评价标准减碳内容的修订和强化，则可以引导和促进全过程绿色建筑标准减碳内容的丰富和完善，并为建材、施工等相关行业标准化工作提供参考和支持。

2.4.1 强化和规范碳排放计算

碳排放计算是建筑部门各项双碳工作的基础，也是促成城乡建设绿色发展在双碳目标下推进广泛而深刻变革的、贯穿整个过程的一条主线，因此，强化建筑碳排放计算无论在当下还是未来，都具有非常重要的意义。修订拟将处于创新项的鼓励建筑进行碳排放调整至基本规定部分，要求无论是否申请绿色建筑标识，都应进行建筑全生命期碳排放计算，明确碳排放总量和各阶段碳排放占比，鼓励采取措施进一步降低碳排放强度。

建筑行业的复杂性决定了开展建筑碳排放核算并非易事，虽然《建筑碳排放计算标准》GB/T 51366—2019 提供了涵盖建筑全生命期的碳排放统计方法[7]，但基础数据的匮乏、原始数据的采集困难、计算范围和内容的不完整，导致实际工作难以准确、有序开展，这体现了建筑部门的复杂性。因此，需本着因地制宜、有序推进的原则，结合绿色建筑预评价和运行评价两阶段的特点，分别从设计和运行管理形成的工作成果、可收集的数据内容着手，研究制定符合实际情况的专项碳排放因子，修正因数据收集困难、缺少依据随意估算而导致的计算结果偏离。

2.4.2 增加绿色建材的碳足迹分析

在绿色建筑评价标准中，对绿色建材给出了明确的定义，即"在全寿命期内可减少对资源的消耗、减轻对生态环境的影响，具有节能、减排、安全、健康、便利和可循环特征的建材产品"，与非绿建材相比，绿色建材在生产过程采用了清洁生产技术，少用天然资源和能源，尽量使用可再循环、可再利用的原料，同时具备较高的品质和性能，有利于环境保护和人体健康。

在进行建筑全寿命期碳排放计算时，建材生产和运输碳排放量占比仅次于建筑运行阶段，占到 20% 左右[8]。虽然不同的建筑型式、功能、所属气候区，其建材用量或建材碳排放量占比本就应该不同，但即便是在同气候区、同类建筑中，不同的算例中，建材碳排放占比仍有较大差异。除了建材用量统计的精细程度有差异外，建材的运输使用距离，也是造成偏差的主要原因。一些算例采用了较小的运输距离，如 50km，而另一些算例直接采用了绿色建筑中关于选用就近建材的最大距离要求 500km，仅这一变量就会造成该部分数据一个数量级的变化。

　　绿色建材开展碳足迹分析是解决建材生产和运输阶段碳排放计算准确性差的一个可行途径。目前，绿色建材的碳足迹分析方法成熟，已有厂家和检测认证服务机构主动开展 CFP、EPD 核查和认证，该做法和国际接轨，在夯实建筑设计阶段碳排放计算，提高建筑全生命周期碳排放计算准确度的同时，对于建材行业的低碳转型也是一个有力的支撑。

2.4.3　构建不同气候区、不同建筑类型的碳排放基准线

　　建筑节能设计标准和工程实践已经有大量案例证明不同气候区、不同建筑类型的用能情况具有比较显著的差异，在以建筑节能率为导向的建筑设计和评价中，这种差异性没有得到充分的重视。在建筑碳排放计算中，由于碳排放因子的区域划分方法和建筑热工气候分区的不对应，依然不能凸显出建筑设计、用能的地域性差异。为响应全文强制性标准《建筑节能与可再生能源利用通用规范》GB 55015—2021 的要求，明确绿色建筑因地制宜理念下的减碳效果，拟增加构建不同气候区、不同建筑类型碳排放基准线的要求，鼓励星级绿色建筑在满足碳排放强度降低 $7kgCO_2/（m^2 \cdot a）$[9] 的基础上，向更高目标迈进。

　　基于不同气候区、不同建筑类型的碳排放基准线，可进一步推进各地建筑用能结构的优化，并在区域层面促进可再生能源利用，鼓励建筑设计和运行使用阶段积极调整技术体系和设计或使用策略，最大化地释放建筑碳减排潜力。同时，由于有基准线的存在，绿色金融相关机构也可以据此进行资产评估和定价，为绿色金融深入支持绿色建筑发展扫除一些障碍。

　　绿色建筑是推进城乡建设绿色发展的核心措施，建筑节能与绿色建筑"十四五"规划中提出要将《绿色建筑评价标准》基本级要求纳入住房和城乡建设领域全文强制性工程建设规范，这是对绿色建筑评价标准引领性、前瞻性的肯定。在继续深入推进建筑领域双碳工作的过程中，随着绿色建筑双碳标准化工作的开展，绿色建筑将继续发挥基础覆盖、趋势引领的双重作用，推动建筑减碳、达峰乃至中和规模化发展。

参考文献：

［1］中国建筑节能协会建筑能耗统计专业委员会. 中国建筑能耗研究报告 2020［J］. 建筑节能，2021（2）：1-6.

［2］绿色建筑评价标准：GB/T 50378—2019［S］. 北京：中国建筑工业出版社，2019.

［3］DIETZ T, GARDNER G T, GILLIGAN J, et al. Household actions can provide a behavioral wedge to rapidly reduce US carbon emissions［J］. Proceedings of the National Academy of Sciences, 2009, 106 (44): 18452-18456.

［4］刘衍等. 外窗遮阳系统太阳得热系数及其对空调负荷的影响［J］. 暖通空调，2021，51（3）.

［5］朱荣鑫，赵乃妮，王清勤，等. 城市热岛效应对我国不同气候区既有居住建筑采暖空调能耗的影响研究［J］. 南方建筑，2020（5）：5.

［6］中华人民共和国住房和城乡建设部. 关于印发"十四五"建筑节能与绿色建筑发展规划的通知［EB/OL］. https://www.mohurd.gov.cn/gongkai/fdzdgknr/zfhcxjsbwj/202203/20220311_765109.

html，2022-3-11/2022-3-19.

［7］建筑碳排放计算标准：GB/T 51366—2019［S］. 北京：中国建筑工业出版社，2019.

［8］SCHWARTZ Y, RASLAN R, MUMOVIC D. The life cycle carbon footprint of refurbished and new buildings: a systematic review of case studies [J]. Renewable and Sustainable Energy Reviews, 2018, 81: 231-241.

［9］建筑节能与可再生能源利用通用规范：GB 55015—2021［S］. 北京：中国建筑工业出版社，2021.

3 我国绿色建筑标识现状与发展建议

梁浩[1]　宫玮[1]　张川[1]　李宏军[1]
1　住房和城乡建设部科技与产业化发展中心

3.1 研究背景

　　发展绿色建筑是转变城乡建设模式，贯彻习近平生态文明思想，践行绿色发展理念，落实党中央、国务院关于碳达峰、碳中和的战略部署的重要举措之一。为推动我国绿色建筑高质量发展，住房和城乡建设部科技与产业化发展中心（以下简称"中心"）联合清华大学建筑学院等机构，对中心所评绿色建筑标识项目特点和技术应用情况等进行了分析，并在北京等地通过问卷调研、典型项目调研等方式，对绿色建筑实际运行情况、使用者体验性和主要需求等进行了研究。基于上述成果，系统总结了我国绿色建筑发展存在的主要问题，并提出了推动绿色建筑高质量发展的相关工作建议。

　　中心是我国最早开展绿色建筑标识评价工作的机构，截至 2021 年 12 月底，按《绿色建筑评价标准》GB/T 50378—2006（下文简称 2006 版）、《绿色建筑评价标准》GB/T 50378—2014（下文简称 2014 版）、《绿色建筑评价标准》GB/T 50378—2019（下文简称 2019 版）三版标准，累计评选标识项目 1357 项，建筑面积 1.6 亿 m^2，涵盖不同星级、不同建筑类型和不同标识类型（图 3.1），样本量丰富，可充分反映我国绿色建筑发展情况。其中，按星级统计，一星级项目 218 项，建筑面积 3422.67 万 m^2；二星级项目 567 项，建筑面积 6743.41 万 m^2；三星级项目 572 项，建筑面积 6188.63 万 m^2。

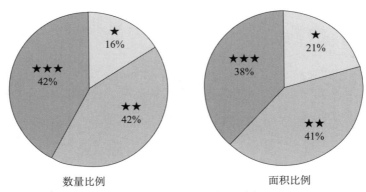

图 3.1　不同星级项目比例

　　按建筑类型统计（图 3.2），居住建筑项目 422 项，建筑面积 6557.80 万 m^2；公共建筑项目 872 项，建筑面积 8958.54 万 m²；工业建筑项目 63 项，建筑面积 838.37 万 m²。

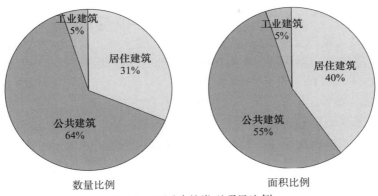

图 3.2　不同建筑类型项目比例

按标识类型统计（图 3.3），设计标识项目 1083 项，建筑面积 12257.71 万 m²；运行标识项目 263 项，建筑面积 3995.58 万 m²。其中 1% 的标识按 2019 版评价，项目共计 11 项，建筑面积 101.42 万 m²。

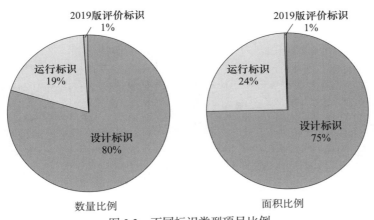

图 3.3　不同标识类型项目比例

3.2　我国绿色建筑发展存在的问题

3.2.1　人民群众的体验性和获得感需进一步提升

2006 版和 2014 版以建筑绿色技术指标为主，建筑使用者可感知、可体验指标不足，难以感受到绿色建筑在能源资源节约、健康、舒适等方面的优势。2019 版坚持以人民为中心的发展思想，在原"四节一环保"的基础上，创新重构了安全耐久、健康舒适、生活便利、资源节约、环境宜居等五大指标体系，评价指标共计 110 项，但仍然存在专业技术指标偏多、指标描述不够通俗易懂等问题，非专业的社会大众很难简洁直观了解绿色建筑要求，绿色建筑的体验性和获得感还有待进一步提升。为了使绿色建筑从专业群体走向社会大众，还需建立老百姓简单易懂的综合指标。

3.2.2 绿色建筑碳减排效果尚需明确

推动绿色建筑发展是住房和城乡建设领域实现碳达峰、碳中和目标的重要举措之一，但目前绿色建筑具体碳减排效果还不明晰。一方面，能源资源节约是绿色建筑的重要性能指标，如 2019 版标准 110 项评价指标中，50 余项与碳排放相关，涉及建筑、工业和交通运输等不同领域（表 3.1），但这些指标主要是能效提升水平等相对值，并不能直接反映碳减排水平，导致绿色建筑的碳减排效果无法直接体现。另一方面，绿色建筑指标中还包括空气品质优化、温湿度控制等提升建筑健康、舒适水平的主动措施，会导致建筑能耗水平提高。如何实现上述技术措施与节能要求之间的平衡，并充分发挥绿色建筑在土地集约利用、材料和资源节约、增加碳汇等节能之外的碳减排作用，提升绿色建筑整体碳减排水平，综合反映绿色建筑碳减排效果，也是目前需要研究的重要问题。

2019 版《绿色建筑评价标准》碳排放相关指标统计表　　　　　　　表 3.1

指标分项		数量	建筑运行相关	建材／建造	交通运输	与碳排无关
安全耐久	控制项	8	—	—	—	8
	得分项	9	—	3		6
健康舒适	控制项	9	6	—	—	3
	得分项	11	6	2		3
生活便利	控制项	6	—	—	3	3
	得分项	13	4		1	8
资源节约	控制项	10	6	3		1
	得分项	18	6	5		8
环境宜居	控制项	7	—	—	—	7
	得分项	9	3			6
提高与创新	得分项	10	4	3	—	3
共计		110	35	16	4	55

3.2.3 指导绿色建筑全过程实践的标准体系有待完善

目前，我国绿色建筑标准仍以评价标准为主，未建立满足建筑项目不同阶段需求的标准体系。一是在立项可研阶段，尚无绿色建筑建设标准，建设单位无法进行准确的成本估算，发改部门立项审批也缺乏依据，政府投资项目在这方面的问题尤为突出。二是在规划设计阶段，住房和城乡建设部于 2010 年发布了行业标准《民用建筑绿色设计规范》JGJ/T 229—2010，但该规范根据 2006 版《绿色建筑评价标准》编制，一直未更新修订。部分地方发布了绿色建筑设计标准，但主要以指导低星级项目强制推广为目标，未考虑高星级项目建设需求。三是在建设阶段，缺乏指导绿色建筑施工组织、过程监管、竣工验收的相关标准，导致施工质量参差不齐，相关技术要求不能充分落实，严重影响了绿色建筑建设质量。四是在运行管理阶段，还没有系统指导绿色建筑运行实践的技术标准，导致许多绿色技术措施在运行阶段没有发挥实际效果。例如，清华大学建筑学院通过对北京市10 余个绿色住宅项目调研发现，非传统水源、可再生能源、空调自主调节、雨水集蓄利用、垃圾分类收集等技术在设计阶段应用比例较高，在运行过程中由于维护不到位、配套设施不足等问题并未持续运行（表 3.2）。

北京市绿色住宅建筑中应用比例较高但实际落实率偏低的 6 项主要技术　　　　表 3.2

序号	技术指标	实际落实率	实际未落实原因（典型案例分析）
1	非传统水源利用	20%	市政中水未接通 自建中水站，收集生活废水用作中水水源，有些气味，实际非传统水源利用率仅达到 5.7%（设计为 30.1%） 自建中水，选择建筑排水作为中水水源，但因运行维护难度大、费用高、装修接错等原因，停用
2	合理利用可再生能源	67%	太阳能生活热水系统维护和管理费用高、热胀冷缩造成支管断裂等，导致停用 每户都装了太阳能，但无辅热且水费过高、用户不接受，导致停用
3	采暖空调自主调节室温	73%	恒温恒湿系统，用户调节能力有限
4	雨水集蓄及利用	75%	雨水机房大雨时被淹，后来清理和运行费用太高就废弃了
5	垃圾分类收集率达 90% 以上	75%	自行分类，但环卫部门垃圾车无分类装箱、直接混合运出 做得不好，用户不配合、嫌垃圾桶脏、麻烦
6	厨余垃圾处理设施	75%	设备能力不足、停用 原垃圾降解场地被征为花园用地，被拆除

3.2.4 绿色建筑后评估工作有待具体落实

绿色建筑后评估是评估诊断绿色建筑实际运行效果，促进运行水平不断优化提升，充分发挥绿色建筑作用效果的有效手段。美国 LEED 绿色建筑评价体系已推出动态奖牌，跟踪统计建筑物的能耗、水耗、废弃物管理、交通和用户体验等情况。英国 BREEAM 绿色建筑评价体系设置后评估指标，要求项目投入使用 1 年后开展后评估，对设计施工落实情况、用户反馈、绿色性能等方面进行评价，并改进评估发现的问题。目前，我国还未广泛开展绿色建筑后评估实践，项目在运行过程中未持续优化运行水平，在一定程度上导致绿色建筑效益显示度不够，使得行业内外对绿色建筑实际效果产生质疑。

3.2.5 绿色建筑重新建、轻既改问题突出

目前，我国绿色建筑的发展还主要针对新建建筑，旨在先从源头和增量上实现建筑的绿色化发展。例如，中心评出的 1345 个绿色建筑标识项目中，既有建筑绿色化改造项目仅 20 余个。目前，我国既有建筑超过 600 亿 m²，绿色建筑仅 60 多亿 m²，大部分既有建筑还存在能源资源消耗水平较高、建筑室内外环境都待改善等问题。《国民经济和社会发展第十四个五年规划和 2035 年远景目标纲要》提出要实施城市更新行动，改造提升老旧小区、老旧厂区、老旧街区和城中村等存量片区功能，推进老旧楼宇改造。因此，还需加大既有建筑绿色化改造推动力度，实现新建和既改两条腿走路，提升城市更新的绿色化水平。

3.3 推动我国绿色建筑高质量发展的建议

3.3.1 优化指标体系，推动绿色建筑走向大众

一是及时评估我国绿色建筑发展情况，识别实践中已普遍应用，或相关标准已强制的技术指标，不再作为绿色建筑评价标准中的引导性指标，不断简化绿色建筑指标体系。例如，中心所评项目中防渗漏管道、自然通风、采光优化、分项计量、节能照明、节水器具、预拌混凝土、绿化种植等技术使用率已接近 100%（图 3.4）。二是研究总结人民群众对建筑品质提升的需求，重点解决群众"急难愁盼"的主要问题，增加公共活动空间、便民设施等人民群众体验性较强的技术指标（图 3.5），提升绿色建筑使用者的获得感、幸福感和安全感。三是采用通俗易懂的表达方式，明确指标要求，并说明各类指标产生的作用。同时，探索采用简单综合指标直观反映建筑绿色水平，例如空气环境综合指标等人民群众较为关心的绿色建筑性能，方便社会大众了解绿色建筑作用与效果，推动绿色建筑从"科研院所"走进"街头巷尾"。

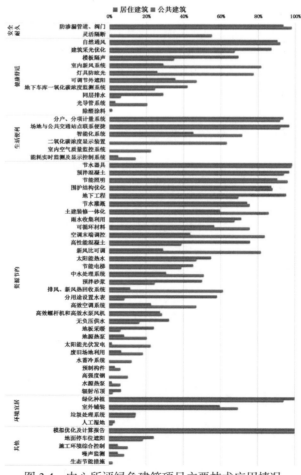

图 3.4 中心所评绿色建筑项目主要技术应用情况

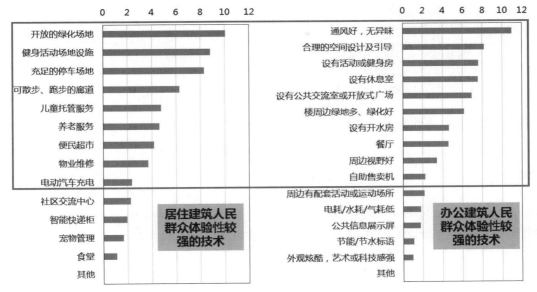

图 3.5 在北京市调研发现的人民群众体验性较强的绿色建筑技术

3.3.2 明确减碳效果，实现绿色建筑与碳减排联动

一是开展绿色建筑关键技术碳减排效果研究，以及绿色建筑各类技术综合应用碳减排效果研究，明确各类关键技术，以及不同技术组合、不同星级绿色建筑的碳减排量计算方法。二是开发绿色建筑碳减排效果计算评估软件，为建设、设计等单位优化选择合理技术方案提供工具，提升绿色建筑碳减排效果。三是将碳减排量作为绿色建筑关键指标，在绿色建筑标识证书中进行披露，接受社会公众监督，并方便宣传绿色建筑碳减排作用。

3.3.3 加强标准支撑，指导绿色建筑全过程实践

通过申请"十四五"国家科技支撑计划项目等方式，开展绿色建筑全过程标准体系研究，并通过编制国家标准或团体标准，将研究成果转化为可指导实践的标准文件。一是编制《绿色建筑建设标准》，主要针对政府投资建筑，明确绿色建筑技术应用要求及主要经济指标，为建设方案制定、预算编制和项目立项审批等提供依据。二是编制《绿色建筑规划设计标准》，倡导以建筑师为主导的设计理念，充分考虑绿色建筑技术发展趋势，纳入碳减排控制措施，明确不同气候区、不同类型、不同星级绿色建筑项目的规划设计方法，以及技术集成应用方式。三是编制《绿色建筑施工管理技术标准》，将绿色建筑技术要求充分融入施工管理程序，明确施工策划、过程监管、竣工验收等不同阶段，以及建设、监理、施工等各类主体的工作要求。四是编制《绿色建筑运行维护技术标准》，明确绿色建筑关键技术、设施、设备的运营维护要求，保障绿色建筑要求落到实处，持续运行发挥效果。

3.3.4 加强运营管理，发挥绿色建筑经济环境效益

一是针对不同类型建筑的产权、功能条件和运营模式特点，推动物业服务内容与绿色

建筑运行管理要求深度融合，建立完善管理制度。二是积极引入合同能源管理、碳交易等市场化服务模式，实现所有人、使用人、运营服务单位利益共享。三是积极开展绿色建筑后评估，调查用户满意度，不断优化提升绿色建筑和设施运营水平，使用户充分感知绿色建筑的经济环境效益。四是建立绿色宣传教育制度，加强用户对绿色建筑理念和知识的了解，引导用户合理使用各类绿色设施，推动形成绿色生活方式。

3.3.5　推动绿色改造，助力城市绿色化更新

一方面，结合城市更新工作，积极探索以老旧小区建筑节能改造为重点，小区公共环境整治，多层加装电梯等适老设施改造，给水、排水、电力和燃气等基础设施和建筑使用功能提升的绿色化综合改造模式，提升建筑能效和功能服务水平，改善人居环境。改造实施要注重前期诊断与评估，运用"共同缔造"理念，顺应群众期盼，按照群众需求迫切程度统筹改造内容，推动形成共谋共建共享的改造模式。另一方面，积极推动既有公共建筑开展绿色化改造，持续推进公共建筑能耗统计、能源审计工作，建设公共建筑节能信息服务平台，推广基于数据的合同能源管理、能源托管、政府和社会资本合作（PPP）等市场化改造模式。

3.3.6　应用数字技术，提升绿色建筑建设运行水平

一是推动建筑信息模型（BIM）技术在规划设计、施工建造和运行维护阶段的应用，实现多专业、多阶段信息共享和工作协同，提升绿色建筑信息化整体水平，大大提高工程质量和效率，并显著降低成本。二是推动采光、通风、热湿环境模拟，建筑大数据，智慧运维等方面软件技术的研发应用，优化提升绿色建筑设计、建筑施工和运行水平。三是结合工程建设项目审批管理系统，建立数字化审图平台，并纳入绿色建筑审查内容，实现数字化监督管理。

3.3.7　创新支持政策，加强绿色建筑推动力度

一是引导地方综合考虑绿色建筑、装配式建筑、超低能耗建筑等推动需求，整合各类奖励资金，提高资金利用效率，并探索通过容积率奖励、税收优惠等方式调动各类主体参与绿色建筑实践的积极性。二是联合金融机构研发适合绿色建筑开发建设、改造和运行维护的绿色金融产品，推动绿色建筑信贷产品应用和绿色信贷资产证券化，推广合同能源管理和合同节水管理信贷融资。三是出台绿色建筑产业引导政策，加强财政和金融支持，并探索联合社会资本建立产业基金，助力产业创新和集聚发展。

4 我国绿色建材评价及标准体系现状

刘敬疆[1]　张澜沁[1]
1　住房和城乡建设部科技与产业化发展中心

4.1 背景及意义

建筑材料作为建筑工程的基本要素，是推进我国城镇化进程的重要物质基础，为改善人居生活条件、治理生态环境和发展循环经济提供重要支撑。当前，我国资源、能源环境约束将持续加强，建材工业和建筑业节能减排都将面临严峻挑战。建筑节能是牵动建筑领域绿色低碳发展的"牛鼻子"，是实现二氧化碳排放大幅下降的重要途径，而建筑能效的提升离不开绿色建筑材料。绿色建材因其具有节能、减排、安全、便利和可循环的特点，不仅有利于助力节能降耗、清洁生产，促进建材工业转型升级，更是增加绿色产品供给、建立健全绿色市场体系的有效途径，对推动城乡建设绿色高质量发展有重要意义。

随着我国绿色建材评价认证工作的持续推进，建立完善统一、科学、合理的绿色建材评价标准体系，大力推广应用绿色建材，是全面推广绿色建筑、促进建筑品质提升的迫切需要，也是引导建材工业深化节能降耗、促进转型升级的重要措施。

4.2 发展历程

我国绿色建材评价及标准体系发展历经十余年，先后经历了课题研究、实施评价、向认证过渡、全面认证等重要变化，总体来说可划分为以下四个阶段。

起步发展阶段。2013年，国务院办公厅转发发展改革委、住房和城乡建设部《绿色建筑行动方案》，首次提出将"大力发展绿色建材"列为十大重点任务之一，为我国绿色建材的发展指明了方向。在此之前，住房和城乡建设部、工业和信息化部已组织有关单位陆续开展了建材绿色化评价技术要求等相关课题研究工作。

快速实施阶段。2014年后，住房和城乡建设部、工业和信息化部先后印发《绿色建材评价标识管理办法》《绿色建材评价标识管理办法实施细则》《绿色建材评价技术导则（试行）》等政策文件；组织建立了全国绿色建材评价标识管理信息平台；以预拌混凝土和预拌砂浆产品为试点，在京津冀地区启动绿色建材评价标识工作。绿色建材管理机制、工作程序、技术依据和信息化建设等基础性工作逐步落实，标志着我国绿色建材走向规范化的发展进程。

转换过渡阶段。2016年，国务院办公厅印发《关于建立统一的绿色产品标准、认证、标识体系的意见》，提出"统一发布绿色产品标识、标准清单和认证目录"。绿色建材作为绿色产品体系的重要内容，也逐步纳入统一的标准、认证、标识体系进行管理。随后，国家质量监督检验检疫总局、住房和城乡建设部、工业和信息化部、国家认证认可监督管理委员会、国家标准化管理委员会五部门，提出"积极稳妥地推动绿色建材评价向统一的绿色产品认证转变"。2019年，市场监管总局会同住房和城乡建设部、工业和信息化部发布《绿色建材产品认证实施方案》，文件确定了绿色建材产品认证的组织实施和工作机制，绿色建材评价与绿色产品认证的协调关系得到明确，绿色建材处于评价与认证并行的发展阶段。

稳步发展阶段。2020年，市场监管总局、住房和城乡建设部、工业和信息化部联合发布了《绿色建材产品分级认证目录（第一批）》《绿色建材产品分级认证实施通则》，将建筑门窗及配件等51种产品纳入绿色建材产品认证实施范围；成立了绿色建材产品认证技术委员会；明确了评价认证的业务转换要求。自2021年5月1日起，绿色建材评价进入全面认证阶段。截至目前，累计3344个建材产品获得绿色建材评价及绿色建材产品认证证书。此外，在政府采购、建材下乡等领域已探索形成绿色建材推广应用新模式，此阶段将重点在培育试点示范、研究推广机制以及强化监督管理等做深做实。

4.3 发展现状

为落实党中央、国务院对发展绿色建材的各项任务要求，国家和地方陆续出台了一系列鼓励政策，持续稳步地推进绿色建材发展，建筑工程中绿色建材应用比例显著提升，建材工业转型升级步伐加快，绿色建材评价及标准体系建设成效显著。

4.3.1 组织管理建设

在住房和城乡建设部、工业和信息化部绿色建材推广和应用协调组的领导下，全国多个省、市、自治区组建了绿色建材推广应用协调组和日常管理机构，为绿色建材发展提供了基本的组织保障，满足绿色建材从生产端至应用端的协调管理，最大限度发挥绿色建材全产业链组织管理建设。具体来说，由两部门负责三星级绿色建材的评价标识管理工作，省级住房城乡建设、工业和信息化主管部门负责本地区一星级、二星级绿色建材评价标识管理工作。

随着绿色建材产品认证工作的实施，由市场监管总局、住房和城乡建设部、工业和信息化部共同推进并成立了绿色建材产品标准、认证、标识推进工作组，组建了绿色建材产品认证技术委员会，各地成立了本地区产品认证工作组。产品认证由通过市场监管总局备案的认证机构实施，建材生产和技术转型由工信部门监督管理，住房和城乡建设部门负责绿色建材采信、推广和应用，在全国范围内构建形成自上而下、多部门协同推进绿色建材生产、认证和应用的管理机制。

4.3.2 评价认证实施

绿色建材评价工作涉及砌体材料、保温材料、预拌混凝土、建筑节能玻璃、陶瓷砖、卫生陶瓷、预拌砂浆等7类建材产品，截至评价工作停止时，全国累计获证产品2346个。

在评价机构方面，据统计，全国共有 97 家绿色建材评价机构，包括 4 家三星级评价机构和 93 家一、二星级评价机构。

绿色建材产品认证范围较评价显著扩大，共有 6 大类 51 种建材产品开展认证。据统计，截至 2022 年 2 月，共计 998 个产品获得绿色建材产品认证证书，来自 33 家认证机构的 851 件细则通过审核。

4.3.3　完善标准体系

评价认证是推动绿色建材发展的重要手段，标准规范作为技术依据，为规范引导评价认证提供了重要基础和支撑。目前，通过技术导则、国家标准到绿色建材评价系列标准的发展，构建完善了绿色建材评价标准体系。

（1）技术导则先行

《绿色建材评价技术导则（试行）》作为评价实施的技术依据，在绿色建材发展初期起到了引领性和支撑性的作用。该导则评价指标体系分为控制项、评分项和加分项，在申评产品和企业满足全部控制项的前提下，依据评分项和加分项的总得分划分绿色建材等级。其中，控制项主要包括大气污染物、污水、噪声排放、工作场所环境、安全生产、管理体系、应用技术文件、产品放射性和基本性能等方面。评分项主要从节能、减排、安全、便利和可循环 5 个方面对建材产品全生命周期进行评价：节能指标包括单位产品能耗、原材料运输能耗、能源管理体系等要求；减排指标包括生产厂区污染物排放、产品认证或环境产品声明（EPD）、碳足迹等要求；安全指标包括安全生产标准化和影响产品性能的指标；便利指标包括施工性能、应用区域适用性和经济性等要求；可循环指标包括生产、使用过程中废弃物回收和产品废弃处置时再利用的性能指标。最终通过加权计算结果确定一、二、三星级。

（2）国家标准引领

国家标准《绿色产品评价通则》统一了绿色产品评价方法和指标体系，指导各类绿色产品标准制定工作。评价指标体系包括基本要求和评价指标要求，其中评价指标要求包括资源、能源、环境和品质 4 类属性指标，采用符合性评价的方法，先后两批发布实施《绿色产品评价　人造板和木质地板》等 15 项标准。

（3）采信团体标准

为顺应绿色建材和绿色产品发展的要求，绿色建材评价系列标准兼顾了绿色建材 5 个特征和绿色产品 4 个属性，延用分级评价制度，采用了"1 + n"系列标准的开放式体系构架，建立了基于多属性集成、覆盖全生命周期的定性与定量化相结合的评价指标体系。

系列标准编制均基于产品全生命期，以充分挖掘绿色建材节能、减排、安全、便利和可循环五大要素为原则，从对生产企业的基本要求出发，重点分析建材产品在资源、能源、环境、品质四大属性方面的指标值要求。在评价要求中，分为对生产企业及产品的一般性要求和具体评价指标要求。其中，一般性要求包括了生产企业应满足的污染物排放、生态环境影响标准规范、人体健康安全、管理体系和资源综合利用等提高企业建设方面的要求，对生产企业的产品结构及工艺技术进行正确引导的要求，以及对产品质量和施工的要求；评价指标要求重点选取产品废弃物使用率、能耗使用、产品环境影响和碳足迹、耐用性、舒适性、安全性等可量化、可检测、可验证的指标，既考虑了消费者关注的指标，也关注了行业高端引领指标。

目前，中国工程建设标准化协会共立项《绿色建材评价》标准169项，其中，已发布实施的《绿色建材评价 预制构件》T/CECS 10025—2019等51项标准作为绿色建材产品分级认证的依据，这也是我国在国家标准推广认证领域首次将团体标准列为认证技术依据。该系列标准的制定，对促进我国标准体系改革、推动绿色建材评价认证实施等方面均起到了至关重要的作用。《绿色建材评价》系列标准T/CECS（10025～10075）获得2021年度中国工程建设标准化协会标准科技创新奖一等奖。

4.4　存在的问题

虽然绿色建材评价及标准体系发展已取得了业内乃至社会的共识，但不可回避的是，目前绿色建材产品认证和标准体系的推广工作仍然面临着以下问题：

（1）绿色建材产品认证范围与数量有待增加。随着首批认证目录发布，纳入认证目录的产品达到51项，但距离建材产品种类全覆盖尚有距离，对全面推进绿色建材应用造成阻碍。

（2）绿色建材评价标准体系与认证工作有待进一步结合。由于部分标准编制初期是为评价工作服务，缺乏对认证实施过程的考虑，造成了认证操作难等问题。

（3）绿色建材低碳技术要求有待加强。随着国家双碳政策的发布，影响碳排放的资源、能源、环境和品质属性指标有待纳入绿色建材评价标准体系。

4.5　对策和发展建议

基于我国绿色建材评价及标准体系发展现状和存在的主要问题，推动绿色建材评价认证和标准体系的持续健康发展，建议重点做好以下几个方面工作。

4.5.1　深入开展绿色建材助力"双碳"目标实施研究

加大绿色低碳建材产品和关键技术研发投入，征集并发布典型产品与技术案例。基于资源、能源、环境和品质属性指标，分析可能影响绿色建材碳排放的主要因素，完善绿色建材评价标准体系，考虑增加相应产品碳减排指标。开展建筑材料领域碳达峰、碳中和实施路径研究，提出绿色建材的碳减排核算方法，评估分析其减碳潜力。及时总结优秀经验并予以宣传推广，推动建筑材料行业及其上下游产业实现"双碳"目标。

4.5.2　培育绿色建材全链条产业体系

从生产端，鼓励企业开展技术升级和改造，促进绿色建材高质量供给，发挥标杆引领作用，打造一批绿色建材示范基地、示范企业。从认证端，加强绿色建材产品认证机构的管理，培育一批业务能力强、服务水平高的认证检测机构，切实提高关键部品部件、产品设备的检测认证能力和水平，持续扩大绿色建材产品认证范围。从应用端，加大绿色建材产品采信力度，制定发展目标，持续扩大绿色建材应用占比；逐步打造集科研、生产、检测、认证、施工和运行等"政产学研用"相结合的产业发展创新平台，努力构建绿色建材及其上下游产业协同发展的格局。

4.5.3 增强推广应用试点示范效果

稳步推进绿色建材产品认证工作，扩大绿色建材产品认证实施范围，推动形成能够反映区域资源优势且规模品牌效应明显的龙头企业和标识产品。在绿色发展基础较好的地区，探索提高工程项目绿色建材应用比例的方法，增强绿色建材选用要求，培育一批示范工程，建立一批试点城市。以政府采购工程、老旧小区改造、绿色建材下乡、创建低碳园区等专项工作为依托，梳理形成绿色建材名录，鼓励绿色建材选用，确保实现星级绿色建筑全面推广绿色建材。

4.5.4 强化信息化管理能力和水平

实现现有绿色建材评价认证、绿色产品标识认证信息平台、采信应用数据库等数据的互联互通，为政府、行业、社会等提供权威、实用、及时、有效的信息服务。规范信息发布、审核、监督管理制度，鼓励社会力量参与平台的建设和维护工作，强化信用行为管理和诚信管理体系建设，形成公信力强、行业自发自觉、良性运行的信息平台。探索运用大数据、区块链等技术手段，构建形成覆盖生产、流通、销售和使用等全生命期的绿色建材大数据体系，开展数据挖掘、分析及应用工作，为行业发展和宏观决策提供支撑。

5 健康建筑与健康社区的发展及标准化现状

王清勤[1] 孟冲[1,2] 盖轶静[2] 刘茂林[1]

1 中国建筑科学研究院有限公司；2 中国城市科学研究会

建筑是在早期人类"遮风雨、避寒暑"的庇护所基础上加以技术和艺术的创造发展而成[1]，社区乃是一地人民实际生活的具体表词[2]。随着人类经济、艺术、科技、社会和人文的持续发展，建筑的功能不断拓展，社区的功用不断强化，现代人在建筑与社区中的时间超过90%。然而，由于近年来全球不断加剧的环境污染、气候变化和能源问题对建筑与社区环境的健康带来了挑战[3-7]，建筑与社区环境成了很多现代污染暴露和现代疾病的主要发生场所。因此，健康建筑与健康社区成为全球建筑及相关领域的研究热点和发展趋势。我国健康建筑行业发展至今，已初步形成标准制定引领健康建筑发展，科学研究提供理论技术支撑，组织机构建立推动领域发展，标识评价带动项目落地实施，学术交流合作推动技术进步的良好局面。技术水平及工程规模居于世界前列，本文将从六个方面介绍行业的发展及标准化现状。

5.1 发展现状

5.1.1 政策氛围正在形成

2015年，党的第十八届中央委员会第五次全体会议首次提出"推进健康中国建设"。此后，"健康中国"中央精神不断巩固深化，国家政策持续加强，"切实解决影响人民群众健康的突出环境问题""推动全民健身和全民健康深度融合""为老年人提供连续的健康管理服务"等要求不断提出，一条以人民为中心的"健康之路"不断铺设。

2016年，习近平总书记在全国卫生与健康大会上提出要"把人民健康放在优先发展战略地位""将健康融入所有政策"。10月25日，中共中央、国务院印发《"健康中国2030"规划纲要》，以普及健康生活、优化健康服务、完善健康保障、建设健康环境、发展健康产业为重点，将"健康中国"上升到国家战略层面，强调要加快形成有利于健康的生活方式、生态环境和经济社会发展模式，实现健康与经济社会良性协调发展。同年，《"十三五"卫生与健康规划》（国发〔2016〕77号）提出普及健康生活方式、提升居民健康素养、有效控制健康危险因素的发展目标。

2017年，党的十九大再次提出了"实施健康中国战略"的号召，十九大报告强调"我国社会主要矛盾已经转化为人民日益增长的美好生活需要和不平衡不充分的发展之间的矛盾"，要"实施健康中国战略"，不断满足人民日益增长的美好生活需要，使人民获得感、幸福感、安全感更加充实、更有保障、更可持续。

2018 年，国家卫生健康委员会设立，以推动实施健康中国战略，树立大卫生、大健康理念，从以治病为中心转变到以人民健康为中心，预防控制重大疾病，积极应对人口老龄化，加快老龄事业和产业发展，为人民群众提供全方位全周期健康服务。推动我国大健康政策在定位上，从以"疾病"为中心向以"健康"为中心转变；在策略上，从注重"治已病"向注重"治未病"转变；在定位上，从依靠卫生健康系统向社会整体联动转变。

2019 年，为了积极应对当前突出的健康问题，依托全国爱国卫生运动委员会，在国家层面成立了健康中国行动推进委员会，统筹推进《健康中国行动（2019—2030 年）》组织实施、监测和考核相关工作。8 月 28 日，为深入贯彻党的十九大和十九届二中、三中全会精神，全面落实全国卫生与健康大会和《"健康中国 2030"规划纲要》部署，发改委等部门联合发布《促进健康产业高质量发展行动纲要（2019—2022 年）》，从产业层面为健康中国战略贯彻落实提供支撑与保障。9 月 24 日，全民健康生活方式行动国家行动办公室印发《全民健康生活方式行动健康支持性环境建设指导方案（2019 年修订）》，强调"深入推进各地健康支持性环境建设与利用"。

2020 年，党的第十九届中央委员会第五次全体会议提出"全面推进健康中国"。6 月 2 日，习近平总书记在专家学者座谈会上发表重要讲话，强调"要推动将健康融入所有政策，把全生命周期健康管理理念贯穿城市规划、建设、管理全过程各环节"。7 月 15 日，住房和城乡建设部、国家发展和改革委等七部委印发《绿色建筑创建行动方案》，将"提高建筑室内空气、水质、隔声等健康性能指标，提升建筑视觉和心理舒适性"作为重点建设内容之一。12 月 29 日，四川建设厅等 9 部门印发《四川省绿色建筑创建行动实施方案》，规定"提高新建建筑宜居品质……鼓励养老设施、中小学宿舍、幼儿园等建筑按照健康建筑标准规划、设计、施工、运营和评价，支持各地扩大健康建筑应用范围"。

2021 年，济南市人民政府印发《关于全面推进绿色建筑高质量发展的实施意见》，天津市住建委印发《天津市绿色建筑发展"十四五"规划》，河北雄安新区管理委员会印发《雄安新区绿色建筑高质量发展的指导意见》，北京市住建委和北京市规自委发布《关于规范高品质商品住宅项目建设管理的通知》，工业和信息化部、国家卫生健康委等 10 部委联合印发《"十四五"医疗装配产业发展规划》。系列文件中明确提出以健康建筑作为典型形式促进绿色建筑高质量发展，从中央到地方的政策氛围逐步形成。

作为关乎国计民生的领域之一，建筑业积极贯彻落实中央精神，为人民创造福祉，为健康中国战略贯彻落实提供有力保障。建筑和社区作为人类工作、生活最重要的空间场所，是营造健康的近人体空间环境、引导人们健康科学的生活方式、纾解人们心理压力、承接健康政策中心转移的关键载体。发展健康建筑与健康社区，具有重要而长远的意义。

5.1.2　标准体系逐步完善

2017 年 1 月，我国首部健康建筑主题的标准《健康建筑评价标准》T/ASC 02—2016 发布，奠定了健康建筑标准体系的基础。此后，以健康建筑标准为基础，《健康社区评价标准》T/CECS 650—2020、T/CSUS 01—2020，《健康小镇评价标准》T/CECS 710—2020，

《既有住区健康改造评价标准》T/CSUS 08—2020 等标准陆续发布，实现了从建筑单体向区域发展的跨越。

标准体系在适用尺度上，从建筑到社区、小镇，服务更大规模的城市建设；从建筑到产品，聚焦更直接的健康影响要素。在建筑功能上，从普适性到个性化，从民用建筑到更细化的酒店、校园、医院建筑、养老建筑、体育建筑等。在覆盖阶段上，从新建、运行到改造，从规划设计、建设选材、运营维护、全过程检测到性能评价。在发展趋势上，从行业团体标准建设到省、直辖市等地方标准的编制，健康建筑标准因地制宜、因人制宜。标准体系实现了将规划、建设、改造及运管全生命期中的各项物理环境营造、卫生环境营造等单项技术融合为整体健康解决方案的标准创新。截至 2021 年 12 月，已陆续立项健康建筑系列标准 12 部，如表 5.1 所示。

健康建筑在编技术标准 表 5.1

序号	标准名称	归口管理单位	状态
1	《健康建筑评价标准》	中国建筑学会	发布
2	《健康社区评价标准》	中国工程建设标准化协会	发布
3	《健康小镇评价标准》	中国工程建设标准化协会	发布
4	《既有住区健康改造技术规程》	中国城市科学研究会	发布
5	《既有住区健康改造评价标准》	中国城市科学研究会	发布
6	《健康照明设计标准》	中国工程建设标准化协会	在编
7	《健康照明检测与评价标准》	中国工程建设标准化协会	在编
8	《健康酒店评价标准》	中国工程建设标准化协会	在编
9	《健康医院建筑评价标准》	中国工程建设标准化协会	发布
10	《健康养老建筑评价标准》	中国工程建设标准化协会	在编
11	《健康体育建筑评价标准》	中国工程建设标准化协会	在编
12	《健康校园评价标准》	中国工程建设标准化协会	在编

5.1.3 产业聚集持续增强

为响应国家"健康中国"战略部署、适应建筑行业市场发展需求、提升人民群众健康生活环境，2017 年，中国建筑科学研究院会同清华大学建筑学院、中国疾病预防控制中心环境与健康相关产品安全所等共计 22 家单位共同发起成立了"健康建筑产业技术创新战略联盟"。联盟跨越传统建筑行业，凝聚医疗卫生优势资源，推动跨学科、全方位的产业主体汇集，促进技术交流合作，助力科技服务创新，营造良好发展环境，引领中国健康建筑产业发展，并充分发挥纽带、载体和平台的作用，建立了多元化的健康建筑资源共享通道。

在联盟推动下，逐渐形成了产业资源聚集、驱动健康建筑全链条服务的良好局面。从产业协同方面来看，联盟凝聚跨学科、跨行业、跨领域资源，普及健康建筑理念，提供产学研合作平台促产业发展。从技术支撑方面来看，联盟单位中国建筑科学研究院有限公司、清华大学建筑学院等，开展健康性能相关的技术研发，引领标准体系建设，提供全过程技术服务，支撑项目落地；联盟单位中国城市科学研究会凭借绿色建筑标识评价中建立的行业平台，承担标识评价与管理、开展技术应用研究、基于循证研究编制和更新健康建筑标准技术体系，促成"以评促建"的推进模式。

当前各大地产企业纷纷聚焦健康理念，据不完全统计，葛洲坝地产、中国绿发、万科地产、融创中国、保利发展、中海地产、绿地集团、华润置地、世茂集团、金地集团、招商蛇口、中南置地、旭辉集团、中国金茂、新城控股、碧桂园、恒大地产、阳光城、金科集团、富力地产、龙光地产、正荣集团、中梁控股、美的置业、融信集团、华发股份等地产企业出台了健康主题产品。家具、饰面板、空气净化器、照明设备、涂料等方面的多个建材设备企业也积极以健康建筑理念为指导，从健康建筑的整体场景出发，引导装饰装修、设备设施等产品制造和集成方案，供应企业研发满足全方位健康要求的材料、工艺、产品、设备，形成标准化的健康性能指标体系，提升制造能力，支撑健康环境建设。

5.1.4　科技研发逐层深入

健康建筑与健康社区是多项健康环境营造技术的创新性有机融合。从文献调研结果来看，我国健康建筑研究中"健康建筑评价标准、空气、绿色建筑、设计、人居环境"等为高频关键词[8]，研究内容包括：（1）针对地域性需求差异的健康建筑研究；（2）针对社会问题的健康建筑研究；（3）针对影响因素的研究；（4）针对绿色建筑健康性能的研究[9]。我国健康社区研究热点围绕空间环境质量对社区居民健康的影响展开。主要内容包括：（1）健康社区规划设计，如生态社区、社区公园设计、健康社区规划设计理念等；（2）社区适老化，包括社区养老服务、社区老年人健康保障设施等；（3）居民健康影响因素研究，如 $PM_{2.5}$、健康风险评价等[10]。

从课题调研结果来看，"十三五"期间研究人员从健康社区涉及的各个方面开展了大量专项科研工作，涉及建筑通风与室内空气品质、建材污染物散发、健康照明与光环境提升、健康化改造、运动健康、适老等内容。其中表5.2列举了部分相关科技部重点研发计划项目。除此之外，由住房和城乡建设部、卫健委、残联、体育总局等部门支持的多项课题也为健康建筑与健康社区的理论完善升级奠定了重要基础。

相关"十三五"国家重点研发计划课题

表 5.2

序号	课题名称	承担单位
1	建筑室内空气质量控制的基础理论和关键技术研究	上海市建筑科学研究院（集团）有限公司
2	室内微生物污染源头识别监测和综合控制技术	中国建筑科学研究院有限公司
3	居住建筑室内通风策略与室内空气质量营造	天津大学
4	学校室内 $PM_{2.5}$ 实时监测体系构建及教室空气质量改善的健康收益研究	复旦大学
5	建筑室内材料和物品 VOCs、SVOCs 污染源散发机理及控制技术	中国建材检验认证集团股份有限公司
6	既有城市住区功能提升与改造技术（下设"既有城市住区功能设施的智慧化和健康化升级改造技术研究"课题）	中国建筑科学研究院有限公司

序号	课题名称	承担单位
7	面向健康照明的光生物机理及应用研究	中国科学院苏州生物医学工程技术研究所
8	公共建筑光环境提升关键技术研究及示范	中国建筑科学研究院有限公司
9	人体运动促进健康个性化精准指导方案关键技术研究	北京体育大学
10	老年人跌倒预警干预防护技术及产品研发	中国人民解放军总医院

5.1.5 项目落地进展顺利

为推动健康建筑理念落地，由中国城市科学研究会作为主要推动机构以健康建筑系列标准为主要理论依据，设立健康系列管理办法，开展相关理念推广与标识评价工作。截至 2021 年 12 月，全国 197 个项目获得健康建筑标识，总建筑面积 2182 万 m^2，共 21 个项目获得健康社区标识，总占地面积 1076 万 m^2，共 10 个项目获得既有住区健康改造标识，总占地面积 2750 万 m^2。项目涵盖北京、上海、江苏、广东、天津、浙江、安徽、重庆、山东、河南、四川、江西、陕西、湖北、新疆、河北、甘肃、青海、福建、内蒙古、云南、吉林共 22 个省、自治区、直辖市，以及香港特别行政区。健康建筑项目增长迅速，释放健康建筑产业主体潜能。

项目推广期间，为进一步展示健康建筑科技成果，促进行业交流，由健康建筑联盟遴选了 4 项获得健康建筑标识的优秀项目作为"健康建筑示范基地"。通过开展基地示范教育工作，为行业发展提供借鉴，引导健康建筑高质量建设，并遴选多项健康建筑项目，进行案例展示分享[11]。

5.1.6 国际合作加速推进

为促进我国健康建筑走向国际，以健康建筑联盟为代表的行业推动者积极开展与国际组织的对话和合作，与 Construction21 国际（Construction21 AISBL）、全球建筑联盟（GABC）、世界绿建委（WGBC）、国际建筑师协会（UIA）、主动式建筑联盟（AH）、国际工作环境评估中心 Leesman、德国 DGNB、法国 CSTB、英国 BRE 等国际组织就健康建筑理念推广、技术和实践共享及合作机制建设建立了紧密的合作关系，拓展了产业发展空间。在健康建筑联盟倡议下，在 Construction21 国际设立的全球"绿色解决方案奖"中增设了"健康建筑解决方案奖"。中国健康建筑设计理念、项目建设水平获得国际认可。绿色解决方案奖系列奖项作为联合国气候大会的重要活动之一，具有广泛的国际影响力，为我国优秀健康建筑项目实践提供了一个国际化的交流、展示平台。

5.2 发展趋势

当前我国健康中国战略持续深化推进，健康建筑与健康社区行业发展迎来了前所未有的机遇与挑战。面对新时代人民对健康生活的迫切需求，行业的发展既需要在现有工作基础上不断总结并继续深耕，又需要在理论及应用方面进行更为全面的探索和创新。

（1）深化基础理论研究

人的健康会受到多种外在因素的影响，如室内空气污染物、噪声、不卫生的饮食、不良的睡眠等，都会给人的身心健康带来不同程度的危害，长期来看还会存在一定的危害累积。因此建立社区与建筑环境参数对人体健康的短期作用关系及长期累积效应的基础理论，将成为下一步研究的一项重点内容。

（2）攻克共性关键技术

保障与促进人体健康是健康社区的核心目标，如何敏锐感知、主动化解环境中的危害因素具有重要的研究价值。因此，研发社区与建筑环境健康影响因素的识别、采集、诊断、修复与干预关键技术，建立兼具适用性与引领性的技术体系将成为下一步科研攻关的一项重点内容。

（3）加速科技成果转化

理论研究作为基础支撑，转化到实际工程中方可实现造福于民的目的。因此建立规范和标准体系，研发关键技术以及产品和设备，形成涵盖研发生产、规划设计、施工安装、运行维护的产业化全链条，推进研发成果的规模化应用至关重要。

（4）推进示范工程建设

充分发挥示范工程的示范引领作用，利用研发的技术、生产的产品和设备，建设具有可推广、可复制的具有显著示范效应的示范工程，为大范围推广奠定基础。

5.3 结语

着眼于未来，进一步推动健康建筑与健康社区良好有序发展，发挥其在日常长效预防并兼顾应急紧急管控的力量，还需从供给侧和需求侧两端发力，政策、标准和产业的引导与支撑，构建地区差别性、经济适宜性、技术针对性的实施路线图，把健康融入城乡规划、建设、治理的全过程，促进全社会广泛参与，促进城市、社区、建筑与人民健康协调发展。将创新驱动作为重要战略基点，加快关键技术和创新产品研发应用以及科研转化能力，创新发展模式，强化制度保障，夯实技术支撑。加快制订涵盖健康社区全生命期的设计、产品、评价标准，构建分类明确、层次清晰的标准体系，将重点标准纳入国家标准编制计划。同时借助第三方评价的模式，在以评促建过程中实现标准体系的推广、实践、反馈与完善。

参考文献：

[1] 吴良镛. 广义建筑学［M］. 北京：清华大学出版社，2011.

[2] 吴文藻. 现代社区实地研究的意义和功用［J］. 社会研究，1935.

[3] Liu G, Xiao M, Zhang X, et al. A review of air filtration technologies for sustainable and healthy building ventilation[J]. Sustainable Cities & Society, 2017:S809938318X.

[4] 赵建平，罗涛. 建筑光学的发展回顾（1953—2018）与展望［J］. 建筑科学，2018，34（9）：125-129.

[5] 王清勤，孟冲，李国柱. 健康建筑的发展需求与展望［J］. 暖通空调，2017，47（7）：32-35.

[6] 孟冲，盖轶静. 健康建筑和健康社区的防疫属性分析［J］. 建筑科学，2020，36（8）：169-173.

［7］盖轶静，孟冲，韩沐辰，等. 我国健康建筑的评价实践与思考［J］. 科学通报，2020，65（4）：239-245.

［8］王幼松，姚瑶，李弘扬. 基于 CiteSpace 的健康建筑研究知识图谱分析［J］. 土木工程与管理学报，2021，38（6）：31-37.

［9］郭娇妮，刘小虎，刘晗，等. 健康建筑研究现状与发展趋势分析［J］. 南方建筑，2022（2）：40-46.

［10］吴一洲，杨佳成，陈前虎. 健康社区建设的研究进展与关键维度探索：基于国际知识图谱分析［J］. 国际城市规划，2020，35（5）：11.

［11］张寅平，王清勤，孟冲，等. 健康建筑 2020［M］. 北京：中国建筑工业出版社，2020.

6　绿色建筑标准体系构建和性能
提升技术研究及应用

王清勤[1]　韩继红[2]　梁浩[3]　马恩成[1]　田明[4]

1　中国建筑科学研究院有限公司；2　上海市建筑科学研究院（集团）有限公司；
3　住房和城乡建设部科技与产业化发展中心；4　朗诗集团股份有限公司

6.1　研究背景

　　绿色建筑是在全寿命期内，节约资源、保护环境、减少污染，为人们提供健康、适用、高效的使用空间，最大限度地实现人与自然和谐共生的高质量建筑。发展绿色建筑是建设领域落实绿色发展理念的主要途径，是增加人民群众获得感的重要内容。经过 10 余年的发展，我国绿色建筑建设取得了显著成效。随着绿色建筑工作的推进，以及我国生态文明建设的深入和建筑科技的快速发展，绿色建筑技术措施的落地性、运行实效、以人为本体现性、标准体系支撑、全过程协同性等方面的问题逐渐显现。基于我国国情，以问题为导向、从顶层设计出发，建立绿色建筑标准体系，研发适合我国特色和时代特征的技术体系、关键技术及自主可控的系列软件工具，是我国绿色建筑在不同发展阶段贯穿始终、亟需解决的技术难题，也是保障我国绿色建筑快速、健康发展的关键问题。

　　"绿色建筑标准体系构建和性能提升技术研究及应用"项目在国家科技支撑计划项目、国家工程技术研究中心再建项目等系列项目的支持下，在 15 年的持续研究过程中，以技术与标准体系构建和技术创新为主线，针对我国绿色建筑发展实际需求和技术瓶颈，开展"顶层设计→技术研发→推广应用"全链条科技攻关，建立了适合我国国情和时代特征的绿色建筑技术和标准体系，编制了重点标准，研发了关键技术和全过程软件，为我国绿色建筑高质量发展提供技术支撑，推动实现我国"以人为本、强调性能、提高质量"的绿色建筑发展新模式，形成领跑国际绿色建筑发展的新局面。项目荣获 2020 年度"华夏建设科学技术奖"一等奖。

6.2　"以人为本"的绿色建筑性能提升技术

6.2.1　适应我国不同时期社会发展需求的绿色建筑技术体系

　　以满足建设"资源节约型、环境友好型社会""两型"社会的需求为目标导向，构建了以"节地与室外环境、节能与能源利用、节水与水资源利用、节材与材料资源利用、室内环境质量"（简称"四节一环保"）的"四节"绿色建筑技术体系，涵盖 7 大类的 129 项技术。该技术体系在遵循国际公认主要技术要求的同时，根据我国国情更强调综合节约的技术路线，着重加强保护基本农田、森林和人均居住用地、建筑节能、非传统水源利用、室内装修与土建施工一体化、室外环境绿化等方面内容，形成了我国以"四节一环保"为核心内容的绿色建筑发展理念和基本框架。

结合新时代需求，以百姓为视角，以构建新时代绿色建筑供给体系、提升绿色建筑质量层次为目标，建立了"安全耐久、健康舒适、生活便利、资源节约、环境宜居"的五维绿色建筑技术体系。在"四节一环保"的基础上，拓展了绿色建筑的内涵，兼顾了城市和乡村、东部和西部的平衡发展需求，适应了我国社会主要矛盾的变化。在健康舒适方面，提升了对空气品质、水质、声环境、光环境、热湿环境、绿色建材的要求；在智慧管理方面，更加强调数据实时监控、无延迟传输、智能精准化服务等的要求；在宜居便捷方面，更加强调绿地、绿色交通、公共服务、健身场地、场地生态、海绵化、景观、绿容率等的要求；在节资减排方面，更加强调垃圾收集与处理、水资源节约、超低能耗、近零能耗、碳排放计算等的要求；在全龄友好方面，更加强调无障碍步行系统、容纳担架的无障碍电梯、公共场地无障碍设计、儿童活动设施等的要求。建立的绿色建筑技术体系，被纳入现行国家标准《绿色建筑评价标准》GB/T 50378—2019，引领了我国绿色建筑的全面发展和升级跨越。

6.2.2 以健康舒适为导向的绿色建筑环境提升技术

综合考虑我国不同地区气候条件、经济条件及绿色建筑发展现状，开展基于气候适应性的绿色建筑环境设计方法研究，提出了针对寒冷、夏热冬冷和夏热冬暖气候区的绿色建筑环境品质提升技术体系，为不同气候区绿色建筑高质量发展提供支撑；提出了针对西部地区气候特点并与当地经济条件相匹配的建筑适应气候的绿色设计方法，解决了当地绿色建筑模式更新与传承协调问题；提出了针对严寒地区的建筑室外微气候环境改善技术，为大规模发展当地聚居区绿色建筑规划设计提供了重要依据。

针对影响我国室内空气品质的颗粒物和霉菌污染问题，开展建筑室内细颗粒物污染控制技术、建筑霉菌防治集成技术等研究，提出了包括颗粒物穿透、沉降、排出、浓度分布等模型在内的建筑物室内颗粒物浓度计算方法和预测及控制方法，研发了适用于全国不同气候区的建筑霉菌防治技术集成体系，建立了室内霉菌控制技术选用策略，为室内霉菌防治提供了"问题快速诊断，技术快速选用"的策略机制。研发了基于温湿分控的室内环境保障集成系统（图 6.1），由辐射末端、置换式新风系统、地源热泵系统、智能化水力输配中心、智能化监控中心组成，实现恒温控制，送风含湿量（8±0.5）g/kg，垂直温差小于1.5℃，COP 提升 15%，可满足室内热舒适性与空气品质的个性化需求，实现了舒适、健康、节能、环保的人居环境营造。

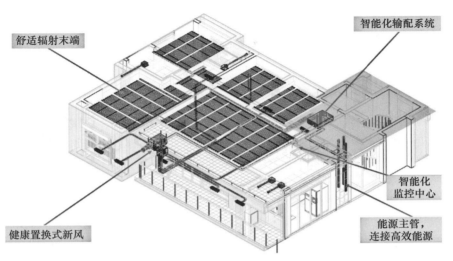

图 6.1　基于温湿分控的室内环境集成系统

6.2.3　以运行高效为目标的绿色建筑运行管理系统

　　针对绿色建筑运维水平达不到设计预期、运行实效差等问题，开展绿色建筑运行实效保障技术研究，研发了基于 BIM 的绿色建筑实效测评技术和动态调适系统（图 6.2），结合 BIM 模型与室内环境监测设备对室内环境质量进行实时监测、评价与反馈，已在江苏省某绿色建筑项目中进行了应用，有效降低了项目的运行难度，提升了绿色建筑运维的效率和质量，保证了项目的室内、外环境舒适度和人员健康水平。研发了基于云平台的集中式绿色建筑智慧运维管理系统，通过自主开发的软硬件结构体系将不同城市、不同区域的绿色建筑物理实体与运营数据、业务数据相融合，该系统的监测点已覆盖南京、成都、杭州、无锡等 10 个城市，涵盖 51 个集中能源站，运维管理面积达 426 万 m^2，系统实现了节能减碳、运行监测分析、智能优化管控、系统调度运行、专业化数据挖掘管理等跨平台多渠道数据集中融合管理，为绿色建筑实现宏观到微观的精细管理提供技术支撑。

图 6.2　基于 BIM 的绿色建筑运行实效动态评价优化系统界面

6.3 具有中国特色的绿色建筑技术标准体系

6.3.1 全过程绿色建筑标准体系

2005年，项目团队启动了绿色建筑标准体系化的研究工作，主编了我国第一部多目标、多层次的绿色建筑评价标准，即《绿色建筑评价标准》GB/T 50378—2006，成为规范和引领我国绿色建筑发展的根本性技术标准。基于我国工程建设管理程序，提出了绿色建筑标准体系的建设维护方法，研究构建了涵盖我国工程建设全过程的绿色建筑标准体系，涉及国家、行业、地方、团体等不同管理层级；主编了绿色建筑评价及贯穿设计、验收、运维、检测、改造等过程的重点标准，包括《绿色建筑评价标准》GB/T 50378、《既有建筑绿色改造评价标准》GB/T 51141、《民用建筑绿色设计规范》JGJ/T 229、《绿色建筑运行维护技术规范》JGJ/T 391、《绿色建筑工程验收规范》DB 11T/1315、《绿色建筑运营后评估标准》T/CECS 608等。主编的《绿色建筑评价标准》GB/T 50378被住房和城乡建设部列为推动城市高质量发展的10项重点标准之一，并同步发布了该标准的英文版。

6.3.2 涵盖不同建筑功能的绿色建筑评价标准体系

针对建筑功能多样性、技术适用性、操作可行性及区域规模化发展需求，以主编的国内首部绿色建筑综合评价标准为指引，构建了涵盖办公、商店、饭店、博览等15种主要建筑功能及超高层、生态城区、村庄的绿色建筑评价标准体系，涉及国家、地方、团体等不同级配；基于评价标准体系，针对量大面广、重大民生需求的主要建筑类型，主编了基于相同评价方法的《绿色商店建筑评价标准》GB/T 51100、《绿色办公建筑评价标准》GB/T 50908、《绿色博览建筑评价标准》GB/T 51148等细化功能的国家标准、团体标准、地方标准。研究成果有力推动了我国各类型绿色建筑的全面、平衡发展。

6.4 多维多元、协同共享绿色建筑系列软件系统

6.4.1 绿色建筑性能模拟优化软件

针对绿色建筑综合设计过程中涉及单位多、数据互流通与协同设计难、设计效率低下等普遍问题，通过系统分析建筑设计常用软件工具、应用阶段、输出文件及绿色建筑性能模拟的工作流程、模型搭建、计算内核、计算参数、成果表达等考虑因素，以"一模多用"为目标，开发了基于BIM理念的绿色建筑性能优化设计系统，建立了用户模型、分析模型、计算模型的三层架构，实现了在不同图形平台对接10余项不同建筑设计软件模型数据、不同性能模拟分析的专业参数设置与协同、不同计算内核的接口输入输出。该软件在行业内得到了广泛应用，经实践对比，该软件的整体建模、计算时间缩短了70%以上。

6.4.2 自主可控的专业化绿色建筑设计软件

针对绿色建筑标准众多、技术条文繁杂、项目特点各异带来的设计效率低下问题，基

于《绿色建筑评价标准》GB/T 50378 及各省市绿色建筑地方设计和评价标准，开发了专业化的绿色建筑设计软件。该软件可根据项目设计指标快速、自动判定其绿色建筑星级属性，并自动生成详细的《自评估报告书》《审查备案表》《绿色建筑设计专篇》等资料，全面支持绿色建筑深化设计需求，支撑方案、初设、施工图设计、运维的全生命周期绿色建筑设计评价。同时，该软件融合了 BIM 设计理念，可直接对接绿色建筑性能优化设计系统，通过统一的数据模型自动获取通风、采光、能耗、噪声等的模拟结果并进行对标分析，实现不同阶段、同一性能模拟结果互通互用，大幅减少重复性工作，提高多专业、多过程协同工作效率。

6.4.3 多维共享的绿色建筑项目评价系统与大数据管理平台

针对绿色建筑评价涉及的地域广、人员类别多、标准不同、标识项目众多及数据信息化等需求，开发了国内外首个投入运行且应用广泛的绿色建筑全行业链信息化管理综合系统，率先构建了全国绿色建筑项目大数据库，以区域地图＋统计图表的形式，按照标识类型、建筑类型、星级、气候区、评价机构等分类展现全国以及各省、地市标识项目情况，实现了行业大数据从规划、设计、施工、运营、改造的全生命周期高效汇总处理和应用。

6.5 推广应用及意义

本项目主编国家、行业等标准 25 部，授权发明专利 7 项、实用新型专利 10 项，获批计算机软件著作权 29 项，出版著作 28 部，发表高水平论文 107 篇。构建的具有中国特色的绿色建筑技术标准体系，对支撑国家及地方实现"建立健全绿色建筑标准体系"的总体目标、推动世界上最大规模的绿色建筑实践进程发挥了重要作用。主编的首部多目标、多层次绿色建筑综合评价标准成为我国绿色建筑领域的根本性技术标准，被住房和城乡建设部列为推动城市高质量发展的 10 项重点标准之一，指导全国 27 个省、市、自治区及香港、澳门地区制定了地方评价标准。研发的绿色建筑全过程软件已成为我国绿色建筑模拟优化、设计、评价的主流软件工具，被 2000 多家行业知名设计院、咨询机构使用。研究成果服务了海南自贸区、雄安新区、杭州亚运会、北京冬奥会等热点及重点区域的绿色建筑建设，实现了绿色建筑全国范围的理念协同、技术协同和管理协同，提高了行业整体发展能力，产生了显著的社会、环境和经济效益。

6.6 小结

项目组针对我国绿色建筑不同发展阶段亟需解决的关键问题，以"顶层设计—关键技术—工程应用"为主线，开展了绿色建筑标准体系构建和性能提升技术研究及应用，形成了三方面的主要技术成果：（1）构建了适应我国不同时期社会发展需求的绿色建筑技术体系，研发了以健康舒适和运行高效为目标的绿色建筑性能提升技术。（2）构建了主题突出、层次清晰、协调配套的中国绿色建筑技术标准体系，主编了多部重点标准。（3）以性能优化为导向的多维多元、协同共享的系列软件和大数据管理平台，创建了绿色建筑软件生态系统。

　　绿色建筑是我国建筑发展过程中的重要里程碑。本项目研究成果为我国绿色建筑快速、健康发展提供了标准依据和技术保障，对推动我国绿色建筑实现从无到有，从少到多，从个别城市到全国范围，从单体到城区、城市的规模化发展，以及从高速度转向高质量、从跟跑实现领跑的跨越式发展起到了重要作用。

7 绿色建筑性能后评估标准体系研究

杨建荣[1] 孙昀灿[1]

1 上海市建筑科学研究院有限公司

7.1 研究背景

我国绿色建筑发展已得到社会各界认可，但在获得绿色建筑评价标识的项目中，绿色建筑运行标识的比例相对较低，讨论的热点逐步从"绿色"的理念转向"绿色度"的问题。我国现有绿色建筑评价体系重点着眼于建筑的设计（设计标识）和建设（评价设计落实情况的运行标识），对于建筑 50 年以上的寿命期的运行性能和实施效果缺乏长期、系统的动态评价，无法向社会量化显示绿色建筑产生的社会、经济和民生效益。

"十三五"国家重点研发计划"绿色建筑及其工业化"中设置了"基于实际运行效果的绿色建筑性能后评估方法研究及应用"项目（2016YFC0700100），其中课题五"绿色建筑性能后评估技术标准体系研究"（2016YFC0700105），研究内容聚焦绿色建筑的后评估方法及绿色建筑性能后评估标准体系，率先构建了适时、适度、适行、适用的具有中国特色的绿色建筑后评估标准体系，优化标准数量、结构，拓展完善绿色建筑全过程评价标准体系构建；编制我国首部以性能评价为导向的绿色建筑运营后评估标准，区别于当前绿色建筑设计环节评价和实施环节校验的标准，填补领域空白。开发了面向建筑持有者、物业管理者和第三方评估机构的绿色建筑运营后评估工具，提高了绿色建筑性能后评估工作实效。

7.2 面向建筑的使用后评估方法

7.2.1 普莱策建立的后评估基本方法

目前认可度较高的建筑使用后评估的基本方法，来源于美国学者普莱策在 1988 年出版的专著《使用后评估》。在该书中，普莱策将使用后评估分为描述式、调查式和诊断式三种类型，三者由浅到深、循序渐进，见图 7.1。

在评估内容和实施步骤方面，除了评估结果的深度、广度和投入的程度以外，这三种类型没有本质差别，但同样的评估内容在不同的实施步骤中所应用的方法则有所差异。

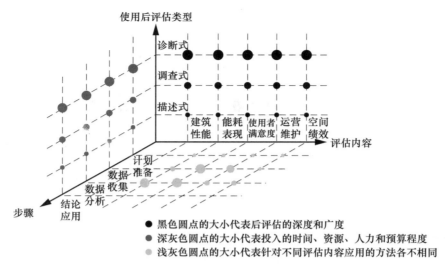

图 7.1　使用后评估基本方法原理示意图

7.2.2　以问题为导向的后评估方法发展

20 世纪 80 年代，逐渐兴起了以问题为导向的使用后评估体系，聚焦三大方面内容：建筑能耗表现（Energy Performance）、室内环境质量（Indoor Environment Quality，简称 IEQ）和使用者调查（Occupant Survey）。所采用的评估方法大致分为两个方向：主观评价和客观测量。

20 世纪 90 年代以来，随着信息技术的快速进步，后评估方法与技术就是以这三大方面和两个方向为基础发展而来的，具体评估方法的内容见表 7.1。

以问题为导向的后评估方法描述　　　　　　　　　　　　　　表 7.1

步骤		工作重点	方法	成果
计划阶段	收集	与建筑相关的文字、照片、图纸、文件等资料	实地勘察、网上搜索、档案室调档、询问设计施工方等	一份详细的实施后评估计划书和相关资料附件包
	沟通	与建筑相关的所有利益相关方，如委托方、管理方、设计方、施工方和使用方等	访谈、电话、电邮、介绍信等	
数据收集	主观评价	收集由评估者通过观察发现的问题和使用者对建筑使用、运营、维护方面的主观评价信息	步入式观察（初步观察、现场测绘、空间观测、行为观测等）、访谈法（一对一访谈、深度访谈等）、问卷调查等	观察或访谈信息被整理成描述性报告和主要问题清单；问卷调查结果和客观测量数据被输入 EXCEL 软件，准备导入 SPSS 数理统计软件进行分析
	客观测量	测量室内环境质量数据（温湿度、光、声环境、空气质量等）和能耗数据（用水量、用电量等）	仪器测量、用水和用电量审计、能耗感应器记录等	
数据分析		运用统计学和评价学的分析方法，尝试在建筑性能和使用的表层现象中挖掘深层规律性和关联性，揭示问题的本质，提出评估结论和改善建议	失败树分析、对比评定、清单列表、语义学解析、多因子变量分析、层级分析、社会网分析、生命周期评估、质化分析等	一份配有文字、图片、数据图表的使用后评估结论报告

7.2.3 从案例分析发展成的方法标准

近 30 年来，西方各国的使用后评估研究都已经逐步从早期的个案研究，发展出了使用后评估标准体系。其中，比较有影响力的评估体系有英国的 PROBE、美国的 CBE 和 NEAT、澳大利亚的 BOSSA、加拿大的 COPE 等，详见表 7.2。

各国已建立的性能后评估标准及工具   表 7.2

方法	年份	开发者	国家	建筑类型	评估内容	备注
Post-Occupancy Review of Building Engineering （PROBE）	1995	美国政府（环境、交通和区域发展部）	英国	办公建筑 教育建筑 政府建筑 医院建筑	• 通过办公人员评估方法（Office Assessment Method）进行能源审核 • BUS 调查 • 设计与施工 • 可维护性 • 描述性评估	• 不相同的案例研究应用的方法是不相同的 • 一个案例一份研究报告
CBE Building Performance Evaluation （BPE）Toolkit	2000	伯克利分校	美国	办公建筑 教育建筑 政府建筑	• 使用者室内环境满意度调查：热舒适，办公家具，空气质量，光等 • 室内气候监控器：CO_2，干球温度，照度等 • 便携式地板送风系统（Underfloor Air Conditioning，UFAD）调试车 • 声级压力表	• 基于网络的线上调查 • 支持室内环境质量调查和性能评估的软件和硬件 • 地理信息系统 • 记分卡和报告生成工具
Cost- Effective Open-Plan Environments （COPE）	2000	加拿大国家研究委员会	加拿大	办公建筑	• 手推车系统，用于测量声级、CO_2、CO、总碳氢化合物、甲烷等 • 夜间照度测量和语音清晰度 • 使用者的满意度调查	
NEAT	2003	卡内基梅隆大学建筑性能和诊断中心	美国	办公建筑	• 电费和煤气费 • 室内空气质量测量：用 NEAT 小车测量 CO_2、CO、PM 和 TVOC • 使用者：高效开放式办公环境评估系统（COPE）满意度调查问卷，访谈 • 热成像仪评估的热包络 • 建筑系统技术指标文件审计	NEAT 小车提供数据自动记录功能
Building Occupants Survey System Australia （BOSSA）	2011	悉尼大学，悉尼科技大学	澳大利亚	办公建筑	• 室内环境质量测量：BOSSA Nova 小车测量 CO、CO_2、TVOC、甲醛、声环境和照度 • 包括 9 个维度的使用者满意度调查	
"清华大学—环境能源效率"	2013	清华大学生态规划与绿色建筑重点实验室	中国	办公建筑 教育建筑 政府建筑	• 能源计量 • 室内环境质量监测 • 使用者室内环境质量满意度调查	

7.2.4 主流绿色建筑评估标准中的运营期评估体系

目前，国际上应用最为广泛的绿色建筑评价体系均已推出了针对建筑运营的绿色建筑性能后评估方法研究报告评级体系，例如美国 LEED 的 O＋M 体系、英国 BREEAM 的

In Use 体系、日本 CASBEE 的 Existing Building 体系、加拿大 BOMA BEST，以及与绿色运营关系密切的碳排放量核算标准 ISO 标准体系 14064 等，其对比分析如表 7.3 所示。

各国绿色建筑评价体系中后评估相关方法对比 表 7.3

项目	LEED O + M	BREEAM In-Use	CASBEE for Existing Building	BOMA BEST
国家	美国	英国	日本	加拿大
年份	2002	2009	2004	2009
建筑类型	既有建筑和既有建筑内部	既有非住宅建筑物	既有建筑	既有商业办公和工业建筑
评价内容	选址与交通、可持续选址、用水效率、能源与大气、材料与资源和室内环境品质	建筑性能、运营性能和业主管理（能源、水、废物、管理、材料、健康舒适、污染、土地使用、交通）	建筑内部与外部（能源消耗、环境资源再利用、当地环境、室内环境）	能源、水资源、空气质量、舒适度、健康与保健、采购、托管、废弃物、现场、利益相关方
评价方法	评分设置控制项，分数加和	评分设置控制项，加权求和	利用建筑物的环境品质与性能和建筑物的环境负荷的比值	评分设置控制项，加权求和

7.3 绿色建筑性能后评估标准体系

7.3.1 绿色建筑后评估标准体系构建路线

绿色建筑性能后评估标准体系是在现有的以行业、专业作为基本划分类别的标准体系（简称"专业标准体系"）基础之上，建立以绿色建筑后评估为目标的主题标准体系。绿色建筑后评估主题标准体系，是在现行标准体系及具体标准基础上的补充和完善，其中的标准项目绝大多数甚至全部都依存于各专业标准体系，但各标准共同服务于绿色建筑后评估这一主题。具体是指，以绿色建筑性能后评估为核心，整合若干部以绿色建筑性能和功能评价为主题的标准。

根据绿色建筑后评估工作的实际需要，结合我国标准化改革的实际情况，分别从性能目标、后评估方法和效用程度三个方面对绿色建筑后评估标准体系进行构建。

（1）性能目标

绿色建筑后评估是以绿色建筑的性能为基础，对其实际运行过程中的性能进行评估。后评估标准体系更关注项目红线内的建筑性能，不考虑项目红线外对建筑性能的影响。

（2）后评估方法

绿色建筑后评估主要从指标阈值、客观评估方法和主观评价方法三个方面进行。我国工程建设标准强制性技术法规中对于建筑能耗、水耗和环境质量均提出了具体指标阈值的规定。由于绿色建筑后评估通常在投入运行一年后进行，因此对于能耗、水耗和环境质量而言，需要采用客观评价（结合长期监测和短期检测）的方法来判断建筑性能。满意度评价方法更多侧重于通过使用者的实际使用感受，对能耗、水耗和环境质量进行评价。

（3）效用程度

根据国家现行法规，结合工程建设标准化改革的具体方向，标准的效用程度可分为强制性规范（即目前在编的全文强制性规范）、政府推荐性标准（推荐性国家标准和推荐性行业标准）、其他引领性标准（即相关社团编制的团体标准）。

7.3.2 绿色建筑后评估标准体系框架

标准体系结构图用于表达标准体系的范围、边界、内部结构以及意图，其结构关系一般包括上下层之间的"层次"关系，或按一定的逻辑顺序排列起来的"序列"关系，也可是由以上几种结构相结合的组合关系。绿色建筑后评估标准体系结构如图 7.2 所示。带文字下划线的方框仅表示体系标题，不包含具体标准；矩形方框代表一组若干标准，其中文字为该组标准的名称。用实线表示方框间的层次关系、序列关系和关联关系，不表示上述关系的连线用虚线接连。图中由上至下展示了强制性规范、政府推荐性标准和团体标准三个不同效用程度的层次。

绿色建筑后评估标准体系收录强制性规范 19 项，政府推荐性标准 155 项，其他引领性标准 115 项。其中，现行标准 203 项、在编 75 项、建议修订 10 项。

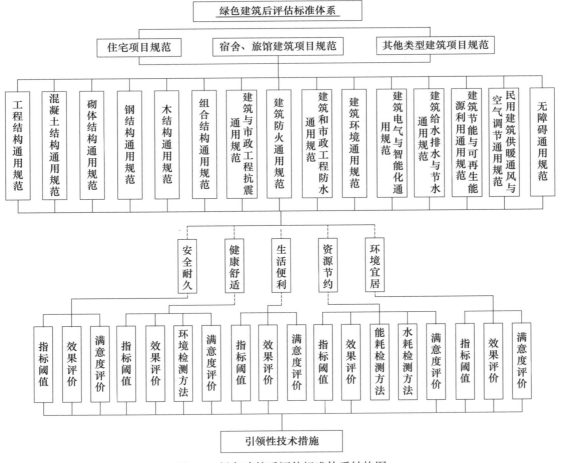

图 7.2 绿色建筑后评估标准体系结构图

7.4 绿色建筑性能后评估标准

为解决我国绿色建筑实施效果显示度不够的问题，针对我国绿色建筑投入运营后缺乏长期、系统评价的现象，中国工程建设标准化协会立项编制《绿色建筑性能后评估标准》T/CECS 608—2019，并于2019年7月正式发布。

7.4.1 适用范围和前置条件

为了客观反映绿色建筑投入运营后的实际效果，参与绿色建筑性能后评估评价的项目（单体建筑或建筑群）需满足以下要求：

（1）符合国家现行有关设计竣工等验收标准的规定；

（2）投入运营使用、有连续一年以上的运营数据；

（3）建筑运行过程中产生的废气、污废水、噪声等污染物达到国家现行有关标准的排放规定。

7.4.2 后评估与等级划分

绿色建筑运营后评估指标体系由污染物控制、碳排放控制、能耗、水耗、空气质量、用水质量、室内舒适度、建设运营成本、用户满意度共9个指标组成。

按照 Q-L 体系将9大指标分为负荷 L（Load）指标和质量 Q（Quality）指标两类。其中，分项 L 指标是指建筑项目对外部环境和社会经济等造成的影响或冲击，包括污染物控制（L_1）、碳排放控制（L_2）、能耗（L_3）、水耗（L_4）、建设运营成本（L_5）；分项 Q 指标是指建筑项目所界定范围内，影响使用者的环境品质，包括空气质量（Q_1）、用水质量（Q_2）、室内舒适度（Q_3）、用户满意度（Q_4）。指标体系详见表7.4。

绿色建筑运营后评估标准指标体系　　　　　　　　　　　　　　　　　　表 7.4

一级指标	二级指标
各类污染物控制 L_1	废气污水噪声排放
	垃圾站卫生状况
	垃圾分类收集和处理
建筑碳排放量控制 L_2	建筑运行阶段碳排放量展示
	建筑碳排放量逐年分析及优化
	建材生产及运输阶段碳排放量
	建筑建造及拆除阶段碳排放量
建筑能耗强度 L_3	能耗指标实测值
建筑平均日用水量 L_4	建筑平均日用水量
建筑建造运营成本 L_5	建筑建造运营成本展示
	建筑建造运营成本经济合理

一级指标	二级指标
室内空气质量 Q_1	室内二氧化碳浓度
	室内细颗粒物（$PM_{2.5}$）浓度
	室内 TVOC 浓度
	室内甲醛浓度
	室内氨浓度
	室内苯浓度
用水质量 Q_2	生活饮用水水质
	直饮水水质
	集中生活热水水质
	其他用水水质
建筑室内物理性能 Q_3	室内背景噪声
	专项声学性能
	天然采光质量
	人工照明质量
	热舒适质量
用户使用感受 Q_4	建筑室外环境满意度
	建筑室内空间满意度
	建筑总体综合满意度

各分项 L 指标和分项 Q 指标分值按加权方法计算得到，各类指标的权重参考现行国家标准《绿色建筑评价标准》GB/T 50378—2014、《绿色办公建筑评价标准》GB/T 50908—2013、《绿色商店建筑评价标准》GB/T 51100—2015、《绿色医院建筑评价标准》GB/T 51153—2015、《绿色博览建筑评价标准》GB/T 51148—2016、《绿色饭店建筑评价标准》GB/T 51165—2016 等标准中相关建筑类型的指标，根据各类绿色建筑运营的特点进行适度调整，并经广泛征求意见和试评后综合调整确定。

绿色建筑运营后评估分为 4 个等级，根据 Q 指标和 L 指标总得分在 Q-L 图（图 7.3）中所处

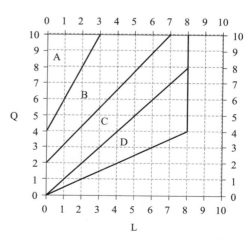

图 7.3 绿色建筑运营后评估 Q-L 分级图

的位置确定，得分在 A、B、C、D 四个区域内的项目，由高到低分别对应钻石级、金级、银级、铜级 4 个等级。

7.4.3 标准应用特征分析

通过标准在实际项目中的应用，并结合对应用项目运营情况的了解，可以看出评价结果能够有效反映项目绿色运营状况，越在实际运营中注重适度舒适情况下尽量减小能源资源消耗的项目，越容易获得较好的绿色运营后评估结果。

逐条分析标准条文达标和操作难易度，可得一些条文操作难度偏大，如建筑碳排放、建筑成本等，但鉴于行业和社会发展方向以及标准引导导向，为便于提升使用者感知度和运营者对能源资源消耗的关注度，建议仍设置相关条文，为此也降低了操作难度，一般要求对于结果进行展示即可得分。总体来说，标准条文平均的达标难度和操作难度较为适宜。

7.5 小结与展望

目前绿色建筑在我国蓬勃发展，渐入佳境，其内涵和外延在不断丰富、衍生。本课题针对建成后绿色建筑性能后评估的问题，系统开展顶层后评估标准体系构建所需的关键性能基准线标尺、后评估方法和标准体系框架研究。同时，组织编制的《绿色建筑性能后评估标准》T/CECS 608-2019 将绿色建筑评估重点放在各项绿色技术与措施的综合实施效果，如能耗、水耗、建筑使用者反馈等评价指标，而非单项技术（屋顶绿化、热回收技术的应用等）的落实评价，更好地体现了建筑作为一个有机集成系统在资源节约、环境友好和可持续发展方面的作用。

上述成果不仅为掌握绿色建筑行业的绿色性能完成度提供框架支撑，也可为具体工程性能优缺点评估和改善提供支撑。

同时也应认识到，我国绿色建筑标准体系大多数是推荐性标准，需要在《关于深化工程建设标准化工作改革的意见》（建标〔2016〕166 号）的指导下，逐步进行改革完善。同时与技术更新变化和经济社会发展需求相比，绿色建筑标准体系仍可能存在着部分标准老化陈旧、水平不高、供给不足、缺失滞后等问题，需要持续对绿色建筑标准体系进行动态修正完善。

8 既有公共建筑改造标准体系构建研究

叶凌[1]　李晓萍[1]　古小英[2]　周建民[3]

1　中国建筑科学研究院有限公司；2　上海市房地产科学研究院；
3　同济大学土木工程学院

8.1 研究背景

　　课题组在"十三五"之初所做的调研显示，在我国 110 多亿 m² 的既有公共建筑中，2000 年之前建成的就有 42 亿 m²，占比近 40%。根据我国相关工程建设标准施行情况（表 8.1）可以推断，这些建筑在建成时对涉及室内环境、节能方面的专项设计考虑较少；如未实施改造，其环境品质及能效必然处于较低水平，与人民日益增长的美好生活需要还有很大差距。另外，虽然设计时对于结构、抗震、防火等安全性能均有考虑，但相关标准规范已历经多次修订，建筑当年的荷载标准值、抗震设防标准、耐火等级等早已今非昔比。再加上 21 世纪以来我国经济社会仍保持快速发展，尤其是西部地区、广大农村面貌焕然一新，20 世纪建成的建筑，即便是改革开放后建成的都很难跟上当今时代需求了。

公共建筑性能涉及主要标准情况　　　　　　　　　　　　　　　　表 8.1

性能	相应标准	首次施行年份	备注
安全	《建筑结构荷载规范》GB 50009	1974	
	《建筑抗震设计规范》GB 50011	1978	
	《建筑设计防火规范》GB 50016	1974	
室内环境	《民用建筑隔声设计规范》GB 50118	1988	2010 年前仅用于学校、医院、旅馆
	《建筑采光设计标准》GB 50033	2001	此前仅用于工业企业，2013 年起强制
	《建筑照明设计标准》GB 50034	1991	
	《民用建筑热工设计规范》GB 50176	1993	直至 2016 年发布新版
	《民用建筑供暖通风与空气调节设计规范》GB 50736 （《采暖通风与空气调节设计规范》GB 50019）	1988	2003 年提出热舒适性及室内空气质量要求
	《民用建筑工程室内环境污染控制规范》GB 50325	2001	
节能	《公共建筑节能设计标准》GB 50189	1993	2005 年前仅针对旅馆

　　有鉴于此，国家在"十三五"国家重点研发计划"绿色建筑及建筑工业化"重点专项实施方案中设置了"既有公共建筑综合性能提升与改造关键技术"项目。该项目于 2016

年 7 月正式立项（编号 2016YFC0700700），其中专门设置了既有公共建筑改造标准体系的研究内容。

8.2 标准体系构建的目标和原则

8.2.1 建设目标

构建既有公共建筑改造标准体系的总体目标是，最大程度地发挥标准规范对我国既有公共建筑改造工作的巨大推动与技术保障作用，更充分彻底地通过标准化途径贯彻落实国家对于城市更新和既有建筑改造的发展战略和技术经济政策，更有针对性地规划我国对既有建筑的安全、环境、节能等改造的标准项目，从整体上凸显研究项目对既有公共建筑综合性能提升的目标诉求。

在标准体系的具体定位上，考虑如下方面：

（1）本体系为主题标准体系在现有的以行业、专业作为基本划分类别的标准体系（简称"专业标准体系"）基础之上，建立以既有公共建筑改造为目标的主题标准体系。既有公共建筑改造主题标准体系，并非独立于现行工程建设标准体系之外的另一套标准体系，而是在现行标准体系及具体标准基础上的补充和完善，其中的标准项目绝大多数甚至全部都依存于各专业标准体系，但各标准均共同服务于既有公共建筑改造这一主题。具体是指，以既有公共建筑综合性能提升为核心，整合若干部以既有建筑改造为题的标准；并以此为主线，建立起各专业学科分标准体系及其相关标准中的斜向联系（区别于同一专业学科标准之间的纵向联系，及同为基础、通用或专用标准之间的横向联系），如图 8.1 所示。

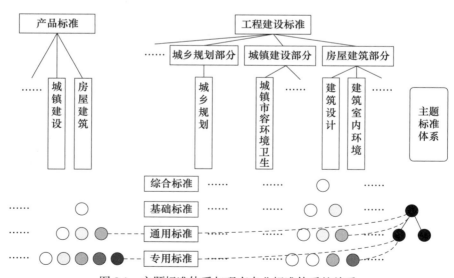

图 8.1　主题标准体系与现有专业标准体系的关系

（2）重点关注工程建设标准。从标准分类上看，可划分为工程建设标准、产品标准、卫生标准、环保标准和管理标准 5 类。注意到既有公共建筑改造主题的工程建设属性，理应将工程建设标准作为本体系的重点关注对象。对于产品标准、环保标准等，如改造工程中直接涉及但相关工程建设标准又没有对其引用或专业标准体系中没有纳入的，则也要在体系中体现。多个类型的标准，尤其是工程建设标准与产品标准，虽各自独立，宜互为支撑，共同配合。

（3）包含现有、应有和预计制定标准。标准体系并非现有标准的简单堆砌或拼凑，不仅需要对各类不同标准按照内在联系和逻辑关系进行有机组合，更要适应我国既有建筑改造不断发展的需要。因此，不但要从现在的工作实际和现有标准项目出发，梳理归纳、查漏补缺，还要适当超前，研判未来形势并提出可能需求，使得作为研究成果的本标准体系既立足当前工作实际，又纳入项目最新研究成果，具有较强的先进性，还提出未来需求和方向，展示较强的前瞻性。

（4）贯彻落实标准化工作改革。根据国家深化标准化工作精神，体系不仅要包括国家标准、行业标准等政府标准，也要包括市场自主制定的团体标准。对于工程建设标准，本体系主要考虑中国工程建设标准化协会的协会标准，相对更成体系；对于中国建筑学会、中国土木工程学会等其他全国知名社团发布的有重要影响的团体标准，也可按照改革精神提出工程建设协会标准的立项建议，通过市场开展竞争，优胜劣汰。

8.2.2 构建原则

（1）目标明确。标准体系是为业务目标服务的，构建标准体系应首先明确标准化目标。目标是想要达到的境界或目的。构建标准体系，坚持目标导向，要紧紧围绕既定目标展开，始终在目标指引的方向和道路上进行。本标准体系总的目标诉求是提升既有公共建筑综合性能，具体主要包括建筑安全性能提升、室内环境性能提升、建筑能效提升，在可能的情况下尽量考虑综合。

（2）全面成套。标准体系围绕既定目标展开，但也要体现体系的整体性，即体系的子体系及子子体系的全面完整和标准明细表所列标准的全面完整。构建既有公共建筑改造标准体系，不仅要充分考虑前述安全、环境、节能3项目标性能所对应的工程专业及建筑部位，还要考虑改造工程涉及的阶段、环节。与建筑全生命期的设计、施工、运行有所区别，本标准体系至少应保证改造工程实施过程及前后均有相应标准。

（3）层次适当。专业标准体系通常以综合标准、基础标准、通用标准、专用标准来划分层次（注：层次并非层级，不按国家标准、行业标准、地方标准区分），但主题标准体系有其特殊性。既有建筑改造涉及术语、符号、制图等基础标准，以及设计、施工、验收等通用标准，仍应归为各专业标准体系中，与此主题标准体系仅仅是"弱相关"。因此，主题标准体系的主要关注点，在于专用标准层的"强相关"项目。另一方面，也要贯彻落实工程建设标准化工作改革精神，在体系中充分体现强制性标准兜底线、团体标准引导创新和竞争市场等内容，同时也将对建筑性能提升的不同程度体现出来。

（4）划分清楚。如前述，本标准体系既要考虑安全、环境、节能等目标性能（并尽量综合），也要对改造工程涉及的阶段、环节划分清楚，还要将各标准本身不同的功能效用及对性能提升的效果程度予以区分。然而，理想与现实之间毕竟有差异，尤其是现有标准项目的具体内容跨专业门类、跨性能目标、跨阶段环节的不在少数，因此在本标准体系设定的项目中还要进一步解剖麻雀，充分考查某标准的章节内容范围，适当分拆、合并现有标准项目，可能更有益于体系中各子体系的同一性。

8.3 标准体系结构和内容

8.3.1 标准体系维度

本研究借鉴了系统工程方法论中的霍尔三维结构，可较为形象地描述标准体系系统工程研究的框架，而且能够更好形成分层次的立体结构体系。本研究中既有不同性能目标、又有不同阶段环节，同时还要考虑标准功能效用和性能提升程度，如此则能较好地体现这些不同维度，进而为体系的全面有序构建及未来更新管理提供更好的方法和模型支撑，如图 8.2 所示。

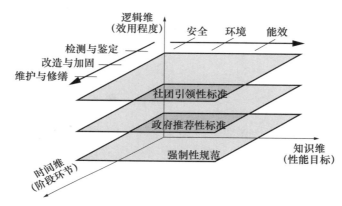

图 8.2 既有公共建筑改造标准体系的三维结构

（1）时间维（阶段环节）霍尔三维结构中的时间维度，在本体系中可考虑为检测与鉴定（改造前）、改造与加固、维护与修缮（改造后）3 个阶段环节。这也与国家工程建设标准体系中建筑维护加固与房地产体系中的子体系划分是协调一致的。经初步梳理，检测与鉴定阶段，现有各类结构检测及现场检测的工程建设标准 16 项、现场检测方法的产品标准 5 项，另有建筑抗震、可靠性等鉴定标准；改造与加固阶段，现有以各类结构加固为主的工程建设标准 16 项，加固用材料的产品标准 6 项；维护与修缮阶段，现有工程建设标准 9 部、机电系统经济运行的产品标准 5 部。

（2）逻辑维（效用程度）霍尔三维结构中的逻辑维度，在本体系中考虑为强制性规范、政府推荐性标准、社会团体的引领性标准三层逻辑效用。这主要是由标准化工作改革方向出发，其中的国家强制性规范设定强制性要求来"兜底线"，现有针对既有建筑鉴定与加固规范、既有建筑维护与改造等国家工程建设规范，所有改造项目必须达到；政府推荐性标准为常规水平和通常做法的"大众化"，主要是国家和行业标准中的大部分通用标准及个别专用标准，大多数改造项目在一般情况下均可做到；社会团体的引领性标准则是更高水平、更先进做法的"领跑者"，以团体标准为主，也可包括现行政府标准中适于转为社团管理的引导性、方法类标准，供少数项目在条件允许情况下选用以达到更高的性能提升，鼓励创新、引领高质量。

事实上，如此三层逻辑效用也可以理解为标准体系动态更新的逻辑步骤。随着国家经济社会发展、人民要求提高、技术创新进步，一些原本属于更高水平、更先进做法的要求，具备了普及推广的条件，相应的标准项目或技术内容则可由引领性团体标准中调整到政府推荐性标准中，接受程度广的团体标准项目可吸纳转化为国家或行业标准。同理，国家行业主管部门也可根据需要及市场现状，基于原有推荐性标准增加强制性规范内容，提高门槛要求，淘汰落后产能，促进技术进步，保障人民安全健康，并推动经济社会高质量发展。

（3）知识维（性能目标）霍尔三维结构中的知识维度，在本体系中则考虑为建筑安全、室内环境、建筑能效三大性能目标。此外，同时考虑综合性能整体提升，及建筑使用功能提升。如此考虑，不仅是与本项目研究的整体方向一致，也是尊重当前学科交叉，凸显目标导向。在传统的霍尔三维结构中，知识维度通常为行业、专业；但在既有公共建筑改造实际中，不同专业基本对应不同性能，例如安全性能主要对应结构专业，环境性能、能效均主要是建筑技术和暖通空调专业。

8.3.2 标准体系结构图

限于篇幅，图 8.3 中所示的标准体系仅给出本体系的各个组成部分子体系，不含具体标准项目。其中，矩形方框代表一组若干标准，其中文字为该组标准或标准体系（子体系）的名称。各体系（子体系）之间的层次、序列、关联等关系，以实线或虚线连接表示；其中，虚线专门表示本主题标准体系与其他专业标准体系内相关标准的协调或配套关系。图中由上至下展示了强制性规范、推荐性标准（基础类）、推荐性标准（通用及专用类）、引领性标准 4 个不同效用程度的层次。

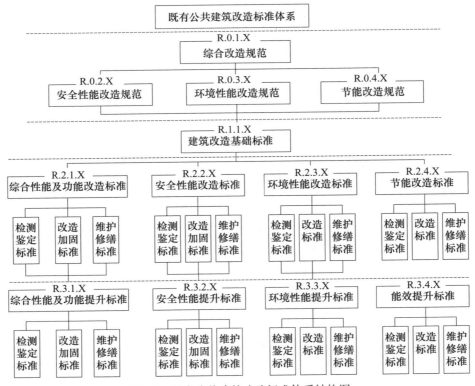

图 8.3 既有公共建筑改造标准体系结构图

8.4　研究成果及展望

　　本研究基于霍尔三维结构所提出的包括时间、逻辑、知识三个维度的既有公共建筑改造主题标准体系，通过调研国内外既有建筑标准及我国经济技术政策，并梳理现有和在编标准148部，在前述体系结构图的基础上列出了标准明细表，设置标准项目建议85项。其中，国家强制性标准规范5项、推荐性国家和行业标准32项、引领性团体标准48项。最后，本研究还从标准制修订工作规划、标准项目立项、现有标准技术内容修订完善等方面提出了若干建议。

　　本研究于2019年11月通过科技成果鉴定，于2020年6月通过课题绩效评价，所属项目通过综合绩效评价的结论也于2021年1月由国家科技管理信息系统公共服务平台公示。科技成果鉴定意见认为本研究成果符合国家标准工作改革精神及我国标准体系构建原则要求，并与我国现行工程建设标准体系协调一致。后续，课题组将持续推动研究成果转化应用，力争为我国既有公共建筑改造标准化工作提供支撑和引领。

第二篇　国家与行业标准

1 《建筑节能与可再生能源利用通用规范》
GB 55015—2021

徐伟[1,2]　邹瑜[1,2]　张婧[1,2]　陈曦[1,2]　赵建平[1,2]　董宏[1,2]
宋波[1,2]　何涛[1,2]　宋业辉[1,2]
1　中国建筑科学研究院有限公司；2　建科环能科技有限公司

1.1　背景与意义

　　2015 年，国务院印发了《深化标准化工作改革方案》，明确要求整合精简强制性标准，并明确提出"坚持国际接轨、适合国情"的改革原则，拉开了标准改革的序幕。2016 年住房和城乡建设部印发了《深化工程建设标准化工作改革的意见》，提出"改革强制性标准。加快制定全文强制性标准，逐步用全文强制性标准取代现行标准中分散的强制性条文"。2020 年，习近平总书记提出力争 2030 年前实现碳达峰、2060 年前实现碳中和，作出重大战略部署，事关中华民族永续发展和构建人类命运共同体。而节能作为实现碳达峰、碳中和目标的关键支撑，是重要抓手，也是推动产业结构调整优化的重要举措。为全面贯彻习近平总书记的新发展理念、党的十九大和十九届二中、三中、四中全会精神，认真落实党中央、国务院决策部署，在此种背景下，《建筑节能与可再生能源利用通用规范》GB 55015—2021（以下简称《节能规范》）作为全文强制规范体系（全文强制性标准之一），其发布对构建清洁低碳、安全高效的能源体系，加快发展清洁能源和新能源，提高能源利用效率，营造良好的室内环境，满足经济社会高质量发展，实现碳中和具有重要意义。

1.2　编制思路与主要内容

1.2.1　编写原则

（1）区分左右侧规范

　　工程建设通用规范分为工程项目类和通用技术类。作为通用规范，《节能规范》是以技术专业为对象、以通用技术要求为主要内容的强制性标准，其内容由工程项目类多项通用规范中出现的重复的强制性技术要求构成，已纳入通用规范的强制性技术要求，工程项目类规范可直接引用，不再重复规定。

（2）确定编写维度

《节能规范》按照全过程维度进行编写，即对设计、施工、验收、运行维护等均进行了规定。

（3）明确适用范围及定位

《节能规范》不适用于无供暖空调要求的工业建筑，且不适用于战争、自然灾害等不可抗条件。它作为法规类强制性规范，面向的对象既包括监管者，同时也包括使用者。

（4）控制规范体量

《节能规范》在覆盖建筑节能和可再生能源相关现行强制性条文、满足社会经济管理等方面控制性底线要求的基础上，对规范的内容进行精简整合，严格控制规范体量。

1.2.2 编制思路

《节能规范》分为目标层和支撑层，其中目标层包括总目标和性能目标两部分。总目标定性表述，是以保证生活和生产所必需的室内环境参数和使用功能为前提，提高建筑设备及系统的能源利用效率，降低建筑的用能需求。量化总目标给出了总的节能率、平均能耗及碳排放强度，并通过性能目标进行实现，确保可操作、可实施、可监管。性能目标针对各个气候区的建筑和围护结构、供暖通风与空调、电气、给水排水及燃气等几个部分给出了性能要求，如体型系数、窗墙面积比、传热系数及热阻、冷机能效指标等。支撑层则按照新建建筑设计、既有建筑改造设计、可再生能源应用设计、施工调试及验收、运行管理几个部分，分别给出了具体技术措施支撑目标层。

1.2.3 主要内容

《节能规范》涵盖了从设计到运行的全过程要求，涉及建筑热工、暖通空调、给水排水、燃气等多个专业，标准框架详见图1.1。

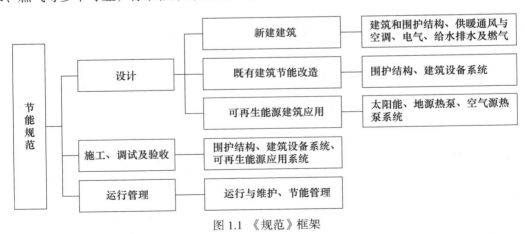

图1.1 《规范》框架

（1）总目标

根据国家节能减排整体战略及住房和城乡建设部《建筑节能与绿色建筑发展"十三五"规划》（建科〔2017〕53号）的目标，以及碳达峰、碳中和的要求，结合行业发展及建筑部件和用能设备的情况，经综合优化分析，最终确定了节能目标，即以 2016 年执行标准为基准，在此基础上居住建筑和公共建筑分别再降低 30% 和 20%。同时，新建的居住和公共建筑碳排放强度应分别在 2016 年执行的节能设计标准的基础上平均降低 40%，碳排放强度平均降低 $7kgCO_2/（m^2·a）$ 以上。

（2）性能指标

将总目标细化为性能指标，主要包括：

1）建筑设计及围护结构热工性能

- 各类型建筑体型系数
- 各朝向窗墙面积比
- 通风开口面积
- 各类型建筑非透光部位传热系数／热阻
- 各类型建筑透光部位传热系数／SHGC
- 权衡判断基本要求
- 空气渗透量

2）供暖通风与空调

- 各气候区 HVAC 各类冷机、房间空调器性能要求
- 锅炉／燃气热水炉／热泵热效率
- 风机水泵性能要求

3）电气

- 各场所照明功率密度

4）给水排水及燃气

- 户式燃气热水器、供暖热水炉、热泵热水机、电热水器、燃气灶具等的性能要求

5）可再生能源应用

- 太阳能热利用系统集热效率
- 地源热泵机组能效
- 空气源热泵性能要求

6）施工、调试及验收

- 系统及材料的性能要求

7）运行管理

- 公共建筑室内设定温度

（3）支撑技术措施

支撑技术措施从新建建筑节能设计、既有建筑节能诊断设计、可再生能源建筑应用设计、施工调试及验收、运行管理五个方面进行了规定，以实现性能指标的要求，从而达到节能总目标。

1）新建建筑节能设计

新建建筑从技术支撑措施方面对建筑采光、参数计算方法、气候设计、遮阳措施要求以及保温系统工程相关措施提出了要求；针对暖通、电气、给水排水和燃气系统几个方面规定了能源方案、监测计量及智能控制、余热回收等具体技术措施，以便对分解后的性能目标进行支撑。

2）既有建筑节能改造设计

既有建筑节能改造规定了安全性评估、节能诊断内容、能量计量、室温调控、监测控制等内容。

3）可再生能源建筑应用设计

可再生能源建筑应用设计，主要包括太阳能系统、地源热泵系统、空气源热泵系统三部分，强调了可再生能源的利用应统筹规划，根据资源条件进行适宜性分析。太阳能系统包括防过热及防坠落等安全性要求、监测参数等规定；地源热泵包括场地勘测、现场岩土热响应试验、全年动态负荷及吸排热量计算、耐腐蚀及防冻措施和监测与控制相关内容；对空气源热泵融霜时间、防冻措施、安装措施等进行了规定。

4）施工、调试及验收

通过进场检验、施工过程、资料核验、节能评估等，对整个施工调试及验收进行质量控制。主要包括围护结构、设备部件、可再生能源系统三部分。

在围护结构方面规定了复验内容及要求、耐候性试验等节能工程施工要求，对密封、防潮、热桥、保温措施等也进行了规定。

在建筑设备部件及可再生能源系统方面，规范规定了相关的复验要求，包括热计量、能量回收、通风机和空调机组以及空调、供暖系统冷热源和辅助设备等设备调试，以及抽水试验和回灌试验要求。

5）运行管理

运行管理阶段涵盖运行维护和节能管理。运行维护方面，对设立节能管理及运行制度及方案、操作规程的制定、水力平衡调试、季节切换以及优化运行等内容进行了规定。

节能管理对计量及能耗统计、能量计量、能效标识等内容做出了规定，并开展了能耗比对等，以保证节能目标的顺利实施。

1.3 结束语

相较于其他通用规范，《节能规范》较为特殊。它不仅仅是国家的底线要求，同时还紧密结合了国家战略部署及安排，具有多专业协作、以整体节能目标为导向、关联国家节能减排计划、双碳目标与国际义务的特殊性。规范的发布和实施将成为建筑领域节能及双碳目标实现的有力抓手，将会加快优化能源结构，在资源高效利用和绿色低碳发展的基础之上进一步推动经济社会的高质量发展。

2 《建筑环境通用规范》GB 55016—2021

邹瑜[1,2]　徐伟[1,2]　王东旭[1,2]　林杰[1,2]　赵建平[1,2]
董宏[1,2]　王喜元[3]　曹阳[1,2]
1　中国建筑科学研究院有限公司　建筑环境与能源研究院；
2　建科环能科技有限公司；3　河南省建筑科学研究院有限公司

2.1 编制背景

2015 年，国务院印发《深化标准化工作改革方案》，明确要求"整合精简强制性标准，在标准范围上，将强制性国家标准严格限定在保障人身健康和生命财产安全、国家安全、生态环境安全和满足社会经济管理基本要求的范围之内"，并明确提出"坚持国际接轨、适合国情"的改革原则。2016 年国务院印发《强制性标准整合精简工作方案》，明确要求强制性标准整合精简工作为标准化改革的重中之重，是建立新强制性国家标准体系的首要任务，要求通过对强制性标准的整合，实现"一个市场、一条底线、一个标准"。2016 年住房和城乡建设部印发了《深化工程建设标准化工作改革的意见》，提出改革强制性标准，加快制定全文强制工程建设规范，逐步用全文强制工程建设规范取代现行标准中分散的强制性条文。明确"加大标准供给侧改革，完善标准体制机制，建立新型标准体系"的工作思路，确定"标准体制适应经济社会发展需要，标准管理制度完善、运行高效，标准体系协调统一、支撑有力"的改革目标。

依据住房和城乡建设部《关于印发〈2017 年工程建设标准规范制订、修订计划〉的通知》（建标〔2016〕248 号）、《关于印发〈2019 年工程建设标准规范制订修订计划〉的通知》（建标〔2019〕8 号）的要求，编制组开展了《建筑环境通用规范》GB 55016—2021（以下简称《环境规范》）研编和编制各项工作，从建筑声环境、建筑光环境、建筑热工、室内空气质量四个维度，明确了控制性指标，以及相应设计、检测与验收的基本要求，实现建筑环境全过程闭合管理。

编制组开展了对现行建筑环境领域相关标准规范强制性条文、非强制性条文梳理和甄别，国内相关法律法规、政策文件研究，国外相关法规和标准研究等专题研究等，同时对建筑声环境、建筑光环境、建筑热工和室内空气质量方面技术指标和控制限值提升进行了研究，有力支撑了标准编制工作。

2.2 技术内容

2.2.1 框架结构

根据住房和城乡建设部关于城乡建设部分技术规范编制的要求，《环境规范》作为通用技术类规范，以提高人居环境水平、满足人体健康所需声光热环境和室内空气质量要求为总体目标，由多项工程项目类规范中出现的重复的强制性技术要求构成。

《环境规范》框架结构见图2.1，分为目标层和支撑层。

（1）目标层包括总目标、分项目标和主要技术指标。主要技术指标有：

声环境：民用建筑主要功能房间室内噪声、振动限值等；

光环境：采光技术指标（采光系数、采光均匀度等），照明技术指标（照度、照度均匀度等）等；

建筑热工：内表面温度、湿度允许增量等；

室内空气质量：7类室内污染物浓度（氡、甲醛、氨、苯、甲苯、二甲苯、TVOC）等。

（2）支撑层主要分设计、检测与验收两大环节，提出各专业应采取的技术措施，保证性能目标的实现。

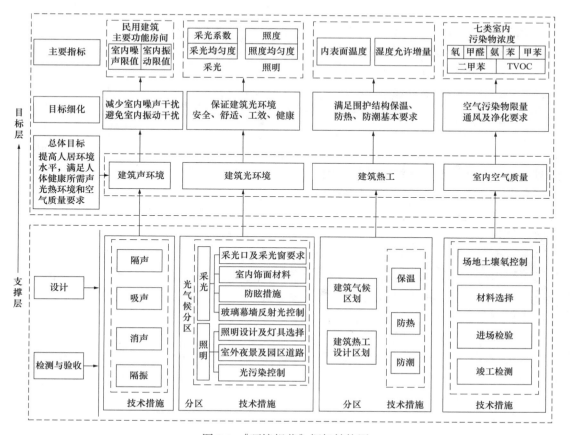

图 2.1 《环境规范》框架结构图

2.2.2 性能要求

响应国家高质量发展、绿色发展需求，《环境规范》从各专业特点出发，结合我国当前发展水平，在不低于现行标准规范基础上，对各专业性能提出了高质量要求。

（1）建筑声环境包括主要功能房间噪声限值，主要功能房间振动限值；

（2）建筑光环境包括采光技术指标（采光系数、采光均匀度、反射比、颜色透射指数、日照时数、幕墙反射光等），照明技术指标（照度、照度均匀度、统一眩光值、颜色质量、光生物安全、频闪、紫外线相对含量、光污染限值等）；

（3）建筑热工包括热工性能（保温、隔热、防潮性能），温差（围护结构内表面温度与室内空气温度等），温度（热桥内表面等），湿度（保温材料的湿度允许增量等）；

（4）室内空气质量包括民用建筑室内7类污染物浓度（氡、甲醛、氨、苯、甲苯、二甲苯、TVOC）限值，场地土壤氡浓度限量，无机非金属建筑主体材料、装饰装修材料的放射性限量。

2.2.3 技术措施

为保证建筑工程能够达到各项环境指标的要求，规范规定了建筑环境设计、检测与验收的通用技术要求。

（1）设计

建筑声环境包括隔声设计（噪声敏感房间、有噪声源房间隔声设计要求、管线穿过有隔声要求的墙或楼板密封隔声要求），吸声设计（应根据不同建筑的类型与用途，采取相应的技术措施控制混响时间、降低噪声、提高语言清晰度和消除音质缺陷），消声设计（通风、空调系统），隔振设计（噪声敏感建筑或设有对噪声与振动敏感用房的建筑物的隔振设计要求）。

建筑光环境包括光环境设计计算，采光设计（应以采光系数为评价指标，采光等级、光气候分区、采光均匀度、日照、反射光控制等设计要求），照明设计（室内照明设置、灯具选择、眩光控制、光源特性、备用照明、安全照明、室外夜景照明、园区道路照明等设计要求）。

建筑热工包括分气候区控制（严寒、寒冷地区建筑设计必须满足冬季保温要求，夏热冬暖、夏热冬冷地区建筑设计必须满足隔热要求），保温设计（非透光外围护结构内表面温度与室内空气温度差值限值），防热设计（外墙和屋面内表面最高温度），防潮设计（热桥部位表面结露验算、保温材料重量湿度允许增量、防止雨水和冰雪融化水侵入室内）。

室内空气质量包括场地土壤氡浓度控制（建筑选址），有害物质释放量（建筑主体、节能工程材料、装饰装修材料），通风＋净化。

（2）检测与验收

建筑声环境包括声学工程施工过程中、竣工验收时，应根据建筑类型及声学功能要求进行竣工声学检测，竣工声学检测应包括主要功能房间的室内噪声级、隔声性能及混响时间等指标。

建筑光环境包括竣工验收时，应根据建筑类型及使用功能要求对采光、照明进行检测，采光测量项目应包括采光系数和采光均匀度，照明测量应对室内照明、室外公共区域照明、应急照明进行检测。

建筑热工包括冬季建筑非透光围护结构内表面温度的检验应在供暖系统正常运行后进行，检测持续时间不应少于 72h，监测数据应逐时记录；夏季建筑非透光围护结构内表面温度应取内表面所有测点相应时刻检测结果的平均值，围护结构中保温材料重量湿度检测时，样品应从经过一个供暖期后建筑围护结构中取出制作；含水率检测应根据材料特点，按不同产品标准规定的检测方法进行检测。

室内空气质量包括进厂检验（无机非金属材料、人造木板及其制品、涂料、处理剂、胶黏剂等），竣工验收（室内空气污染物检测；幼儿园、学校教室、学生宿舍、老年人照料房屋设施室内装饰装修验收时，室内空气中氡、甲醛、氨、苯、甲苯、二甲苯、TVOC 的抽检量不得少于房间总数的 50%，且不得少于 20 间。当房间总数不大于 20 间时，应全数检测）。

2.2.4 主要指标与国外技术法规和标准比对

建筑声环境方面，《环境规范》规定，睡眠类房间夜间建筑物外部噪声源传播至睡眠类房间室内的噪声限值为 30dB（A），建筑物内部建筑设备传播至睡眠类房间室内的噪声限值为 33dB（A），与日本、美国、英国标准一致，在数值上略低于世界卫生组织（WHO）推荐的不大于 30dB（A）限值。但是，WHO 和《规范》采用的测试条件不同，WHO 指标是指整个昼间（16h）或整个夜间（8h）时段的等效声级值，《环境规范》指标是选择较不利的时段进行测量的值，因此《环境规范》指标测量值低于 WHO 测量值。此外，WHO 指标值是在室外环境噪声水平满足 WHO 指南推荐值（卧室外墙外 1m 处夜间等效声级不超过 45dB）的前提下推荐的，《环境规范》的相关限值指标并没有对室外环境噪声值的限制，从这个角度上来说，本规范规定的夜间低限标准限值和 WHO 的推荐值处在同等水平。

建筑光环境方面，采光等级是根据光气候区划提出相应采光要求的，国外采光规范没有相关光气候区划，因此内容更具有针对性；灯具光生物安全指标高于国际电工委员会（IEC）灯具安全标准的要求，且《环境规范》具体规定了适用于不同场所的光生物安全要求；《环境规范》率先给出了频闪指标的定量指标，并规定了儿童及青少年长时间学习或活动的场所选用灯具的频闪效应可视度（SVM）不应大于 1.0，而欧盟《光与照明—工作场所照明　第 1 部分　室内工作场所》EN 12464—1（2019 版）标准仅给出了该评价指标，暂无具体数值要求；光污染指标与国际照明委员会（CIE）光污染指标要求水平相当。

建筑热工方面，建筑热工设计区划与美国、英国、德国、澳大利亚等国家规范的建筑气候区划一致，《环境规范》增加了针对建筑设计的气候区划规定。在保温设计方面，美国、德国等国家是对热阻（或传热系数）进行限定，《环境规范》则对围护结构的内表面温度提出要求，直接与人体热舒适挂钩。在隔热设计方面，欧美发达国家重点关注空调房间的隔热性能，《环境规范》则针对国内自然通风房间和空调房间并存的实际情况，对自然通风房间和空调房间分别提出不同的外墙和屋面内表面最高温度限值。

室内空气质量方面，我国室内氡浓度限值标准要求 150Bq/m³ 低于 WHO 标准的100Bq/m³，主要是因为《环境规范》检测要求与 WHO 不同，我国规定自然通风房屋的氡检测需对外门窗封闭 24h 后进行，而 WHO 检测没有限定对外门窗封闭等要求；Ⅰ类民用建筑工程甲醛限量值标准 0.07mg/m³ 要求略高于 WHO 标准的 0.10mg/m³，因为 WHO 限值包含活动家具产生的甲醛污染，根据《中国室内环境概况调查与研究》，活动家具对室内甲醛污染的贡献率统计值约为 30%，所以《环境规范》甲醛限值水平与 WHO 标准相当。其他室内污染物指标国外没有明确规定。

2.2.5 特点和亮点

（1）特点

多学科集成。建筑声、光、热及空气质量各章节内容相对独立，且要求、体量不同；《环境规范》作为建筑环境通用要求与其他项目规范、通用规范内容交叉多。

衔接和落实相关管理规定。建筑声环境、室内空气质量与环保、卫生部门相关联，建筑光环境与城市照明管理相关联，需要与国家现行管理规定做好衔接和落实。

大口径通用性环境要求。在规定建筑室内环境指标时要兼顾室外环境，规范的内容不适用于生产工艺用房的建筑热工、防爆防火、通风除尘要求。

全过程闭合。尽量做到性能要求与技术措施、检测、验收的对应，可实施、可检查。

（2）亮点

以功能需求为目标，提出了按睡眠、日常生活等分类的通用性室内声环境指标；强调了天然光和人工照明的复合影响，优化了光环境设计流程；关注儿童、青少年视觉健康，根据视觉特性，其长时间活动场所采用光源的光生物安全要求严于成年人活动场所；将建筑气候区划和建筑热工设计区划作为强制性条文，以强调气候区划对建筑设计的适应性，明确了建筑热工设计计算及性能检测基本要求，保证设计质量；明确了室内空气污染物控制措施实施顺序，除控制选址、建筑主体和装修材料外，必须与通风措施相结合的强制性要求，并提出竣工验收环节的控制要求。

2.3 结束语

《环境规范》涉及社会公众生活和身体健康，是建筑环境设计及验收的底线控制要求，也是建筑节能设计、绿色建筑设计的主要基础。《环境规范》的编制和发布，将有助于推动相关行业的技术进步和发展，有助于创造优良的人居环境，可提升人们的居住、生活质量，为进一步改善民生、保障人民群众的身体健康做出贡献。

3 国家标准《绿色建筑评价标准》GB/T 50378—2019 的应用与思考

王清勤[1,2]　孟冲[1,2]　梁浩[3]　韩沐辰[2]　戴瑞烨[2]
1 中国建筑科学研究院有限公司；2 中国城市科学研究会；
3 住房和城乡建设部科技发展促进中心

我国绿色建筑实践工作经过十余年的发展，国家、政府及民众对绿色建筑的理念、认识和需求均大幅提高，在法规、政策、标准三管齐下的指引下，我国绿色建筑评价工作发展规模明显。到 2021 年底，全国累计建成绿色建筑 85.91 亿 m^2，其中 2021 年新增 23.62 亿 m^2，占当年新建建筑的 84.22%；2022 年上半年绿色建筑占新建建筑的比例已超过 90%。

我国绿色建筑的蓬勃发展离不开中央和地方政府的强有力举措，多项法规、政策、标准的颁布使绿色建筑经历了由推荐性、引领性、示范性到强制性方向转变的跨越式发展。然而绿色建筑的实践在我国绿色生态文明建设和建筑科技的快速发展进程中，也在不断遇到新的问题、机遇和挑战。

在此背景下，国家标准《绿色建筑评价标准》GB/T 50378（下文简称《标准》）作为我国绿色建筑实践工作中最重要的标准，十余年来经历了"三版两修"。为响应新时代对绿色建筑发展的新要求，2018 年 8 月，在住房和城乡建设部标准定额司下发的《住房城乡建设部标准定额司关于开展〈绿色建筑评价标准〉修订工作的函》（建标标函〔2018〕164 号）的指导下，中国建筑科学研究院有限公司召集相关单位开启了对《标准》第三版的修订工作。2019 年 3 月 13 日，住房和城乡建设部正式发布国家标准《绿色建筑评价标准》GB/T 50378—2019，并于 2019 年 8 月 1 日起正式实施。

3.1 《标准》修订概况

《标准》全面贯彻了绿色发展的理念，丰富了绿色建筑的内涵，内容科学合理，与现行相关标准相协调，可操作性和适用性强。《标准》结合新时代的需求，坚持"以人为本"和"提高绿色建筑性能和可感知度"的原则，提出了更新版的"绿色建筑"术语：在全寿命周期内，节约资源、保护环境、减少污染，为人们提供健康、适用、高效的使用空间，最大限度地实现人与自然和谐共生的高质量建筑（对应《标准》第 2.0.1 条）。

在新术语的基础上，《标准》将建筑工业化、海绵城市、健康建筑、建筑信息模型等高新建筑技术和理念融入绿色建筑要求中，扩充了有关建筑安全、耐久、服务、健康、宜居、全龄友好等内容的技术要素，通过将绿色建筑与新建筑科技发展紧密结合，进一步引导和贯彻绿色生活、绿色家庭、绿色社区、绿色出行等绿色发展的新理念，从多个维度丰富绿色建筑的内涵。

为了将《标准》内容与建筑科技发展新方向更好地结合在一起，基于"四节一环保"，《标准》重新构建了绿色建筑评价技术指标体系：安全耐久、健康舒适、生活便利、资源节约、环境宜居（对应《标准》第3.2.1条及第4～8章），体现了新时代建筑科技绿色发展的新要求。

此外，《标准》还针对绿色建筑评价时间节点、性能评级、评分方式、分层级性能要求等方面，做出了更新和升级。《标准》的落地实施将对促进我国绿色建筑高质量发展、满足人民美好生活需要起到重要作用。

3.2　首批新国标项目概况

《标准》作为我国绿色建筑评价工作的重要依据，是规范和引领我国绿色建筑发展的根本性技术标准。此次修订之后的新《标准》，将与《绿色建筑评价标识管理办法》（修订中）相辅相成，共同推进绿色建筑评价工作高质量发展。同时，《标准》发布后，为了更好地适应我国绿色建筑的发展趋势，各级地方政府、多家评价机构均积极开展基于《标准》的评价工作办法修订，保障评价工作顺利开展。

《标准》从启动修编到发布实施，一直备受业界关注，表3.1给出了国内首批采用新国标获绿色建筑标识的项目。首批项目的落地标示着我国绿色建筑3.0时代的到来。下面将基于我国首批新国标项目，结合《标准》修订重点，分析《标准》应用情况。

首批新国标项目基本情况列表　　　　　　　　　　　　　　　表3.1

项目编号	建筑类型	标识星级	所在地区	气候区	建筑面积 / 万 m²	最终得分
1	公共建筑	三星级	华东	夏热冬冷	0.57	88.6
2	居住建筑	三星级	华东	夏热冬冷	9.41	86.0
3	居住建筑	三星级	华东	夏热冬冷	6.23	85.7
4	公共建筑	三星级	华北	寒冷	5.35	85.0
5	居住建筑	二星级	华东	夏热冬冷	6.04	80.9
6	公共建筑	三星级	华南	夏热冬暖	13.82	84.8
7	公共建筑	三星级	华北	寒冷	2.20	90.7
8	公共建筑	三星级	华北	寒冷	2.10	94.1
9	公共建筑	三星级	华北	寒冷	2.30	90.4

首批项目在地理上涵盖了华北、华东和华南等地区，在气候区上覆盖了寒冷地区、夏热冬冷地区和夏热冬暖地区，在建筑功能上囊括了商品房住宅、保障性住房、综合办公建

筑、学校、多功能交通枢纽、展览建筑等多种类型。从首批项目的得分情况及标识星级可以看出，三星级标识项目占比较大，首批项目的功能定位、绿色性能综合表现均具有较强的代表性，从一定程度上体现了《标准》引导我国建筑行业走向高质量发展的定位。

3.3 应用情况

此次《标准》修订中建立的评价指标体系，从五大方面全面评价了建筑项目的绿色性能。图 3.1 展示了首批新国标项目在"安全耐久、健康舒适、生活便利、资源节约、环境宜居、提高与创新"六大章节最终得分的雷达图，为分析《标准》评价指标体系的实践情况、将资源节约章节得分换算为百分制后的研究提供了依据。

5 类绿色建筑性能指标的得分情况体现了各要素综合技术选用情况与成效，同时也在一定程度上体现了不同章节的得分难易差别。可以看出 9 个项目的 5 类绿色建筑性能指标得分整体较为均衡，除了作为建筑基础要素的"安全耐久"（平均得分率 73%）外，"健康舒适"（平均得分率 79%）和"生活便利"（平均得分率 71%）两个章节作为体现绿色建筑以人为本、可感知性的特色指标，也具有较高的得分率，可见新国标项目在选用技术体系及实践落地的过程中，更加关注绿色建筑性能的健康、舒适、高质量等特性。

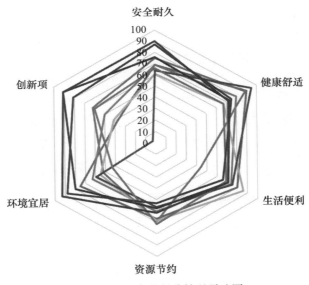

图 3.1　六大章节得分情况雷达图

3.3.1 安全耐久性能

首批 9 个新国标项目的"安全耐久"章节平均得分率为 73%。安全作为绿色建筑质量的基础和保障，一直是建筑行业最关心的基本性能。此次修编，在"以人为本"理念的引导下，《标准》从全领域、全龄化、全寿命周期三个维度对绿色建筑的安全耐久性能提出了具体要求。《标准》将该章节评分项分为"安全"和"耐久"两个部分，其中新增条文数占比 70%，相比于上一版标准，《标准》新增的 12 条均为针对强化人的使用安全的条文，如"4.1.6 对卫生间、浴室防水防潮的规定""4.1.8 对走廊、疏散通道等通行空间的紧急疏散和应急救护的要求""4.2.2 对保障人员安全的防护措施设置的要求"等。

以《标准》4.2.2条为例，条文提出绿色建筑采取保障人员安全的防护措施，从主动防护和被动设计两个层面全面提高人员安全等级。某高层公共建筑项目通过在七层以上建筑中采用钢化夹胶安全玻璃、在门窗中采用可调力度的闭门器和具有缓冲功能的延时闭门器的方式，防止了夹人伤人事故的发生。

3.3.2　健康舒适性能

"健康舒适"章节主要评价建筑中空气品质、水质、声环境与光环境、室内热湿环境等关键要素，重点强化对使用者健康和舒适度的关注，同时提高和新增了对室内空气质量、水质、室内热湿环境等与人体健康息息相关的关键指标的要求。此外，通过增加室内禁烟、选用绿色装饰装修材料产品、采用个性化调控装置等要求，更多地引导开发商、设计建设方及使用者关注健康舒适的室内环境营造，以提升绿色建筑的体验感和获得感。

首批新国标项目均以打造健康舒适的人居环境为目标，通过采用科学高效的采暖通风系统、全屋净水系统、高效率低噪声的室内设备、高隔声性能的围护结构材料、有效的消声隔振措施、节能环保的绿色照明系统等方式，提升了绿色建筑中室内环境的健康性能，进而提高了用户对建筑绿色性能的可感知性。

3.3.3　生活便利性能

"生活便利"章节侧重于评价建筑使用者的生活和工作便利度属性，《标准》将其分为"出行与无障碍""服务设施""智慧运行""物业管理"。作为首批新国标项目中得分率第三位的指标，该章节从建筑的注重用户及运行管理机构两个维度对绿色建筑的生活便利性提出了全面要求。全章共设置19条条文，具体包括对电动汽车和无障碍汽车停车及相关设施的设置要求、开阔场地步行可达的要求、合理设置健身场地和空间的要求等，此外顺应行业和社会发展趋势，进一步融合建筑智能化信息化技术，增加了对水质在线监测和智能化服务系统的评分要求。

首批新国标项目，致力于采用新型智能化技术来打造便利高效的生活应用场景。某综合办公建筑通过采用建筑智能化监控系统，实现了对建筑室内环境参数的监测（包括室内温湿度、空气品质、噪声值等），同时还将暖通、照明、遮阳等系统智能控制的功能集成起来。智能化的建筑监控系统结合完善的物业管理服务，为绿色建筑中用户、运营方提供了更加便利的绿色生活方式。某绿色住宅项目中采用智慧家居系统，实现了建筑内灯光场景一键调用、全区覆盖智能安防、可视对讲搭配APP、移动设备端多渠道操作、室内外环境数据实时监测发布、电动窗帘一键开关等功能，智能系统在住宅中的多维度应用可让用户享受到现代生活气息，全面提升建筑中用户的幸福感和感知度。

3.3.4　资源节约性能

"资源节约"章节包含"节地、节能、节水、节材"四个部分，在2014版"四节"的基础上，《标准》在"基本规定"中增加了对不同星级评级的特殊要求，如提高建筑围护结构热工性能或降低建筑供暖空调负荷比例、提高严寒和寒冷地区住宅建筑外窗传热系数

（降低比例）、提高节水器具用水效率等级等。

此外，除了沿用和提高 2014 版的相关技术指标，《标准》还提出了创新的资源节约要求，如在"节能"中，《标准》新增提出应根据建筑空间功能设置不同的分区温度，在门厅、中庭、走廊以及高大空间等人员较少停留的空间采取适当降低的温度标准进行设计和运营，进一步通过建筑空间设计达到节能效果。以建筑中庭为例，其主要活动空间是中庭底部，因此不必全空间进行温度控制，而适用于采用局部空调的方式进行设计，如采用空调送风中送下回、上部通风排除余热的方式。

3.3.5　环境宜居性能

"环境宜居"章节相比于"健康舒适"而言，更加关注建筑的室外环境营造，如室外日照、声环境、光环境、热环境、风环境以及生态、绿化、雨水径流、标识系统和卫生、污染源控制等。绿色建筑室外环境的性能和配置，不仅关系到用户在室外的健康居住和生活便利感受，同时也会影响到建筑周边绿色生态和环境资源的保护效果，更为重要的是，室外环境的营造效果会叠加影响建筑室内环境品质及能源节约情况。因此，"环境宜居"性能有助于提高建筑的绿色品质，让用户感受到绿色建筑的高质量性能。

以营造舒适的建筑室外热环境为例，《标准》控制项 8.1.2 条要求住宅建筑从通风、遮阳、渗透与蒸发、绿地与绿化四个方面全面提升室外热环境设计标准，公共建筑则需要计算热岛强度。此外，《标准》在控制项中新增了对建筑室内设置便于使用和识别的标识系统的要求。由于建筑公共场所中不容易找到设施或者建筑、单元的现象屡见不鲜，设置便于识别和使用的标识系统，包括导向标识和定位标识等，能够为建筑使用者带来便捷的使用体验。在某学校建筑项目中，为确保学生及教职工的使用便利和安全，项目采用对教学楼内不同使用功能的房间设置醒目标识标注房间使用功能，对于机房、泵房及控制室等功能房间，设有"闲人免进""非公勿入"等标识，以打造宜居的教学办公环境。

3.3.6　提高与创新性能

为了鼓励绿色建筑在技术体系建立、设备部品选用和运营管理模式上进行绿色性能的提高和创新，《标准》设置了具有引导性、创新性的额外评价条文，并单独成章为"提高与创新"章节。其中，在上一版《标准》的基础上，此次修订主要针对进一步降低供暖空调系统能耗、建筑风貌设计、场地绿容率和采用建设工程质量潜在缺陷保险产品等内容进行了详细要求。

将首批新国标项目"创新与提升"章节得分汇总，取各项目条文得分平均分与条文满分之比为"平均得分比例"，取各条文中 9 个项目得分数量比例为"条文得分率"，如图 3.2 所示。

"条文得分率"表示条文中各项目的得分比例，以"9.2.1　采取措施进一步降低建筑供暖空调系统的能耗"为例，"条文得分率"33.3% 表示 9 个项目中有 3 个项目此条评价得分；"平均得分比例"表示 9 个项目各条文的平均得分占该条文满分的比例。满分 30 分，项目平均得分 12 分，"平均得分比例"38.9%。两项指标的差异表示了各条文得分的难易和分值高低的分布情况。

分析图 3.2 可知，9.2.1、9.2.4、9.2.6、9.2.8 及 9.2.10 条，由于条文设置了不同等级的

加分要求，出现了得分率与平均得分比例的差值，其中 9.2.1 条差异最大，表示该条文虽具有较高的得分率，但是由于在一定基础上进一步降低建筑供暖空调系统能耗意味着更高的增量成本和技术难度，因此该条文获得高分的难度较大。

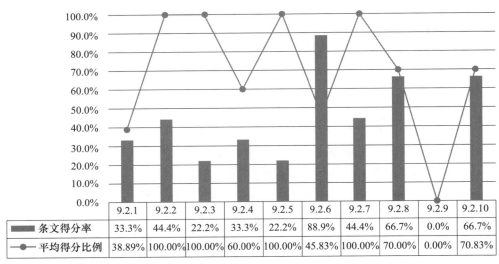

	9.2.1	9.2.2	9.2.3	9.2.4	9.2.5	9.2.6	9.2.7	9.2.8	9.2.9	9.2.10
条文得分率	33.3%	44.4%	22.2%	33.3%	22.2%	88.9%	44.4%	66.7%	0.0%	66.7%
平均得分比例	38.89%	100.00%	100.00%	60.00%	100.00%	45.83%	100.00%	70.00%	0.00%	70.83%

图 3.2 "提高与创新"章节得分汇总

以 9.2.6 条"应用建筑信息模型（BIM）技术"为例，此条在"提高与创新"章节中具有最高的得分率。应用 BIM 技术的要求是在 2014 版的基础上发展而来的，同时《标准》中增加了对 BIM 技术的细化要求。高得分率表示首批项目中采取 BIM 技术建造的项目占比较大，同时也反映了 BIM 技术在我国建筑行业的发展应用现状。以首批新国标项目中保障性住宅项目为例，该项目采用了装配式主体结构、围护结构、管线与设备、装配式装修四大系统综合集成设计应用，预制装配率达到了 61.08%，装配率达到了 64%，在充分发挥标准化设计的前提下，项目通过采用 BIM 技术，对各专业模型进行碰撞检查，将冲突在施工前提前解决优化，确保建筑项目的施工品质，实现了构件预装配、计算机模拟施工，从而达到了指导现场精细化施工的目标。

3.4 关于新国标应用的几个突出特点

3.4.1 科学的评价指标体系提升了绿色性能

为提高绿色建筑的可感知性，突出绿色建筑给人民群众带来的获得感和幸福感，满足人民群众对美好生活的追求，《标准》修订过程中全面提升了对绿色建筑性能的要求。通过提高和新增全装修、室内空气质量、水质、健身设施、全龄友好等以人为本的有关要求，更新和提升了建筑在安全耐久、节约能源资源等方面的性能要求，推进了绿色建筑高质量发展。表 3.2 展示了 9 个项目在 15 个关键绿色建筑性能指标上的成效平均值。

其中，在营造健康舒适的建筑室内环境方面，首批绿色建筑项目的室内 $PM_{2.5}$ 年均浓度平均值为 18.42μg/m³，室内 PM_{10} 年均浓度平均值为 23.09μg/m³。相比于我国现阶段部分省市室内颗粒物水平而言，新国标项目的室内主要空气污染（氨气、甲醛、苯、总挥发性有机物、氡等）浓度降低平均比例为 20.56%，可见室内颗粒物污染得到了有效控制。室内平均噪声值为 40.37dB，满足《标准》5.1.4 条控制项对室内噪声级的要求。在资源节约方面，首批绿色建筑项目的围护结构热工性能提高平均比例为 30.11%，建筑能耗平均降低幅度为 26.17%，高于《标准》7.2.8 条满分要求。在提高绿色建筑生活便利性能方面，首批绿色建筑项目的平均室内健身场地面积比例 1.8%，远高于《标准》6.2.5 条0.3% 的比例要求。

关键绿色建筑性能指标列表   表 3.2

关键性能指标	单位	性能平均值
单位面积能耗	$kW \cdot h/(m^2 \cdot a)$	60.76
围护结构热工性能提高比例	%	30.11
建筑能耗降低幅度	%	26.17
绿地率	%	25.67
室内 $PM_{2.5}$ 年均浓度	$\mu g/m^3$	18.42
室内 PM_{10} 年均浓度	$\mu g/m^3$	23.09
室内主要空气污染浓度减低比例	%	20.56
室内噪声值	dB	40.37
构件空气声隔声值	dB	49.66
楼板撞击声隔声值	dB	57.50
可调节遮阳设施面积比例	%	70.41
室内健身场地比例	%	1.80
可再生利用和可再循环材料利用率	%	13.16
绿色建材应用比例	%	36.43
场地年径流总量控制率	%	74.59
非传统水源用水量占总用水量的比例	%	32.15

《标准》力求通过科学的绿色建筑指标体系和提高要求的方式，达到大幅提升绿色建筑的实际使用性能的目的。

3.4.2 合理的评价方式确保了绿色技术落地

为解决我国现阶段绿色建筑运行标识占比较少的现状，促进建筑绿色高质量发展，《标准》重新定位了绿色建筑的评价阶段。将设计评价改为设计预评价，将评价节点设定在项目建设工程竣工后进行，结合评价过程中现场核查的工作流程，通过评价的手段引导我国绿色建筑更加注重运行实效。

首批新国标项目均处于已竣工／投入使用阶段，评价机构在现场核查的过程中全面梳理项目全装修完成情况、重大工程变更情况、外部设施安装质量、安全防护设置情况、节水器具用水效率等级、能耗独立分项计量系统、人车分流设计、无障碍设计等关键绿色技术的落实情况，并形成"绿色建筑性能评价现场核查报告"，为后期项目专家组会议评价奠定工作基础。

此外，为兼顾我国绿色建筑地域发展的均衡性和进一步推广普及绿色建筑，同时也为了与国际上主要绿色建筑评价标准接轨，《标准》在原有绿色建筑一二三星级的基础上增加了"基本级"。"基本级"与全文强制性国家规范相适应，满足《标准》中所有"控制项"要求的即为"基本级"。

同时为提升绿色建筑性能，《标准》提高了对一星级、二星级和三星级绿色建筑的等级认定性能要求。申报项目除了要满足《标准》中所有控制项要求外，还需要进行全装修，达到各等级最低得分，同时增加了对项目围护结构热工性能、节水器具用水效率、住宅建筑隔声性能、室内主要空气污染物浓度、外窗气密性等附件技术要求。首批新国标项目中 8 个为三星级项目，1 个为二星级项目，9 个项目均满足对应星级的基本性能要求，其中"围护结构热工性能的提高比例，或建筑供暖空调负荷降低比例"一条中，所有项目均采用降低建筑供暖空调负荷比例的方式参评，平均降低比例为 18.79%，"室内主要空气污染物浓度降低比例"平均值为 20.56%。在《标准》基本绿色建筑性能的指引下，项目更加关注能效指标、用水品质、室内热湿环境、室内物理环境及空气品质等关键绿色性能指标，为提升绿色建筑项目可感知性提供了保障。

3.4.3　以人为本的指标体系提高了用户感知度

在全新的评价指标体系中，"安全耐久"和"资源节约"章节侧重评价建筑本身建造质量和节约环保的可持续性能，"健康舒适""生活便利""环境宜居"章节则更加关注人民的居住体验和生活质量。指标体系的重新构建，凸显了建设初心从安全、节约、环保到"以人为本"的逐渐转变。

"以人为本"作为贯穿《标准》的核心原则，体现在绿色建筑 5 大性能的多个技术要求中。在"安全耐久"章节中，《标准》通过设置多条新增控制项的方式，提高了对建筑本体及附属设施性能的要求，对强化用户人行安全、提高施工安全防护等级的要求等。在"健康舒适"和"环境宜居"章节中，《标准》针对建筑室内外环境提出了全维度的技术要求，如温湿度、光照、声环境、空气质量、禁烟等，此类技术要求的增加和提升，大幅度提高了用户对绿色性能的感知度，进而强化了人民在建筑中的幸福获得感。从首批新国标项目在"健康舒适""生活便利"章节中取得的较高得分率可以看出，项目更加重视建筑中以人为本的技术性能，为新时代绿色建筑高质量发展起到了示范作用。

3.5　结束语

绿色建筑标准作为建筑提升品质与性能、丰富优化供给的主要手段，是践行绿色生活、实现人与自然和谐共生的重要硬件保障，同时也必将成为全产业链升级转型和生态圈内跨界融合的促成要素。《标准》的颁布实施承载了新型城镇化工作、改善民生、生态文明建设等方面绿色发展的重要使命，首批新国标绿色建筑标识项目的落地为推动我国绿色建筑高质量发展起到了示范推广的作用。

　　从《标准》正式发布实施至今，我国绿色建筑行业在《标准》的引领下向着高水平、高定位和高质量的方向稳步转型。《标准》作为住房和城乡建设部推动城市高质量发展的十项重点标准之一，不仅为我国建筑节能和绿色建筑的发展指明了新的方向，同时也充分体现了建筑与人、自然的和谐共生。绿色建筑作为人类生活生产的主要空间，未来势必将与智慧化的绿色生活方式相结合，为居民提供更加注重绿色健康、全面协同的建筑环境，从而真正实现建筑的绿色、健康可持续发展。

4 《太阳能供热采暖工程技术标准》
GB 50495—2019

郑瑞澄[1]　何涛[1]　张昕宇[1]　王敏[1]　李博佳[1]
1　中国建筑科学研究院建科环能科技有限公司

4.1　编制背景

　　冬季供暖是我国严寒、寒冷地区居民的基本生活需求。我国煤炭的储量大，开采、使用成本较低，因此燃煤成为我国供暖的主要能源，导致温室气体排放量不断增加，带来了环境污染等问题。京津冀地区发生的雾霾，燃煤排放的污染物是重要成因之一。因此，利用太阳能等可再生能源的清洁供暖技术，就成为提高居民生活水平、改善环境、实现经济可持续发展的重要手段。

　　我国是世界上最大的太阳能热利用国家，太阳能集热器安装量占世界的 70%。太阳能供热采暖是太阳能热利用的主要方式之一，2009 年我国即颁布实施了国家标准《太阳能供热采暖工程技术规范》GB 50495，以规范太阳能供热采暖工程的推广与应用。该标准正式颁布实施以来，对指导太阳能供热采暖工程的设计、施工和验收，保证太阳能供热采暖系统安全可靠运行，更好地发挥节能效益，加快建设资源节约、环境友好型社会，具有十分重要的作用。在过去几年间，我国的太阳能供热采暖技术有了长足的发展，取得了大量的系统运行数据和实践经验，同时也出现了一些新的系统形式，季节蓄热太阳能供热采暖系统、太阳能区域供热系统等开始在我国得到应用。

　　此外，欧美等发达国家的太阳能供热采暖技术和工程应用也发展迅速。根据国际能源署太阳能供热制冷委员会（IEA-SHC）2019 年报的统计，至 2018 年底，全球总计有 339 个大型［系统容量＞350kW（热能）；集热器面积＞500m²］太阳能供热采暖系统安装运行，系统总容量相当于 1200MW（热能）（集热器面积 1747200m²）。丹麦是欧洲占比最高的国家，占全欧新增容量的 54%；欧洲以外则是中国占比最高，占其他国家新增容量的 87%。

　　欧洲是太阳能供热采暖应用最为广泛、技术最为先进的地区，特别是丹麦、德国、瑞典等国家，已经形成了从前期规划、理论计算模拟、系统优化设计、科学施工方案、系统运行管理和长期性能监测的完整技术体系，从而极大地提高了太阳能供热采暖项目的整体效益。加拿大卡尔加里建成的一个太阳能供热采暖小区热力站，则是世界首个实现 100% 太阳能供暖的项目，该项目设计时，利用 TRNSYS 软件做动态模拟计算，完成的系统优化设计方案及相关参数与后期监测系统获得的工作状态及参数有很好的吻合，说明将太阳能供热采暖系统设计实践理论化，提高太阳能供热采暖系统设计的科学性与准确性，非常必要。

中国的太阳能供热采暖技术和应用，与世界先进国家相比还有一定差距，但近年来的发展进步已使差距越来越小。目前，我国已有多个太阳能供热采暖项目，都是采用和先进国家相同的理论和设计技术体系完成的，因此，需要对已实施多年的《太阳能供热采暖工程技术规范》GB 50495进行补充完善，提高太阳能供热采暖系统设计的科学性与准确性，进一步规范太阳能供热采暖工程的技术要求，拓展太阳能供热采暖技术的市场化发展道路。

4.2 技术内容

4.2.1 修订内容概述

本标准修订的主要技术内容是：① 补充了术语，调整、修改了原太阳能供热采暖系统设计、太阳能供热采暖工程施工、太阳能供热采暖工程的调试、验收与效益评估的章节编排、名称及技术内容；② 增加了被动式太阳能采暖一章；③ 补充了太阳能热电联产供热采暖技术的相关内容；④ 完善了液态工质太阳能集热系统设计流量和贮热水箱容积配比的计算要求；⑤ 补充了地埋管蓄热系统的技术要求和新增相变材料的特性。

本标准修订后共包括8章技术内容：总则；术语；被动式太阳能采暖；主动太阳能供热采暖系统；太阳能集热系统；太阳能蓄热系统；太阳能供热采暖工程的调试与验收；太阳能供热采暖工程效益评估。

4.2.2 调查研究的重点内容

（1）季节蓄热太阳能供热采暖系统的集热、蓄热系统设计方法

太阳能的不稳定性决定了太阳能供热采暖系统须设置相应的蓄热装置，以保证系统稳定运行，提高系统节能效益。以往国内太阳能供热采暖系统多为短期蓄热系统，但国外已有大量季节蓄热太阳能供热采暖系统工程实践，我国目前也有多个季节蓄热太阳能供热采暖系统。在设计、实施过程中，亟须对设计方法进行规范，为集热系统、蓄热系统的设计选型提供指导。因此，本标准对季节蓄热太阳能供热采暖系统的集热、蓄热系统设计方法进行了完善。主要反映在如下两个方面：

1）方案或初步设计阶段太阳能集热器总面积计算

《太阳能供热采暖工程技术规范》GB 50495—2009中，对集热器总面积的计算方法更适用于短期蓄热系统，季节蓄热系统的太阳能集热器全年运行，蓄存全年的太阳能得热量用于冬季采暖，太阳能集热器面积可选得小一些。此外，在计算过程中还应考虑季节蓄热系统的散热损失，因此本标准修订引入了季节蓄热系统效率这一参数，并修改完善了针对季节蓄热系统太阳能集热器总面积的计算公式。

2）季节蓄热系统的蓄热体体积

本标准参照国外工程实践资料，结合我国的工程经验，给出了不同规模季节蓄热太阳能供热采暖系统的贮热水箱/水池容积配比范围。在具体取值时，当地的太阳能资源好、环境气温高、工程投资高，可取高值，否则取低值。由于影响因素复杂，给出的推荐值范

围较宽，选取某一具体数值确定水箱／水池容积，完成系统设计后，需利用相关计算软件模拟系统在运行工况下的贮水温度，进行校核计算，验证取值是否合理。

（2）太阳能供热采暖系统的热工性能评价指标

太阳能集热系统效率、太阳能供热采暖系统的太阳能保证率是保障太阳能供热采暖工程质量和性能的关键参数，须达到设计时的规定要求。目前，世界上已有 100% 太阳能保证率的太阳能供热采暖工程在成功运行。国家标准《可再生能源建筑应用工程评价标准》GB/T 50801—2013 已对太阳能供热采暖系统热工性能的测试方法进行了明确规定，并给出了相应的评价方法和评价指标。

然而，《可再生能源建筑应用工程评价标准》GB/T 50801—2013 给出的分级指标并未区分短期蓄热系统与季节蓄热系统。季节蓄热太阳能供热采暖系统一般规模高，投资大，只有具备更高的太阳能保证率的季节蓄热系统，才能在经济性和节能性上体现优势。因此，本标准编制过程中以中国建筑科学研究院有限公司为主，对不同地区季节蓄热太阳能供热采暖系统的应用效果进行了分析计算，并参考国外工程资料，确定了季节蓄热太阳能供热采暖系统的推荐太阳能保证率，以进一步提高太阳能供热采暖工程的节能效益，加快利用清洁能源供暖的推广进程（表 4.1）。

不同地区的太阳能集热系统效率和太阳能供热采暖系统太阳能保证率 表 4.1

太阳能资源区划	太阳能集热系统效率 η	太阳能供热采暖系统太阳能保证率 f	
		短期蓄热 太阳能供热采暖系统	季节蓄热 太阳能供热采暖系统
资源极富区	≥ 35%	≥ 50%	≥ 70%
资源丰富区	≥ 35%	≥ 40%	≥ 60%
资源较富区	≥ 35%	≥ 30%	≥ 50%
资源一般区	≥ 35%	≥ 20%	≥ 40%

（3）被动式太阳能采暖设计

太阳能能量密度低、时空分布不均，降低建筑供暖需求是实施太阳能采暖的重要前提，因此建筑应具有较高的节能水平。除满足建筑节能标准要求外，被动太阳能供暖是降低建筑采暖能耗的另一重要途径。本标准编制过程中，增加了"被动式太阳能采暖"章节，并对建筑被动式太阳能采暖的总体设计、围护结构、集热蓄热部件的相关特性给出了基本规定。此外，对于接收辐射表面不与室外空气直接接触的集热蓄热部件，其吸收率和蓄热能力等影响集热蓄热性能的关键参数，规定可参考同类基本材料的吸收率，如混凝土墙面为 0.7，黑色镀锌钢板表面为 0.89 等。同时，为保证良好的蓄热效果，构筑物主体材料应具有较大的体积热容量及导热系数。密度大的重型材料体积热容量较大，如砖墙、混凝土墙等。

4.3 结束语

本标准与相关国际标准、技术导则相比，以我国太阳能供热采暖技术现阶段的发展特点与实际情况为基础，增加了针对我国不同太阳能资源分区、建筑特点的相关内容，并针对工程应用，增加并细化被动式太阳能采暖设计、季节蓄热太阳能供热采暖系统的集热、蓄热系统设计要求，增加了施工安装、调试验收、工程效益评估等相关内容，可对太阳能供热采暖工程的全过程进行规范，在保证工程质量的同时达到安全适用、经济合理、技术先进可靠的目的，促进了太阳能供热采暖技术在我国的发展。以在西藏浪卡子建成的装机容量 15.6MW（热能）、集热器面积 22275m^2 的太阳能供热采暖项目为例（图 4.1），根据 2019～2020 年的实测数据，系统的太阳能保证率达到 100%，用户所需的供暖量未消耗其他能源，全部由太阳能提供。

图 4.1　西藏自治区山南市浪卡子县县城供热工程

5 《绿色校园评价标准》GB/T 51356—2019

吴志强[1]　汪滋淞[1]　徐倩[1]
1　同济大学

5.1 编制背景

全球气候变化已成为 21 世纪人类发展面临的最大挑战之一，实现低碳目标涉及社会各个层面，学校作为教育和生活的机构与场所，需承担起社会的模范和先导作用。世界范围内有许多中小学校及高校加入了构建低碳校园的行列。

校园是社会的重要组成部分，是为国家提供发展支撑力量的重要摇篮和基地。根据中国教育部 2021 年教育事业发展统计主要结果，全国共有各级各类学校 52.93 万所，各级各类学历教育在校生 2.91 亿人；专任教师 1844.37 万人，比上年增加 60.94 万人。劳动年龄人口平均受教育年限 10.9 年。全国共有幼儿园 29.48 万所，共有普通小学 15.43 万所，初中 5.29 万所，普通高中 1.46 万所，中等职业教育学校 7294 所，全国共有普通高校 3012 所。目前校园数量多、人口稠密、校园建筑设施量大面广、能耗高且管理水平低，学校能源消耗严重制约着低碳校园工作深入持久地开展。

党中央、国务院发布了推进节能减排与发展新能源的战略部署。2013 年 1 月 1 日，国务院办公厅向各省、自治区、直辖市人民政府、国务院各部委公布了《绿色建筑行动方案》（国办发〔2013〕号），文件中明确"重点任务"："政府投资的国家机关、学校、医院、博物馆、体育馆等建筑，自 2014 年起全面执行绿色建筑标准。"在十九大报告中也明确指出："开展创建节约型机关、绿色家庭、绿色学校、绿色社区和绿色出行等行动。"建设绿色校园，适合我国国情，能够有效降低建筑建设和运行能耗，减少建筑对周边环境影响，实现建筑与环境和谐共处，为学生提供适宜身心健康成长的求学场所及环境。

近些年，随着可持续发展的思想逐渐深入人心，我国的绿色建筑评价标准得到了快速发展，然而与发达国家相比，我国并没有一套针对校园的国家级别的"绿色校园"评价标准。

根据住房和城乡建设部《关于印发 2014 年工程建设标准规范制订修订计划的通知》（建标〔2013〕169 号）的要求，2014 年 4 月，由同济大学、中国城市科学研究会会同有关单位，开展《绿色校园评价标准》（以下简称《标准》）的编制工作。2019 年 3 月 13 日《标准》发布，2019 年 10 月 1 日起实施，作为我国开展绿色校园评价工作的技术依据，更好地指导绿色校园评价工作，引导和促进环保、节能、舒适的绿色校园建设。

5.2 国内外相关评价标准

作为绿色建筑研究的重要领域，绿色校园评价标准在国际上备受关注且有所发展，美国 LEED FOR SCHOOLS、英国 BREEAM EDUCATION 和澳大利亚 GREEN STAR EDUCATION 都是在原有基础上针对校园制定的评价标准，并且应用广泛、国际认可度高。

LEED FOR SCHOOLS 在 LEED-NC 评价标准的基础上，增加了对整体规划、抑制滋生霉菌、教学声学和场地环境的评估，是目前应用最广泛的评价体系。在最新版本 LEED 2009 FOR SCHOOLS 中，指标体系分为七大类：可持续场地、节水、能源与大气、材料与资源、室内环境质量、创新与设计、区域优势。

BREEAM EDUCATION 属于 BREEAM NEW CONSTRUCTION 体系，可用于建筑物在整个生命周期（设计、建造和翻新等）对环境影响的评价，指标体系共计十大类：管理、健康与福祉、能源、交通、水、材料、废物、土地利用与生态、污染、创新。

GREEN STAR EDUCATION V1 于 2010 年 1 月由澳大利亚绿色建筑委员会颁布，指标体系分为管理、室内环境质量、能源、交通、水、材料、土地使用与生态、排放、创新九个方面，其中特别重视能源与排放，获得 GREEN STRA 认证的建筑，相对于同类别其他单体建筑，是全球温室气体排放量最小的建筑。

我国对绿色校园评价标准的研究起步较晚，但是近些年来发展迅速，成果显著。1996年我国正式引入"绿色学校"这一概念，1998年清华大学首次提出"绿色大学计划"，这标志着我国"绿色大学"建设历史的开端。

2006 年教育部发出《关于建设节约型学校的通知》，2008 年教育部和住房和城乡建设部联合发布《高等学校节约型校园建设管理与技术导则（试行）》，对校园的基本建设从规划、设计、建设到运行管理全过程，围绕节能环保，提出了建设与管理原则。

5.3 编制工作介绍

5.3.1 编制情况介绍

《标准》编制组成立暨第一次工作会议于 2014 年 4 月 18 日在北京召开（图 5.1）。住房和城乡建设部标准定额司、住房和城乡建设部建筑环境与节能标准化技术委员会等相关领导、主编吴志强教授以及各编委及编制单位成员共 27 人参加了会议。会议讨论了编制的难点、重点，围绕《标准》适用于不同区域的结构体系、评价指标体系、技术重点和难点、编制框架、任务分工、评价创新内容、进度计划等，进一步统筹工作安排。

《标准》编制的重点问题：《标准》各项评分权重评估体系的构建与重点、难点；《标准》适用于不同区域的中小学校、职业学校、高等学校整体校园评价的标准内容体系框架；绿色教育及创新评价过程中，如何调动中小学、职业学校及高校的积极性，创建绿色校园；《标准》的技术体系研究及与相关政策法规的衔接；《标准》适用于不同类型校园的新建、改建、扩建以及既有校区的评价内容及要点。

图 5.1 国家标准《绿色校园评价标准》编制组成立暨第一次工作会议

  《标准》编制组第二次工作会议于 2014 年 7 月 5 日在山东建筑大学召开。主编吴志强教授在分析国外标准的评估体系基础上，提出绿色校园是绿色社区的缩影，致力于结合可持续发展教育、健康生活和教育环境的创造，来改善能源效率，节约水源，保护资源，节约土地，保护环境的教育资源和社区，提高校园环境舒适度。《标准》编制组在此次会议中重点讨论基本规定及能源与资源、环境与健康、运行与管理等重点科研问题及研究专题报告编写等工作安排。

  2014～2015 年，编制组多次在上海召开标准研讨会及网络会议，进行标准的修改工作，经过综合考核评价学校在绿色校园建设、运行及社会服务过程中的举措及成效，促进绿色校园建设工作更加深入开展和长效机制形成，充分发挥中小学校、职业学校及高等学校引领社会可持续发展的积极作用。

  2015 年 4 月 26 日，《标准》编制组第三次工作会议在苏州大学召开。会议讨论并形成《标准》征求意见稿第三版修订稿，会议就相关的《标准》的内容、条文说明、评价方式及标准编制工作进度等进行了相关讨论。

5.3.2　标准编制阶段

  2015 年 5～12 月，《标准》编制组针对中小学校及职业学校、高校的校园整体评价特征、地域性气候特征、校园能源与资源消耗特征、室内外环境质量控制、运行与管理特征、水资源利用、碳排放和绿色教育、区域性创新与特色提升等几大方面，进行着重研究后，形成相关具有可操作性的条文及评价方式并进行讨论，2016 年 1 月形成《标准》征求意见稿并进行全国征求意见。

5.3.3　征求意见阶段

  2016 年 1～4 月，《标准》发送至全国教育单位、科研单位、中小学校、职业学校、高等学校、设计院单位等，进行全国性的广泛意见征求，2016 年 4 月汇总相关意见并对标准进行修改。根据意见，编制组进行了相应的修改完善，形成标准送审稿。

5.3.4 国家《绿色校园评价标准》北京评审会

《标准》送审稿审查会议于2016年10月26日在北京召开。标准编制负责人吴志强教授及编制组其他成员参加了会议。会议成立了以中国城市科学研究会绿色建筑与节能专业委员会王有为主任委员、中国城市规划设计研究院李迅副院长、清华大学建筑学院栗德祥教授、北京大学吕斌教授、中国城市建设研究院有限公司许文发教授、中国建筑设计院有限公司副总工潘云钢等11位专家组成的标准审查委员会，会议由建筑环境与节能标准化技术委员会主持（图5.2）。

会议首先听取了《标准》主编吴志强教授就标准编制的背景、工作情况以及标准的主要内容和确定的依据所作的汇报，并对《标准》送审稿进行了逐章、逐节、逐条的审查。审查组专家对《标准》均给予了高度的评价与肯定，认为《标准》依据我国学校自身特点进行编写，弥补了我国绿色校园评价领域的空白，注重对被动式、低成本、简单有效技术措施应用的鼓励，一致同意《标准》通过审查。

图 5.2　国家标准《绿色校园评价标准》审查会

5.4　技术内容

5.4.1　适用对象

《标准》适用于中小学校、职业学校和高等学校绿色校园的评价。

依据现行国家标准《中小学校设计规范》GB 50099中的定义，中小学校泛指对青少年实施初等教育和中等教育的学校，包括完全小学、非完全小学、初级中学、高级中学、完全中学、九年制学校等各种学校。职业学校包括中等专业学校、技工学校、职业高级中学和成人中等专业学校、高等职业学校等。高等院校包括普通高等院校、成人高等院校、民办高等院校等，涵盖了高等教育的各个方面。为体现民主和公平性，不同类型的中小学校、职业学校及高等院校校园均可作为评价对象。

《标准》可用于中小学校、职业学校及高等学校新建校区的规划评价，新建、改建、扩建以及既有校区的设计、建设和运行评价。通过综合考核评价学校在绿色校园建设、运行及社会服务过程中的举措及成效，促进绿色校园建设工作更加深入开展和长效机制形成，充分发挥中小学校、职业学校及高等学校引领社会可持续发展的积极作用。《标准》强调校园重在"园"，所指的是整体性而非某个"单体建筑"，针对不同的学校类型分别设定评价内容和指标，具有很强的针对性和适应性。

5.4.2 体系介绍

《标准》的编制框架和主要内容在与现有国家标准规范保持一致的基础上，契合学校自身特点，重视加强绿色理念的传播和应用，并借鉴国际先进的经验，推广符合我国国情的适宜技术。在满足学校建筑功能需求和节能需求的同时，重点突出绿色人文教育的特殊性与适用性。《标准》分为中小学校评价体系和职业学校及高等学校两套评价体系。具体内容包括：总则；术语；基本规定；中小学校；职业学校及高等学校；特色与创新。

5.4.3 基本要求

（1）绿色校园的评价应以单个校园或学校整体作为评价对象。

目前，我国的绿色建筑工作从关注单体绿色建筑向关注绿色生态城区、绿色校园、低碳城市转型。校园内含有教学用房、教学辅助用房、行政办公用房、生活服务用房等多种类型建筑，绿色校园强调的是校园整体的资源节约和环境保护。以节能为例，考虑到对校园内历史悠久的老建筑的保护，并不要求校区内每一栋建筑都必须达到较高的节能标准，而应从校园整体上考察生均能耗降低率。另外，在进行申报时，校园内一些具有特殊功能的用房可以不包含在内。例如，职业学校及高校中耗能较高的风洞实验室、生产性厂房、校外的实验基地等。

（2）绿色校园的评价应以既有校园的实际运行情况为依据。对于处于规划设计阶段的校园，可根据本标准进行预评价。

考虑到我国校园建设的实际情况，本标准以量大面广的既有校园作为主要评价对象，不仅要评价"绿色措施"，而且要评价这些"绿色措施"所产生的实际效果，即把"运行评价"作为本标准的正式评价，不设置设计评价。对于处于规划设计阶段的校园，可依据本标准对校园的规划设计图纸进行预评价，重点在于评价绿色校园方面面采取的具体技术措施和这些措施的预期运行效果。预评价仅作为"正式评价"的预认证阶段，最终认证以"正式评价"为准。

（3）申请评价方应对校园进行全寿命期技术和经济分析，选用适当的技术、设备和材料，对规划、设计、施工、运行阶段进行全程控制，并应提交相应分析、测试报告和相关文档。

申请评价方依据有关管理制度文件确定。绿色校园注重全寿命期内能源资源节约与环境保护的性能，申请评价方应该对校园全寿命期内各个阶段进行控制，综合考虑性能、安全、耐久、经济、美观等因素，优化技术、设备和材料选用，以及采用技术与投资之间的总体平衡，并按本标准的要求提交相应分析、测试报告和相关文件。

5.4.4 评分方法及评分等级

绿色校园评价指标体系应由规划与生态、能源与资源、环境与健康、运行与管理、教育与推广五类指标组成。每类指标均应包括控制项和评分项。控制项为绿色校园评价的必备条件；评分项为划分绿色校园等级的可选条件，每类指标的评分项总分为100分。为鼓励绿色校园的技术创新、体现绿色校园的特色，评价指标体系还统一设置加分项——"特色与创新"项，这是难度大、综合性强、绿色度较高的可选项。控制项的评定结果应为满足或不满足；评分项的评定结果应为根据条、款规定确定得分值或不得分；加分项的评定结果应为某得分值或不得分。

对于具体的参评校园而言，它们在功能、所处地域的气候、环境、资源等方面客观上存在差异，对不适用的评分项条文不予评定。这样，适用于各参评校园的评分项的条文数量和总分值可能不一样。因此，计算参评校园某类指标评分项的实际得分值与适用于参评校园的评分项总分值的比例，能够反映参评校园实际采用的"绿色措施"和（或）效果占理论上可以采用的全部"绿色措施"和（或）效果的相对得分率。

绿色校园评价应按总得分值确定评价等级。总得分值应为五类指标评分项的加权得分与加分项的附加得分（Q6）之和。评价指标体系五类指标各自的评分项得分 Q1、Q2、Q3、Q4、Q5，应按参评校园的评分项实际得分值除以理论上可获得的总分值再乘以100分计算，每类指标的评分项得分均不应小于40分。

5.5 结束语

《标准》的目的是以评促建，建设我们的绿色学校，而不是为了评价而评价。因此标准编写着重条款的适应性，符合我国中小学、职业学校、高校等学校的特征。考虑学校建设有别于其他建筑评价类型，根据绿色校园的特点与专家讨论建议，提出节能、节水、节材中的节材由原来的"固定性"转为"流动性"，建筑从"硬件"转为"运行"。

《标准》评价指标体系：吻合中小学校、职业学校、高等学校的学校校园整体评价特征，编制组针对性地从中小学校、职业学校、高等学校的校园整体评价特征、地域性气候特征、校园能源与资源消耗特征、室内外环境质量控制、运行与管理特征、水资源利用、碳排放和绿色教育、区域性创新与特色提升等几大方面进行专题研究。

在未来，《标准》将建立网络评测平台，平台将公布评测内容条款、细则及方法。使用者可按照条款要求上传学校资料，进行远程沟通。评估组将针对资料进行预评审，并针对上传材料进行审核与证实手续，在对项目充分了解的情况下，再进行实地勘察。该平台措施可有效提高全国各地学校评审的效率，也有利于参评单位加深学校对评测标准及方法的理解，以期更加科学合理、广泛地推进绿色校园的评价和建设工作。

绿色校园评价标准是一项技术标杆的测评，也是不断对学校的建设者、管理者、使用者提出倡导"绿色"行为和建立"绿色"观念的引导性建议，希望在后续通过实际评价，不断积累经验和基础数据。

6 《既有建筑节能改造智能化技术要求》
GB/T 39583—2020

罗淑湘[1] 席时葭[2] 王志忠[1] 臧红兵[2]
1 北京建筑技术发展有限责任公司；
2 上海市建设工程监理咨询有限公司

6.1 编制背景

6.1.1 编制背景

我国建筑面积规模位居世界第一，民用建筑从建设到运营，相关碳排放占我国碳排放总量的近 40%，是二氧化碳排放最大的领域之一，属碳排放第一"大户"。"双碳"目标下的建筑节能减排任务艰巨，建筑领域的节能减碳对于推动我国实现碳达峰、碳中和的目标至关重要。

建筑碳排放涉及建筑全生命周期，根据国家标准《建筑碳排放计算标准》GB/T 51366—2019 可以分别计算建筑物运行阶段碳排放、建造及拆除阶段碳排放、建材生产及运输阶段碳排放。从全生命周期看，建筑的碳排放总量大多来自建材生产及运输阶段、建筑物运行阶段的碳排放量。

对于既有建筑来说，运行阶段的碳排放控制十分重要，而实现建筑领域的减碳、零碳，建筑节能是基础。

既有建筑的节能改造是其绿色化改造的重要内容，实践证明既有建筑节能潜力巨大。在既有建筑节能中，需要借助智能化技术进一步提升能效和实现预期的节能目标。但针对既有建筑节能改造的智能化技术应用，我国尚缺乏相关标准的引导、规范与约束，不利于形成有效的解决方案，也影响既有建筑节能改造中的智能化技术作用的发挥。本标准基于既有建筑用能特点与节能改造目标，重点对建筑主要用能设备及系统的智能化提出技术要求，将为既有建筑节能改造中，应用智能化技术优化运行控制策略、实现用能精细化管理、提升节能改造效果提供依据和参考。

6.1.2 前期调研

2017 年 2 月，《既有建筑节能改造智能化技术要求》GB/T 39583—2020（以下简称《标准》）编制组进行了标准起草前期准备，开展了相关调研、资料收集、标准草案编写等工作。

（1）国内调研

重点针对智能化技术的发展及在建筑节能领域的应用情况进行了调研，并对实际应用案例进行了分析。实践证明，在既有建筑的节能改造过程中，合理采用智能化技术措施可有效提升节能效果。如今，借助智能化技术，我国智能建筑也在快速发展。建筑智能化更多体现在建筑运行功能层面上，即依靠物联网设备实现智能化功能。随着信息技术的发展以及人们对高质量生活需求的提升，建筑的智能化更注重环保和人性化。其主要趋势如下：

1）智能建筑范围逐步扩大

将来，无论是学校、商业区还是住宅、办公室，智能化技术的应用会更加广泛，并且功能也会更加多元，在给人们工作、生活带来方便的同时，更加突显"科技改变生活"的理念。

2）智能化与绿色化有机融合

智能化建筑与建筑绿色化密切相关。智能化建筑的发展在一定程度上是为了节能减排与绿色环保，智能化建筑中也蕴含着绿色化理念，而绿色建筑的建设运行需要利用智能化技术保障和提升实际效果。在当今世界气候变化的背景下，节能减排、绿色环保已经成了迫切需求；智能化与绿色化有机融合成为未来建筑发展趋势，利用智能化技术实现建筑的绿色环保目标势在必行。

我国建筑智能化市场主要由两部分组成：一是新建建筑的智能化技术的直接应用，二是既有建筑的智能化改造。数据显示，我国既有建筑的智能化市场规模逐年增长。

我国在既有建筑节能方面进行了长期探索与实践，采用的节能技术措施也较多，但对智能化技术的应用仍相对薄弱，尚需发挥智能化技术优势与潜力，更需要针对既有建筑节能改造的智能化技术应用相关标准、规范进行引导和约束，以进一步提升既有建筑能效，实现建筑的节能绿建、降碳减排目标。之前，国内没有编制发布明确既有建筑节能改造智能化技术要求的相关标准。

（2）国外调研

对国外发达国家智能化相关技术应用及标准的调研显示：智能建筑因具有高效、节能与舒适等突出优点，在欧、美、日及世界各地迅速发展，引起了普遍重视。智能建筑正朝着集约化、系统化、标准化方向发展，而绿色环保、节能低碳、以人为本则是智能建筑发展的主流方向。

6.2 主要技术内容

《标准》正文由七章、两个附录构成，分别为范围、规范性引用文件、术语和定义、一般要求、既有建筑节能与智能化系统应用现状诊断、既有建筑节能改造智能化措施的技术要求、既有建筑节能改造智能化系统运行安全与运行维护要求、附录A（规范性附录）既有建筑节能与智能化系统诊断明细、附录B（规范性附录）智能化系统监控功能明显等（图6.1）。

其中，第4章为一般要求，由6条条文组成，对既有建筑节能改造前的诊断要求、节能改造智能化设计、应采用的智能化技术与方案、智能化系统建立及工程所用材料、设备和系统等应满足的基本要求与原则分别进行了规定。

目　次

图 6.1　《标准》框架

6.3　关键技术及创新

6.3.1　主要技术难点

（1）既有建筑节能改造特点与智能化条件效果相结合的技术难点：因既有建筑在实施节能改造过程中可能会受诸多因素与条件的影响与制约，智能化技术措施如何在既有建筑中得到合理应用、提升节能改造效果可能面临诸多难点。标准编制中需充分分析既有建筑的特点、改造难点与智能化技术措施应用的条件及效果的匹配。

（2）涉及多领域的技术融合：本标准编制涉及建筑节能与信息化智能化不同领域，且需进行不同领域的技术融合，但可参考的相关技术标准与文件较少，需要进行更多的研究与创新。

6.3.2　主要创新点

本标准编制的主要思路如下：

（1）以节能问题与智能化目标为导向

强调改造前的调研与诊断。改造前需进行节能与智能化技术应用情况诊断分析，具体问题具体分析，为制定改造方案提供依据；结合改造愿景与目标制定合理可行的改造方案。

（2）促进智能化技术赋能

充分发挥智能化技术优势，将智能化元素植入既有建筑的节能绿建、低碳减排中，促进智能化技术与节能措施耦合，挖掘节能潜力。基于既有建筑用能特点与节能改造目标，重点对建筑主要用能设备及系统的智能化提出技术要求，为既有建筑节能改造中应用智能化技术优化运行控制策略、实现用能精细化管理、提升节能改造效果提供依据和参考。

（3）体现科学性与可操作性

本标准根据建筑能耗的主要用能系统——供暖通风和空气调节、照明、电梯、供配电、给排水系统，结合可再生能源的应用和建筑能耗监控与管理，针对重点用能环节与控制，引导和规范智能化技术的应用。

规定了既有建筑节能改造所涉及的供暖通风和空气调节、照明、电梯、供配电、给水排水、可再生能源应用和建筑能耗监控与管理等的节能与智能化系统应用现状诊断、智能化技术要求与智能化系统安全与运行维护要求等。

6.4 实施应用

从目前标准的实施应用情况看，该标准的发布实施对既有建筑节能改造中智能化技术的应用可起到较好的引导与规范作用。我国既有建筑面积现已达到600多亿m^2，节能潜力巨大，该标准实施将利于更好地发挥智能化技术在绿色建筑、绿色建造、绿色运维、低碳减排等领域的作用，提升建筑能效、促进绿建低碳减排。随着我国既有建筑节能减排的进一步深入及“双碳”工作的逐步落实，该标准应用将会产生极好的环境效益和经济效益。

6.5 结束语

本标准（图6.2）为我国第一部针对既有建筑特点、将建筑节能改造与智能化技术有机融合的国家标准，填补了我国在既有建筑改造、节能绿建、低碳减排、建筑智能智慧化等方面的标准空白，将引导和推动应用智能化技术提升建筑能效，用智能化来实现建筑绿色低碳目标。本标准旨在规范和引导既有建筑节能改造中的智能化技术应用，用建筑智能化技术促使建筑节能改造时更加精准化与低碳化，可为智能化技术在既有建筑节能改造中的合理应用与推广提供技术支撑。标准的实施也将进一步促进建筑节能技术与智能化技术的深度融合，助力我国建筑领域实现“双碳”目标。

既有建筑节能改造是绿色建筑重要组成部分，建筑节能是降低碳排放的核心要义。建筑智能化是实现绿色建筑、绿色建造、绿色运维、降碳减排等精细化、精准化的必由之路，即绿建智造。

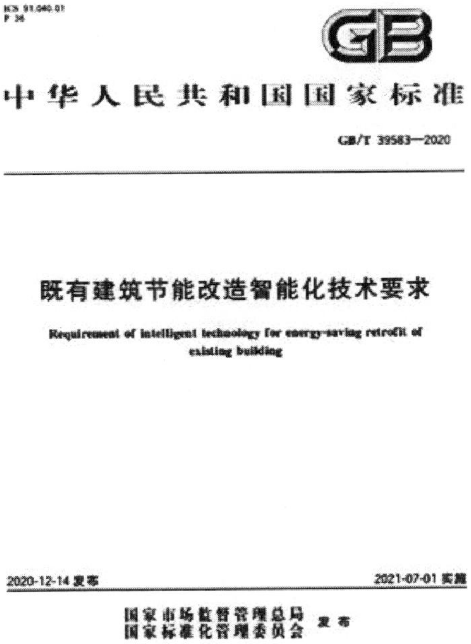
ICS 91.040.01
P 36

GB

中华人民共和国国家标准

GB/T 39583—2020

既有建筑节能改造智能化技术要求

Requirement of intelligent technology for energy-saving retrofit of existing building

2020-12-14 发布 2021-07-01 实施

国家市场监督管理总局
国家标准化管理委员会 发布

图6.2 《标准》封面

第三篇　地方与团体标准

1 北京市地方标准《既有工业建筑民用化绿色改造评价标准》DB 11/T 1844—2021

朱荣鑫[1] 谢琳娜[1] 寇宏侨[1] 刘璇[1] 韦雅云[1]

1 中国建筑科学研究院有限公司

1.1 编制背景和前期准备

1.1.1 编制背景

2018年9月，住房和城乡建设部印发了《关于进一步做好城市既有建筑保留利用和更新改造工作的通知》（建城〔2018〕96号），要求各地对不同时期的工业建筑认真梳理，坚持充分利用、功能更新原则，鼓励按照绿色、节能要求，对既有建筑进行更新改造，避免片面强调土地开发价值，防止"一拆了之"。

2017年12月底，北京市人民政府办公厅印发了《关于保护利用既有工业建筑拓展文化空间的指导意见》，要求保护利用好既有工业建筑，充分挖掘其文化内涵和再生价值，推动城市风貌提升和产业升级，增强城市活力和竞争力。既有工业建筑绿色改造也是北京市建筑业绿色发展的需要。这些既有工业建筑是城市文化的记忆，蕴含了重要的历史文化等价值，因此对其进行改造再利用时，除了需要考虑节地、节材、节水、节能等常规绿色性能外，较多地还要考虑保护风貌、传承文化等问题。

在北京，既有工业建筑改造已有多个成功案例，除了大家熟知的798艺术区外，其他还有：1）首钢老工业区改造，已经上升为国家层面的重点工程。北京2022年冬奥会及冬残奥会组委会顺利入驻后，陆续有中国银行、安踏、星巴克、伊利、腾讯、洲际酒店、国际数据集团等国内外知名企业入驻。2）768创意产业园。改造前为大华电子厂，每年亏损4000多万，改造后入驻企业130家，90%以上为文化科技融合设计创意类企业，园区总人数接近4000人，园区总产出18亿元，上缴税收8000余万元。3）77文创园。前身为北京胶印厂，改造后园区里面会聚了很多戏曲、戏剧和时尚元素，特别是设置了77剧场，北京市文化局在此设立了排练中心。4）郎园文化创意产业园。位于长安街延伸线北京电视台新址旁，改造后入驻了多家传媒企业，包括中央电视台、北京电视台、凤凰网等。据统计，2018年全北京市腾退老旧工业厂房242处，总占地面积共计2517.8万 m^2，约70%处于待开发状态。随着产业结构深刻调整、疏解非首都功能持续推进，既有工业建筑资源还将进一步腾退释放。

综上，既有工业建筑绿色改造再利用很大程度上有助于提升城市文化品质，并带来巨大的社会效益和经济效益。目前，政府层面对既有工业建筑绿色改造方面，组织开展了大量课题和专项研究工作，相关绿色改造技术虽已成熟，但是缺乏指导实际工程的标准，不利于既有工业建筑绿色改造相关工作的开展。为了贯彻落实国家和北京市技术经济政策、绿色发展理念、节约资源、保护环境，规范既有工业建筑民用化绿色改造的评价，推进可持续发展，北京首钢建设投资有限公司、中国建筑科学研究院有限公司、北京市石景山区住房和城市建设委员会会同有关单位开展了北京市地方标准《既有工业建筑民用化绿色改造评价标准》的编制工作。北京市市场监督管理局于 2021 年发布标字第 2 号（总第 277 号）公告，由北京市市场监督管理局批准、北京市住房和城乡建设委员会共同发布，批准《既有工业建筑民用化绿色改造评价标准》（以下简称《标准》）为北京市地方标准，编号为 DB 11/T 1844—2021，自 2021 年 7 月 1 日起实施。

1.1.2 前期调研

（1）改造技术梳理

策略一：既有工业建筑群工业遗存价值挖掘和利用

既有工业建筑改造是典型的"旧瓶装新酒"，新的设计应充分尊重原有建筑的发展历史，并充分利用既有建筑与材料，使新建部分与原有建筑协调，使原有建筑焕发新的光彩，并达到节材目标；通过结构检测与加固，尽可能保留旧有建筑结构；对既有建筑进行功能与空间品质提升；扩建部分延续既有建筑风格；循环利用拆除的构件材料，物尽其用，并使原有材料融入新建部分中。

策略二：织补城市的理念应用于旧有工业园区

从"尊重工业遗存、对话自然景观、建构院落尺度、回归人性空间"四个方面考虑，对构筑物进行缝合加建、织补院落。

策略三：建筑节能设计

基于不同类型建筑对舒适性、节能性的不同需求，同时兼顾原有建筑特点，寻求在既有条件下的最佳契合点，以最小的资源、能源消耗获得最大的舒适性。

策略四：旧有工业建筑与绿色再生能源的有机结合和有效利用

采用太阳能光伏建筑一体化等技术，将光伏发电系统和建筑幕墙、屋顶、围护栏杆等围护结构系统有机地结合成一个整体结构，不但具有围护结构的功能，同时又能产生电能，供给建筑使用。

策略五：环境改造及景观修复

分析场地特定的气候和地理条件，对原有良好的微气候特征尽可能顺势利用，如地势、朝向、风向、阳光、绿荫等。相应增加夏季遮阴、冬季挡风的植物配置，在改善环境温度的同时，吸收有害气体，改善空气质量，降低周边噪声干扰，并考虑设置适量的水体，以改善局部温湿环境，美化景观和净化空气。

策略六：室内健康物理环境营造

以"健康舒适"理念为指导，从声环境、光环境与视野、热湿环境、空气质量四个方面出发，加强建筑健康室内环境营造，保证建筑使用品质和使用人员的健康舒适。

策略七：基于万物互联的智慧建筑群控平台

启动智慧化研究工作,保证建筑在改造后的空间载体内工作、生活的舒适度以及物业运营的高效率。

(2)有关标准调查

编制组对国内相关绿色建筑和既有工业建筑绿色改造标准进行了调研,汇总如表 1.1 所示。

国内典型标准对比

表 1.1

标准名称	类别	适用范围	技术指标体系	存在问题
《绿色建筑评价标准》GB/T 50378—2019	国标	民用建筑绿色性能评价	安全耐久、健康舒适、生活便利、资源节约、环境宜居	主要适用于新建建筑,对既有建筑绿色改造难度较大
《既有建筑绿色改造评价标准》GB/T 51141—2015	国标	既有建筑绿色改造评价	规划与建筑、结构与材料、暖通空调、给水排水、电气、施工管理、运营管理	未充分反映和解决既有工业建筑物绿色化改造和保护的重点问题
《绿色建筑评价标准》DB 11/T 825—2015	北京地标	北京市行政区域内民用建筑绿色评价	节地与室外环境、节能与能源利用、节水与水资源利用、节材与材料资源利用、室内环境质量、施工管理、运营管理	对于既有工业建筑物这类既有建筑,因场地、设计和建设标准、建材使用等条件限制,很难满足标准的规定
《既有社区绿色化改造技术标准》JGJ/T 425—2017	行业标准	既有社区绿色化改造的诊断、策划、规划与设计等	诊断、策划、规划设计、施工及验收、运营与评估	不适用于存在危险品生产及存储、具有重工业及其遗址的建成区
《上海市既有工业建筑民用化改造绿色技术规程》DG/T J08—2210—2016	上海地标	上海市既有工业建筑民用化绿色改造	诊断与策划、规划与建筑、结构与材料、机电系统与设备、施工与验收	适用于上海市既有工业建筑民用化改造 改造后绿色建筑标识的评价应按国家标准和上海市绿色建筑评价标准的规定执行

1.2 主要技术内容

《标准》共包括 9 章,前 2 章是总则和术语;第 3 章是基本规定;第 4~9 章为既有工业建筑民用化绿色改造的评价体系,分别是安全耐久、健康舒适、生活便利、资源节约、人文与环境、提高与创新(图 1.1)。

第 1 章为总则,由 4 条条文组成,对《标准》的编制目的、适用范围、技术选用及执行原则分别进行了规定。在适用范围中指出,本标准适用于北京行政区域内既有工业建筑民用化绿色改造的评价。在进行改造评价时,应结合北京地区的气候、环境、资源、经济和人文等特点,对既有工业建筑民用化绿色改造全寿命周期内的安全耐久、健康舒适、生活便利、资源节约、人文与环境等性能进行综合评价。

第 2 章为术语,定义了与既有工业建筑绿色改造密切相关的 5 个术语,具体为既有工业建筑、民用化绿色改造、绿色建材、绿色雨水基础设施、绿色电力。

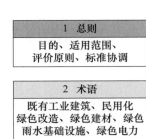

1 总则		五大类指标		

| 1 总则
目的、适用范围、
评价原则、标准协调 | 4 安全耐久
安全
耐久 | 5 健康舒适
室内空气品质、水质、
声环境与光环境、
室内热湿环境 | 6 生活便利
出行与无障碍、服务
设施、智慧运行、
物业管理 | 9 提高与创新
加分项 |

图 1.1 《标准》章节框架

第 3 章为基本规定，共包括两部分：一般规定和评价与等级划分。一般规定由 6 条条文组成，分别就评价阶段与条件、评价方法等进行约束。评价与等级划分由 8 条条文组成，规定既有工业建筑民用化绿色改造评价指标由安全耐久、健康舒适、生活便利、资源节约、人文与环境 5 类指标组成，且每类指标均包括控制项和评分项，还应设置加分项。规定既有工业建筑民用化绿色改造应分为 4 个等级，分别为基本级、一星级、二星级、三星级，并对达到每个等级的得分要求进行了约束。

第 4～8 章分别是安全耐久、健康舒适、生活便利、资源节约、人文与环境 5 类评价指标体系，是《标准》的重点内容，每章由控制项和评分项两部分组成，如表 1.2 所示。其中控制项各章分别设置 4～9 条，评分项根据各章的内容进行划分。

既有工业建筑民用化绿色改造评价内容   表 1.2

评价体系	控制项	评分项			
安全耐久	6 条	安全		耐久	
健康舒适	7 条	室内空气品质	水质	光环境与声环境	室内热湿环境
生活便利	4 条	出行与无障碍	服务设施	智慧运行	物业管理
资源节约	9 条	节地与土地利用	节能与能源利用	节水与水资源利用	节材与绿色建材
人文与环境	4 条	人文	场地生态与景观		室外物理环境

第 9 章提高与创新分为一般规定和加分项，规定既有工业建筑民用化绿色改造评价时，应对性能提高和创新两部分加分项进行评价，并详细介绍加分项的具体内容及分值。

1.3 关键技术及创新

1.3.1 强调标准间协调统一

国家标准《绿色建筑评价标准》GB/T 50378 是规范和引领我国绿色建筑发展的根本性技术标准，是全国绿色建筑建设及各地方绿色建筑标准制修订的基本依据。《标准》在制定过程中，强调以国家标准《绿色建筑评价标准》GB/T 50378—2019 "安全耐久、健康舒适、生活便利、资源节约、环境宜居"的指标体系为引领，并结合《既有建筑绿色改造评价标准》GB/T 51141—2015 及其修订稿对既有建筑绿色改造的要求，实现与上位国家标准的协调统一。同时，《标准》结合既有工业建筑民用化利用的特点，注重保护风貌、传承文化、绿色转型的独有特色。基于上述考虑，《标准》创建了以"安全耐久、健康舒适、生活便利、资源节约、人文与环境"为核心的既有工业建筑民用化绿色改造指标体系，并对《标准》具体章节条款进行了细化和补充。

1.3.2 增设节地评价

考虑到绝大多数既有建筑用地面积已经确定，绿色改造时节地空间有限，在《既有建筑绿色改造评价标准》GB/T 51141—2015 及其修订稿中，未设置节地相关评价条文。但是对于既有工业建筑来说，建筑本体及厂区一般占地面积较大，需要对其节约用地进行约束，故在《标准》第 7 章 "资源节约"中设置了"节地与土地利用"一节。通过"交通规划充分利用既有工业建筑场地内道路""场地空间和土地集约利用""对原有工业用地或空间的整合再利用"3 个条文的设定，鼓励结合实际情况，对既有工业建筑场地及空间进行高效利用。

1.3.3 突出人文评价

《标准》单独设立了"人文与环境"章节，下面分设"人文""场地生态与景观""室外物理环境"三个小节。其中"人文"评价部分为标准首创，体现了"以人为本"的思想，增强使用者的体验感、获得感。在"人文"指标中设置了"工艺流程的展示与利用""场地空间的文脉延续""建筑形态延续工业风貌"3 个三级评价指标，加分项设置了"工业人文的传承与推广"，鼓励和合理引导既有工业建筑民用化绿色改造时，注重鼓励对有价值历史文脉的保护和工业风的延续，体现了既有工业建筑民用化绿色改造的特点。

1.3.4 强化土壤和生态修复

对于既有工业建筑来说，因之前的工业生产可能会对场地内土壤产生较大的毒性污染，给后续改造再利用带来严重的不利影响，为此，在 GB/T 50378—2019 和 GB/T 51141—2015 及其修订稿的基础上，《标准》第 8 章的控制项和评分项分别设置了多个条文，对改造过程中的土壤质量和生态修复措施提出较高要求，以保证既有工业建筑绿色改造后场地土壤能够无毒无害地安全使用。

1.4 实施应用

目前，《标准》已经在北京冬奥首钢工业园区既有工业建筑绿色改造项目得到应用，指导了首钢滑雪大跳台中心、冬奥广场等项目的绿色低碳改造，改造后均达到绿色建筑三星级的标准。项目信息如表 1.3 所示，项目效果图和照片如图 1.2～图 1.5 所示。

部分项目改造后，北京 2022 年冬奥会、冬残奥会组委会顺利入驻并使用，之后中国银行、安踏、星巴克、伊利、腾讯、洲际酒店、国际数据集团等国内外知名企业陆续入驻。首钢老工业区改造实现了新旧动能转换和结构优化升级，租金收益增加，土地及工业资产增值，以及资产证券化，首钢老工业区实现了"新首钢、新空间、新动能"，为全面打造新时代首都城市复兴新地标的总目标打下了坚实的经济基础。

部分北京冬奥首钢工业园区既有工业建筑绿色改造项目 表1.3

项目名称	栋数	建筑面积 / 万 m²	绿色建筑星级	改造前用途	改造后用途	隶属于
3350 车间改造	1	1.73	三星级	车间	冬奥会时为赛事演播厅	首钢滑雪大跳台中心
A 号、B 号制氧主厂房改造项目	1	1.00	三星级	制氧主厂房	冬奥会时为前院区，为集散广场，观众服务设施、赞助商展厅，冬奥会后为体验中心、工作室等	首钢滑雪大跳台中心
电热站主厂房改造项目	1	1.25	三星级	电厂	冬奥会时为酒店及配套	首钢滑雪大跳台中心
五一剧场、制粉车间改造项目	1	0.56	三星级	剧场	主要功能为冬奥会演出剧场、化妆间、排练室等	冬奥广场

图 1.2　3350 车间改造项目改造效果图

图 1.3　A 号、B 号电热站主厂房改造效果图

图 1.4　A 号制氧主厂房改造项目改造后照片

图 1.5　五一剧场改造后照片

1.5　结束语

《标准》为贯彻落实国家和北京市技术经济政策、绿色发展理念，节约资源、保护环境，规范既有工业建筑民用化绿色改造的评价，推进可持续发展，建立了以"安全耐久、健康舒适、生活便利、资源节约、人文与环境"的绿色改造评价体系，实现了对既有工业建筑绿色改造的全方位评价。《标准》的制订和实施能够有效规范和指导北京行政区域内既有工业建筑民用化绿色改造评价，推动既有工业建筑民用化绿色改造健康发展。

2 北京市地方标准《绿色建筑工程验收规范》DB 11/T 1315—2020

赵乃妮[1,2] 孟冲[1,2] 谢琳娜[1,2]

1 中国建筑科学研究院有限公司；2 北京市绿色建筑设计工程技术研究中心

2.1 编制背景和前期准备

2.1.1 编制背景

绿色建筑竣工验收是检验绿色技术措施落实情况、保障项目实际运行效果达到预期的重要环节。北京市绿色建筑经过 10 余年的推广与发展，取得了显著成效，同时，也呈现出设计标识多、运行标识少、设计目标与运行效果匹配性不足等问题。为了提高绿色建筑运行实效，2013 年北京市率先提出了对项目全过程执行绿色建筑标准进行监督管理及开展绿色建筑符合性专项验收的新要求。2015 年 12 月 30 日，北京市市场监督管理局（原北京市质量技术监督局）、北京市住房和城乡建设委员会共同发布北京市《绿色建筑工程验收规范》，编号 DB 11/T 1315—2015，自 2016 年 4 月 1 日起实施。该规范作为全国第一部针对绿色建筑工程验收的标准，依据《绿色建筑评价标准》DB 11/T 825—2011 中对住宅建筑和公共建筑要求，构建了验收指标体系和验收内容，为北京市绿色建筑专项验收提供了标准依据。随着北京市《绿色建筑评价标准》DB 11/T 825 和《北京市绿色建筑施工图审查要点》的修订，绿色建筑设计依据更新，按修订后的绿色建筑评价标准和施工图审查要点完成设计标识和施工图审查项目，在工程验收时缺乏相对应的适用验收标准依据。针对北京市绿色建筑高质量发展需求和绿色建筑标准体系更新需求，亟须对该标准开展修订工作。

2018 年 2 月，北京市市场监督管理局发布了《关于印发 2018 年北京市地方标准制修订项目计划的通知》（京质监发〔2018〕20 号），由中国建筑科学研究院有限公司担任主编单位，会同北京市住房和城乡建设科技促进中心等有关单位共同开展《绿色建筑工程验收规范》DB 11/T 1315（以下简称《规范》）的修订工作。

2.1.2 前期调研

《国务院办公厅关于转发发展改革委住房城乡建设部绿色建筑行动方案的通知》中明确提出：严格建设全过程监督管理，加强监督检查，将绿色建筑行动执行情况纳入国务院节能减排检查和建设领域检查内容，开展绿色建筑行动专项督查。财政部和住房和城乡建设部联合发布的《关于加快推动我国绿色建筑发展的实施意见》中指出：建立健全绿色建筑标准规范及评价标识体系，引导绿色建筑健康发展，尽快完善绿色建筑标准体系，制（修）订绿色建筑规划、设计、施工、验收、运行管理及相关产品标准、规程。北京市于 2015 年率先发布了《绿色建筑工程验收规范》DB 11/T 1315—2015，随后上海、湖北、天津等地陆续编制出台了相应的绿色建筑工程验收的地方标准（表 2.1），为落实绿色建筑设计要求、统一绿色建筑工程质量验收要求、保证绿色建筑工程质量和绿色建筑实施效果提供了验收手段，也为各地逐步建立健全绿色建筑全过程管理体系提供专项技术支撑。

绿色建筑工程验收相关标准   表 2.1

序号	标准名称	编号	归口管理单位	发布时间	状态
1	《北京市绿色建筑工程验收规范》	DB 11/T 1315—2015 DB 11/T 1315—2020	北京市住房和城乡建设委员会、北京市市场监督管理局	2015.12.30 2020.6.30	发布
2	《上海市绿色建筑工程验收标准》	DG/T J08—2246—2017	上海市住房和城乡建设管理委员会	2017.10.13	发布
3	《湖北省绿色建筑设计与工程验收标准》	DB 42/T 1319—2017 DB 42/T 1319—2021	湖北省住房和城乡建设厅	2017.11.19 2021.4.20	发布
4	《绿色建筑工程竣工验收标准》	T/CECS 494—2017	中国工程建设标准化协会	2017.12.12	发布
5	《珠海绿色建筑工程验收导则》	珠规建质〔2018〕1 号	珠海市墙体材料革新和建筑节能办公室	2018.1.5	发布
6	《天津市绿色建筑工程验收规程》	DB/T 29—255—2018	天津市城乡建设委员会	2018.9.3	发布
7	《福建省绿色建筑工程验收标准》	DB 13—298—2018	福建省住房和城乡建设厅	2018.12.27	发布
8	《湖南省绿色建筑工程验收标准》	DB J43/T 204—2019	湖南省住房和城乡建设厅负	2019.3.13	发布
9	《河北省绿色建筑工程验收标准》	DB 13（J）/T 8310—2019	河北省住房和城乡建设厅	2019.5.28	发布
10	《江西省绿色建筑工程验收标准》	DB J/T 36—050—2019	江西省住房和城乡建设厅	2019.8.23	发布

2.2 主要技术内容

《规范》共包括 9 章和 6 个附录，主要技术内容包括：总则、术语、基本规定、节地与室外环境、节能与能源利用、节水与水资源利用、节材与材料资源利用、室内环境质量、工程验收（图 2.1）。

第 1 章总则由 3 条条文组成，对《规范》的编制目的、适用范围以及与其他相关验收规范的关系分别作了规定。其中，在适用范围中指出，《规范》适用于北京市新建、扩建或改建的民用绿色建筑工程验收，且《规范》中所指的适用工程是指满足北京市地方标准《绿色建筑评价标准》DB 11/T 825—2015 要求的绿色建筑工程。

第 2 章为术语，定义了绿色建筑工程验收中的 7 个术语，具体为绿色建筑工程、绿色建筑工程验收、可再生能源、非传统水源、再生水（中水）、可再循环材料、再利用材料。其中，《规范》明确了绿色建筑工程验收是在工程竣工备案前，参与建设活动的有关单位共同对建筑工程的绿色性能与设计文件的符合性进行核查和确认的活动。

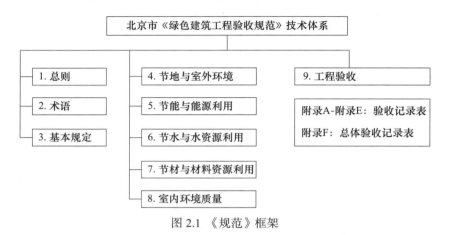

图 2.1 《规范》框架

第 3 章基本规定由 6 条条文组成，对绿色建筑工程验收中适用建筑的选取依据、设计变更、验收依据、与分项分部工程质量验收的关系、验收时间节点、验收不合格的处理办法等进行了规定。《规范》提出设计变更不得降低绿色建筑设计标准，明确了绿色建筑工程验收应与分部、分项工程质量验收同步进行，当与分部、分项工程质量验收内容相同且验收结果为合格时，采信分部、分项工程质量验收结果。此外，绿色建筑工程验收作为工程竣工备案的前置条件，应在工程竣工备案前完成。

第 4~8 章分别是节地与室外环境、节能与能源利用、节水与水资源利用、节材与材料资源利用、室内环境质量，是验收的主要技术指标内容。第 4 章节地与室外环境对场地降噪措施、玻璃幕墙光污染、降低室外热岛强度相关措施、停车设施、绿色雨水基础设施、场地雨水外排总量控制、场地绿化实施情况的验收进行了规定。第 5 章节能与能源利用对冷热源机组、围护结构热工性能、外窗和玻璃幕墙可开启情况、输配系统性能、暖通空调系统节能措施、能耗监控系统、照明系统、电梯、节能型电气设备、排风能量热回收装置、蓄冷蓄热系统、余热废热利用、可再生能源利用等情况的验收进行了规定。第 6 章节水与水资源利用对卫生器具节水性能、避免管网漏损措施、避免超压出流措施、分项分级计量、公共浴室节水措施、节水灌溉、空调系统节水冷却技术、非传统水源系统利用、冷却水补水、景观水体用水等的验收进行了规定。第 7 章节材与材料资源利用对建筑外立面造型要素、土建装修一体化、可重复使用隔断、工业化预制构件、整体化定型设计的厨卫、高强建筑结构材料、高耐久性结构材料、可再循环材料和再利用材料、装饰装修材料和技术措施、建筑材料及制品、绿色建材的验收进行了规定。第 8 章室内环境质量对主要功能房间室内噪声、构件隔声性能、降噪措施、专项声学设计、房间采光情况、控制眩光措施、外遮阳设施、供暖空调系统末端独立调节措施、气流组织、室内空气质量监控系统、CO 浓度监测与联动系统装置、新风处理措施的验收进行了规定。

第 4~8 章共包括 56 条条文，每一条条文都给出了各指标的验收要求、检验内容和方法，以及相关指标在附录中对应需填写的内容。

2.3 关键技术及创新

2.3.1 主要技术难点

（1）结合北京市发展绿色建筑的政策要求与绿色建筑发展特点，建立与绿色建筑标准协调的绿色建筑工程验收技术体系与验收方法。

（2）绿色建筑工程专项验收与建筑工程施工质量验收的衔接问题，避免重复性的验收工作。

（3）从管理、应用等不同角度出发，编制便捷的操作表格，提高标准的落地实施性。

2.3.2 主要创新点

（1）调整了绿色建筑工程验收指标体系。依据《绿色建筑评价标准》DB 11/T 825—2015重新构建了节地与室外环境、节能与能源利用、节水与水资源利用、节材与材料资源利用、室内环境质量五类绿色建筑工程验收指标体系。

（2）调整了绿色建筑工程验收时间节点。将绿色建筑工程验收节点调整为工程竣工备案前完成，突出了绿色建筑工程验收作为工程竣工备案前置条件的要求。

（3）调整了验收方法，明确绿色建筑工程验收应与分部、分项工程质量验收同步进行，与建筑工程质量验收内容有效衔接。

（4）提出了绿色建筑工程"五大免验"原则，可免验收的内容包括规划阶段及环评等前置条件的相关内容、与建筑工程质量验收完全一致的相关内容、施工阶段无法改变设计条件的相关内容、设计阶段不参评的相关内容、地方强制性政策要求的相关内容。

（5）按五类指标体系和专业相结合设置验收记录表，取消专业验收汇总表。

2.4 结束语

修订后的《绿色建筑工程验收规范》DB 11/T 1315充分衔接现有建筑工程施工质量验收流程及绿色建筑相关要求，解决了常规建筑工程施工质量验收与绿色建筑工程专项验收过程脱节问题的同时又避免了大量重复性验收工作，为推动绿色建筑工程纳入工程建设管理流程发挥了积极作用。

3 《雄安新区绿色建筑设计导则（试行）》

王清勤[1]　李国柱[1]　孟冲[1]　谢琳娜[1]
1　中国建筑科学研究院有限公司

3.1　编制背景和定位

3.1.1　编制背景

2017 年 4 月 1 日，根据《中共中央　国务院关于设立河北雄安新区的通知》，决定在河北省雄县、容城、安新 3 县及周边部分区域设立雄安新区。设立河北雄安新区，是以习近平同志为核心的党中央作出的一项重大历史性战略选择，是千年大计、国家大事。

2018 年 4 月 14 日，中共中央、国务院做出关于对《河北雄安新区规划纲要》的批复，2018 年 4 月 21 日，《河北雄安新区规划纲要》（以下简称《纲要》）全文颁布，标志着雄安新区的建设正式拉开了序幕。《纲要》对雄安新区提出的发展定位为：作为北京非首都功能疏解集中承载地，要建设成为高水平社会主义现代化城市、京津冀世界级城市群的重要一极、现代化经济体系的新引擎、推动高质量发展的全国样板。规划提出四个分项定位为：绿色生态宜居新城区、创新驱动发展引领区、协调发展示范区、开放发展先行区。围绕发展定位，规划设置了创新智能、绿色生态、幸福宜居三大类 38 项指标。其中，雄安新区在绿色生态方面的指标相当突出，在 38 个指标中绿色相关指标占了 24 个，特别是蓝绿空间占比大于 70%，新建民用建筑绿色建筑达标率 100%，远大于北、上、广、深。人均公园绿地面积大于 20m²，超过四大一线城市现状和 2035 年规划目标。新区规划让居民 3km 进森林、1km 进林带、300m 进公园、街道 100% 林荫化，森林覆盖率达 40%，起步区规划绿化覆盖率达到 50% 等绿色指标都创新性地达到相当高的水平。对于绿色建筑的发展，《纲要》把坚持绿色低碳发展作为雄安新区建设绿色智慧新城的首要命题，提出全面推动绿色建筑设计、施工和运行，开展节能住宅和改造。新建政府投资及大型公共建筑全面执行三星级绿色建筑标准。

绿色建筑是雄安新区建设绿色生态宜居新城区的重要基础单元。绿色建筑设计是绿色建筑技术与性能落地的基本保证，是雄安新区绿色建筑高质量发展的先决条件。以雄安新区绿色发展定位为目标，以创造"雄安质量"为落脚点，结合雄安新区区位特点，因地制宜地构建雄安新区绿色建筑设计技术要求，研究编制《雄安新区绿色建筑设计导则》（以下简称《导则》），对雄安新区绿色建筑高质量的设计、建设和发展均具有重大意义。

3.1.2　编制定位

为贯彻落实《河北雄安新区规划纲要》要求，建设绿色智慧新城，提升绿色建筑品质和质量，秉承"世界眼光、国际标准、中国特色、高点定位"基本理念，坚持生态优先、绿色发展，坚持以人民为中心，注重保障和改善民生，以高质量发展、高起点规划、高标准建设为原则，《导则》将对雄安新区新建单体建筑以及建筑群的绿色建筑设计相关指标提出要求，提升绿色建筑全寿命期的使用品质，降低对生态环境的影响，在绿色建筑设计理念、方法、技术应用等方面提供设计指引。《导则》将汲取健康建筑、低碳建筑、智能建筑等国内外先进建筑技术与理念，对各项技术指标进行融合创新，为雄安新区绿色建筑的设计提供技术依据，助力推进雄安新区绿色建筑的高标准建设。

3.2　编制原则与思路

《导则》以创造"雄安质量""打造推动高质量发展的全国样板"为落脚点，在编制过程中坚持以下基本原则：

（1）无缝衔接上位规划

《纲要》将绿色发展置于重点位置，在发展定位、空间布局、城市风貌、生态环境、城市公共服务、城市交通、绿色智慧新城章节均对绿色内容做了要求。《导则》紧扣《纲要》绿色要点，在节能减排、水资源有效利用、海绵建设、全过程绿色建设、绿色产品使用、合理开发利用地下空间、建筑本体安全建造、智能化安全管控等方面积极响应《纲要》中对"建设绿色智慧新城、绿色生态宜居新城"的相关要求。

（2）呼应国际一流要求

《导则》编制坚持中西合璧、以中为主，遵循高起点、高标准、高质量的要求，充分借鉴了国外发达国家、发达城市的绿色建筑标准，部分指标在国外标准的基础上进一步创新和提升，做到把握新时代脉搏，顺应雄安新区目标定位，编制国际一流标准。

（3）创新绿色建筑管理模式

创新性地提出设计总体总包机制，由建设方委托的勘察设计单位对绿色建筑进行全过程参与并统筹管理，为高质量建设雄安新区提供管控把手。

（4）提高绿色建筑建设水准

在《纲要》强制要求的基础上，结合雄安新区的总体规划要求、地域特点、资源禀赋和社会经济水平，通过绿色建筑实际工程案例分析，将相关内容转化为较高定性和定量要求的设计指标，通过全专业设计指导，全面提升雄安新区绿色建筑整体建造水平。

基于上述原则，形成《导则》编制技术路线，如图 3.1 所示。

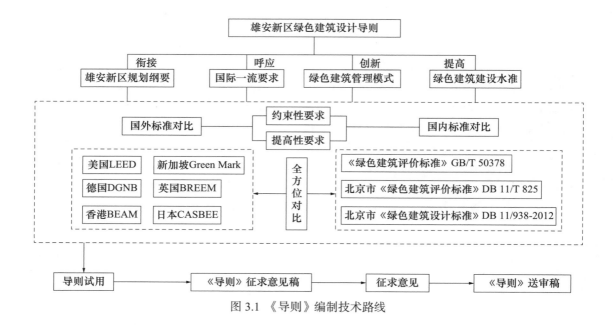

图 3.1 《导则》编制技术路线

3.3 主要技术内容

3.3.1 体系架构

《导则》共分 12 章，主要技术内容包括：总则、术语、基本规定、目标与策划、场地规划、建筑、结构、材料、暖通空调、给水排水、电气与照明、智能化（《导则》技术框架见图 3.2）。

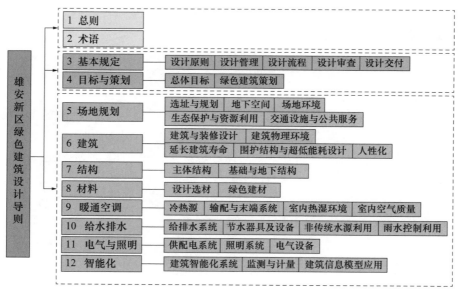

图 3.2 《导则》技术框架

条文类型分为"约束性要求"和"提高性要求"。"约束性要求"为雄安新区绿色建筑应达到的基本要求;"提高性要求"为根据项目条件宜选用的技术条件。《导则》整体扩展了绿色建筑内涵,体现了"以人为本"的理念,提高了关键性能指标,为雄安新区绿色建筑的高质量建设、高效管理模式提供了技术依据。

3.3.2 主要内容

(1)总则

明确《导则》编制的目的是为在雄安新区建设中坚持世界眼光、国际标准、中国特色、高点定位,建设绿色生态宜居新城区,规范绿色建筑设计。规定导则适用范围,明确雄安新区绿色建筑设计要求,强调导则与其他标准相协调。

(2)术语

对绿色建筑设计范畴所包含的新技术、新要求、新理念及所涉及的术语做出解释。为实现绿色建筑选材和装修的高标准要求,引入绿色建材、全装修概念,同时也引入了目前较为前沿的可见光通信和以太网供电(POE)的技术概念。

(3)基本规定

本章包括设计原则、设计管理、设计流程、设计审查、设计交付等内容,明确了绿色建筑设计各个阶段的设计要求。设计原则强调了绿色建筑设计应遵循的基本原则,包括关键指标的表征和控制、全寿命期、经济性、设计过程遵循的理念、各专业的配合、与建造间的融合与协同等。设计管理提出了采用建筑师负责制的全新设计管理机制,明确了各专业设计负责人应是本专业绿色设计的统筹人及第一责任人,对设计起到主导、协调、监督的作用。设计流程阐述了绿色建筑设计贯穿整个工程建设全过程各阶段需符合的要求。设计审查提供了设计的审查方式,提出在项目建设期间,应将项目绿色建筑主要指标与技术措施进行现场公示的要求。设计交付主要阐明了 BIM 设计文件数字化交付的相关内容。

(4)目标与策划

本章包括总体目标、绿色建筑策划等内容。对雄安新区绿色建筑项目提出总体目标。为实现雄安新区绿色建筑项目的设计目标,应在项目前期对绿色建筑设计进行全过程绿色策划。

(5)场地规划

本章包括选址与规划、地下空间、场地环境、生态保护与资源利用、交通设施与公共服务等内容。结合雄安新区特点,强调人与自然和谐共生的绿色设计模式,对场地规划设计提出新要求。重点对历史文脉传承、场地原有生态涵养用地提出保护要求,并对街坊尺度、街坊活力、地下空间自然采光和通风、场地宜居环境、低影响开发、行人视野中绿色植物占比、生态体系多样化设计、交通便捷、公共服务功能、构建社区—邻里—街坊三级生活圈、稳静化设计措施、新型公共交通系统无障碍接驳等进行了规定。

(6)建筑

本章包括建筑与装修设计、建筑物理环境、延长建筑寿命、围护结构与超低能耗设计、人性化等内容。要求建筑造型设计简约,场地、建筑、室内、标识和器具等应实行一体化设计,利用天然采光和自然通风并控制室内噪声,营造适宜建筑物理环境,注重围护结构与超低能耗设计,细化无障碍设计,突出人性化设计,增加了全龄人体工学的适应性要求，创新提出了延长建筑寿命，凸显"雄安质量"。

（7）结构

本章包括主体结构、基础与地下结构等内容。从建筑全寿命期考虑，提出了提高结构的安全性、耐久性的相关规定，强调绿色建筑不仅仅是节约资源，提高其安全富余量、提升其抵御风险的能力、延长建筑使用寿命也是一种绿色；引导设计人员采用较高设防水准的抗震性能化设计方法；考虑到雄安新区对地下空间利用的需求，对地下结构设计及防水设计提出更高要求。

（8）材料

本章包括设计选材、绿色建材等内容，对建筑选材及绿色建材提出了高标准要求。结合雄安新区条件，对就近取材、利废建材、可再利用材料和可再循环材料、建筑垃圾再生建材等提出具体要求。

（9）暖通空调

本章包括冷热源、输配与末端系统、室内热湿环境、室内空气质量等内容。结合我国相关标准，对暖通空调系统的设备能效、系统节能、排风热回收系统、室内热湿环境舒适性营造等提出设计要求。对室内甲醛、TVOC、PM_{10}、$PM_{2.5}$ 浓度指标进行约束，提高室内空气品质。

（10）给水排水

本章包括给水排水系统、节水器具及设备、非传统水源利用、雨水控制利用等内容。提出采用太阳能热水系统从建筑方案设计阶段开始进行一体化设计；提出直饮水设计要求，对人员饮用水提供更高质量保障；对市政再生水、雨水等非传统水源利用做了要求，增加采用非传统水源时的安全措施，以保障用水安全；强调优先使用雨水，对地表与屋面雨水径流做了要求，有利于促进海绵城市建设。

（11）电气

本章包括供配电系统、照明系统、电气设备等内容。为高效美观地利用可再生能源，提出了太阳能光伏利用一体化设计要求；充分考虑室内及室外照明对人群活动和健康的影响，对光源色温、频闪、一般照明光源的显色性、社区光环境等指标作出要求，指标优于国内标准；规定电气设备均需选用能效等级最高产品，保证产品使用寿命的基础上节约大量电能。

（12）智能化

本章包括建筑智能化系统、监测与计量、建筑信息模型应用等内容。为符合雄安新区同步规划建设数字城市、筑牢绿色智慧城市基础的要求，设置建筑智能化章节。对空调、照明、紧急呼叫、设备联动等智能化系统的控制内容做了要求；提出了采用POE供电国际先进新技术；强调使用人工智能技术，提高建筑高效协同运营和智慧管理。通过建筑的数字化，形成社区的数字化，最终支撑城市的数字化。

3.3.3 《导则》与国内外标准对比

与美国 LEED、英国 BREEAM、德国 DGNB、新加坡 Green Mark、日本 CASBEE、美国 WELL、澳大利亚 NABERS 等 7 部国外涉及绿色和健康的典型标准进行了对比。相比国外标准，《导则》既汲取了国外先进的绿色建筑理念及指标，又结合雄安新区区位特点，从内涵扩展、性能提升、体系完整等方面全方位进行技术创新，全面打造并保障雄安新区绿色建筑的"雄安质量"。

与国家标准《绿色建筑评价标准》GB/T 50378—2014、行业标准《民用建筑绿色设计规范》JGJ/T 229—2010、北京市《绿色建筑评价标准》DB 11/T 825—2015、北京市《绿色建筑设计标准》DB 11/938—2012 4部国内现行绿色建筑标准进行了对比，结果显示《导则》更加强调健康宜居，更加重视节能减排，更加凸显以人文本，更加突出因地制宜，扩展了绿色内涵，绿色建筑整体性能大大提升。同时，《导则》与《绿色建筑评价标准》GB/T 50378—2014的修订保持同步，衔接绿色建筑新评价指标体系的新要求。

3.4 关键技术及创新

3.4.1 技术理念目标

《导则》的编制形成五维度技术理念目标，具体如下：

（1）更加强调健康宜居。以提升百姓获得感和幸福感为出发点，在空气质量、用水品质、居住舒适等多方面强调雄安新区绿色建筑的健康宜居。

（2）更加重视节能减排。利用雄安新区的区位优势，通过被动式低能耗等建筑技术的应用及可再循环材料和可再利用材料的使用，实现更高要求的节能减排。

（3）更加凸显以人为本。坚持以人民为中心，聚焦人民需求，在健身条件、文化氛围营造、无障碍设施连续等方面，提供完善的设施条件，凸显雄安新区绿色建筑以人为本的理念。

（4）更加突出绿色建造。以全过程控制为目标，将装配式设计、全装修、高性能绿色建材等创新融入雄安新区绿色建筑的设计中，突出绿色建造。

（5）更加扩展绿色内涵。引入国际先进的绿色建筑理念，借鉴国内外先进标准，将低碳建筑、健康建筑、智慧建筑、海绵建设、绿色建材等先进技术及内涵融入雄安新区的绿色建筑中，扩展绿色建筑内涵。

3.4.2 主要创新点

主要创新点如下：

（1）绿色建筑内涵扩展。传统绿色建筑的内涵为"四节一环保"，而《导则》在传统绿色建筑内涵基础上，汲取国内外先进建筑技术和理念，对标国际标准，将绿色建筑的内涵进一步扩展。

（2）有效指导绿色建筑设计。设计人员对绿色建筑内涵的理解是绿色建筑高质量设计的关键。《导则》将扩展的绿色建筑内涵以绿色建筑策划、绿色建筑目标、按专业分类编排等形式予以呈现，既有助于建筑师整体决策绿色建筑性能，又能便于设计人员落实绿色建筑技术。

（3）绿色建筑的可感知。建筑服务于人，增强绿色建筑的可感知性是绿色建筑发展的重要方向。《导则》将绿色建筑的可感知性作为原则，强调绿色建筑的智能监测与结果发布，重视宜居环境的营造，以此增强绿色建筑的性能感知。

（4）定量化与定性化相结合。根据雄安新区的总体规划要求，一方面制定合理可行的定量化指标要求，明确相关技术的设计要点；另一方面，在保证绿色建筑性能基础上，给出定性化的设计要求，调动建筑师及相关设计师的主观能动性，给予其充分的设计创作空间。

3.4.3 先进性

《导则》先进性概括为目标先进、管理先进、理念先进、技术先进，具体体现为"一高、两低、三全、四化、五创新"。

（1）目标先进

1）诠释一高：高质量

诠释雄安绿色建筑的雄安质量：

① 管理方法高质量：从设计原则、设计管理、设计流程、设计审查、设计交付与回访等多环节制定基本要求，推进协同设计。

② 技术内容高质量：从内涵扩展、性能提升、体系完整等全方位进行雄安绿色建筑的技术创新。

③ 实施模式高质量：按照"约束性要求"和"提高性要求"两个层级创新绿色建筑设计模式，按图索骥，切实保障质量目标的实现。

2）达到两低：低能耗、低排放

① 低能耗：设置建筑能耗及能效两方面的具体要求，强调被动优先、主动优化的绿色建筑设计理念，提倡整体式低能耗设计。

② 低排放：采用可再利用、可再循环、利废建材，提倡建筑垃圾回用，构建绿色出行、降低能源资源消耗等，多方面降低碳排放。

（2）管理先进

践行"三全"：全过程工程咨询、全专业协同设计、全主体统筹管理。

1）全过程工程咨询：绿色建筑设计应贯穿整个工程建设全过程，包括前期策划、可行性研究、工程设计、施工配合、竣工验收等各阶段。

2）全专业协同设计：绿色建筑设计过程管理应体现共享、协调、集成的理念。规划、建筑、结构、给水排水、暖通空调、电气与智能化、室内设计、景观、经济等各专业应紧密配合。

3）全主体统筹管理：项目伊始即组建绿色建筑团队，成员应包括建设方、使用方、设计、咨询、施工、监理及物业管理等相关单位。项目建设采用设计总体总包机制，总包单位对项目绿色建筑设计进行统筹管理。

（3）理念先进

体现"四化"：性能化、人性化、长寿化、智慧化。

1）性能化：扩展绿色建筑内涵，提高关键技术指标，全面提升绿色建筑性能。

2）人性化：构建社区、邻里、街坊三级生活圈设计，无障碍精细设计，健康舒适环境营造设计，构建以人为本、宜居宜业的高品质绿色建筑。

3）长寿化：从同寿命部品、防水设计、结构可靠度、结构与设施分离、便于维护等多维要求，构成建筑长寿化设计要求。

4）智慧化：集成能耗计量监测管理、空气质量监测与发布、水质在线检测与发布、BIM 智慧运营管理等数字智能化设计。

（4）技术先进

实现五创新：街坊协同、空间延拓、全龄友好、健康舒适、绿色感知。

1）街坊协同：在建筑规划与设计、建筑功能、公共服务空间、绿地、广场等方面，与街坊协同融合。

2）空间延拓：既重视地上场地与建筑的绿色设计，又重视地下空间全方位创新，包括结构防潮、地下照明采光、结构安全等。

3）全龄友好：充分考虑母婴、儿童、老年人等涵盖全龄人群的空间需求，设置安全与便利设施。

4）健康舒适：通过室内声环境、光环境、热湿环境、空气品质、健身条件等方面的设计，建立舒适健康的生活环境。

5）绿色感知：利用专项设计及智能化手段，使绿色性能被充分感知，如活动场地遮阴、空气品质监测与发布、水质监测与发布、开放交流场地等。

3.5 实施应用

将《导则》在雄安新区市民服务中心项目和 20 个北京市高质量绿色建筑项目上进行试用分析，样本选取主要为多层及小高层建筑，建筑高度与雄安新区规划要求相近。试用结果显示，按《导则》执行的项目至少可达到国家标准《绿色建筑评价标准》GB/T 50378—2014 二星级水平。同时，通过技术对比发现，《导则》"约束性要求"的技术采用率平均可达 80% 以上，其绿色建筑技术易于落地实施，可操作性强。

3.6 结束语

为深入贯彻落实党中央、国务院对《河北雄安新区规划纲要》《河北雄安新区总体规划（2018—2035 年）》的批复精神，2021 年 8 月 30 日，河北雄安新区管理委员会发布《雄安新区绿色建筑高质量发展的指导意见》，推进绿色建筑在更广范围、更深程度、更高水平上实现高质量发展。《导则》结合绿色、低碳、生态、健康、智能的先进理念，构建了更加强调健康宜居、更加重视节能减排、更加凸显以人文本、更加突出因地制宜、更加扩展绿色内涵的雄安新区绿色建筑设计技术体系，提出了雄安新区绿色建筑的设计要求，《导则》在绿色建筑内涵扩展、有效指导绿色建筑设计、绿色建筑的可感知、定量化与定性化相结合等方面实现了创新，充分体现了"一高、两低、三全、四化、五创新"的先进性。《导则》是高起点规划和高标准建设雄安新区、强力支持"雄安质量"的重要技术标准支撑之一。

4 河北省《农村低能耗居住建筑节能设计标准》DB 13（J）/T 8374—2020

康熙[1] 赵士永[2] 滕仁栋[1] 白佳慧[1]
1 河北省建筑工程质量检测中心有限公司；2 河北省建筑科学研究院有限公司

4.1 编制背景和前期准备

4.1.1 编制背景

我国政府对城市居住建筑进行了节能率 30%、50%、65% 三步走的跨越式发展规划，目前河北省城镇居住建筑节能率执行 75% 节能标准，同时大力发展被动式超低能耗建筑，截至 2021 年 12 月，全省累计建设被动式超低能耗建筑项目 225 个、建筑面积 579.87 万 m^2，建设规模位居全国第一，全省城镇建筑节能已经取得了显著的成绩。从清华大学建筑节能研究中心发布的《中国建筑节能年度发展研究报告 2016》中可以看出，河北地区农宅冬季供暖能耗总量已经达到 1147.4 万 tce，供暖能耗约占生活总能耗的 63%。农村在历史传统、土地资源、生产方式、生活方式、自然条件等诸多方面都与城镇住宅有显著差异。而农村的建筑形式、人口构成，以及固有的生活模式、人员活动类型、资源特性、人员经济行为决定了农村人口与集中的城市人口不同的建筑使用模式、行为模式和室内热环境需求。因此农村建筑节能策略的制定和节能技术的开发不能沿袭"城镇路线"，农宅的建筑节能以及室内热环境的改善需要另辟蹊径，走出一条符合河北省农村实际的可持续发展之路。2014 年，河北省出台了《农村居住建筑节能技术标准》DB 13（J）/T 174，节能率要求达到 50%，2019 年发布实施的《农村住宅设计标准》DB 13（J）/T 8328 按节能率 65% 提出设计要求。为了进一步推动河北省农村地区低能耗建筑建设工作，河北省住房和城乡建设厅发布《2019 年度省工程建设标准和标准设计第一批制（修）订计划的通知》（冀建质函〔2019〕27 号）启动编制《农村低能耗居住建筑节能设计标准》。2020 年 9 月 26 日，河北省住房和城乡建设厅批准《农村低能耗居住建筑节能设计标准》（以下简称《标准》）为河北省工程建设标准，编号为 DB 13（J）/T 8374—2020，自 2021 年 1 月 1 日起实施。

4.1.2 前期调研

（1）国内调研

农村住宅能耗高主要是因为农村住宅建筑本体的建造水平低、围护结构的性能不符合节能设计标准以及农宅的不合理布局等。为了高质量编制本标准，编制组对河北省农村建筑从规划布局、结构形式、围护结构热工、能源利用、施工方式等方面进行了前期调研。

从建筑规划布局来看，农村住宅多为一层或二层独门独院，农村住宅建筑多为南北朝向。建筑室内分区主要有客厅、卧室、洗漱间（不带厕所）、厨房等，大多是合院类型。从建筑结构形式来看，目前农村常见的建筑类型多以砖混结构为主，随着河北省"禁实"工作的逐渐深入，农村建筑的墙体主体材料主要应用非黏土多孔砖。从围护结构热工来看，砖混结构的节能建筑模式主要是利用模塑聚苯板外墙外保温技术提高墙体的保温效果。河北省农村地区农宅外墙墙体厚度为240mm、370mm、490mm（砖墙），其中370mm砖墙使用最多，490mm厚砖墙占比最少。370mm砖墙的实测传热系数为1.6W/（m²·K），240mm砖墙的实测传热系数为1.709W/（m²·K），490mm砖墙的实测传热系数为1.325W/（m²·K）。如果墙体不做保温，其保温性能远低于节能设计标准的要求，外墙的保温性能很差。农宅以单层木窗为主，此外单层玻璃铝合金窗框、单层玻璃塑钢窗框的使用也比较广泛，它们传热系数在6.0～6.5W/（m²·K）之间，木、塑料、塑钢窗框、单层普通玻璃窗的传热系数在4.5～4.9W/（m²·K）之间。窗户朝向主要以南向和北向为主，90%的外窗没有保温措施，是农村住宅建筑最大的节能隐患之一。农村住宅的外门和院落的外门不同，农宅外门是室内和室外的分隔，是农宅围护结构中冷风渗透和侵入较为重要的部位。一方面由于农村生活和生产方式需要在院落和室内往返，农村居民使用室内外门次数较多，热量损失较严重；另一方面单层木门外门或者单层塑钢门外门使用较多，做工不精细，室内的热量会通过门缝损失，门框材料中木框占比高达78.6%。从能源利用形式上来看，在清洁供暖规划提出之前，河北省农村地区的生活用能大部分依赖煤炭，农村的供暖是燃烧各种形式的煤，如蜂窝煤、煤球、块煤，燃烧用具是一些效率较低的煤炉，例如小型家用锅炉，蜂窝煤炉等。2017年后农村地区进行了"煤改气""煤改电"工程，农村居民使用燃气壁挂炉、电暖器、空气源热泵等设备来进行取暖。

从以上介绍可以看出，农村住宅建造水平低、围护结构保温措施差、用能设备不合理等是农村能耗居高不下的重要因素。

（2）国外调研

德国在生态村实践中已进行了长达30年的探索。布拉姆威奇生态村于1996年建造，布拉姆威奇生态村的40户住宅属于低能耗建筑。节能规范EnEV规定，低能耗住宅的单位面积耗能不得超过70kW·h/m²，而节能生态村的耗能为59kW·h/m²，仅是普通德国居民家庭平均能耗（约197kW·h/m²）的1/3左右。假设在该低能耗住宅中30%的能耗来源于热水供应，则仅供热耗能将低于40kW·h，将节约650欧元左右。英国对农村建筑的墙体、屋面及门窗的保温机能等布局和供暖系统装备进行改良，同时对太阳能、风能等新能源进行充分的应用，也拟定比较严格的行业标准和范例规范农村住宅的建设。韩国低碳绿色乡村特征包括：一是全民参与，从规划、建设到管理需要全民参与和推进；二是能源节约，全民通过实行低碳生活方式、提高能源利用效率等，达到节约能源的目的；三是地区直接生产能量，在乡村地域范围内利用太阳能、风能等自然资源及生物质资源生产可利用的能量，提高地区自身能源生产能力。

（3）实际项目调研

为了高质量编制本标准，编制组对河北省已建成的节能农宅项目进行了走访调研，考虑到京津地区和河北地区属于同一气候带，编制组也对京津部分地区进行了学习调研，本文主要对河北唐山某低能耗农宅太阳能建筑示范房项目和北京沙岭村被动式超低能耗农宅项目进行介绍。

1）低能耗农宅太阳能建筑示范房项目

如图4.1，本项目位于唐山市曹妃甸经济开发区，由4座独栋的示范房组成，通过建筑节能技术和陶瓷太阳能供暖系统，满足建筑的供暖需求，提高居住舒适性。

在建筑节能技术方面，外墙、屋面分别选取70mm、80mm的聚氨酯保温板，外墙保温铺设至地坪以下300mm，传热系数分别为0.04W/（m²·K）和0.03W/（m²·K），显著低于标准限值。地面铺设60mm厚聚氨酯板，不仅解决了反潮的问题，同时阻止了室内热量向地下传导。外窗为中空双层塑钢窗，传热系数为0.98W/（m²·K），具有较高的太阳得热系数（SHGC）。外门为实木保温门，同时加设玻璃门斗，增强被动式得热。实测室内平均温度为19.5℃，日均建筑耗热量为40.8kW·h/d，折合单位供热面积的耗热量为20W/m²，节能效果显著。

图4.1 建筑外观实景图

12月1日~2月1日期间，对以上建筑节能技术的应用情况进行测试。测试期间太阳能日均供热量达26.8kW·h/d。太阳能保证率高达65.9%，具有较高的运行能效。日均电能投入为22.5kW·h/d。根据唐山市曹妃甸区的收费方式，日均电费为11.57元/天，采暖季电费为1399.76元，单位供热面积运行电费为16.86元/m²。按照调研的农村地区采暖季采暖费用一般在2000元左右来算，年均可节省运行费用400~500元（农宅按100m²）。

2）沙岭村被动式超低能耗农宅项目

如图4.2，北京市昌平区延寿镇沙岭村被动式超低能耗建筑为地上二层农宅，共计18栋。该项目一层采用聚苯板外墙外保温系统，外墙采用250mm厚石墨聚苯板带做保温层，石墨聚苯板导热系数为0.031W/（m²·K），墙体传热系数为0.123W/（m²·K）；二层采用40mm厚HVIP真空绝热板。外窗采用高效保温塑钢窗，整窗传热系数K为0.90W/（m²·K），

114

玻璃使用双 Low-E 中空充氩气的三玻两腔中空玻璃，玻璃结构为 4 + 14（TPS）+ 4 单银 Low-E + 14（TPS）+ 4 单银 Low-E，玻璃 K 值为 0.71W/（m^2·K），得热系数 g 值为 0.5。新风系统采用高效新风热回收设备。

图 4.2　沙岭新村被动房农宅项目

　　通过每月对燃气流量计量表的统计，对比出冬季用能与非采暖季用能的差异，得出用户冬季燃气数量及费用。调研用户冬季采暖用燃气费用为 1135～1318 元／年，对应建筑面积冬季采暖费用仅为 5.68～6.59 元／m^2，远低于市政热力供暖费用 30 元／m^2。

　　项目投入使用后，调研用户使用情况，通风系统和空调系统运行模式根据室内人员的起居时间和活动状态设置，新风系统根据用户需求进行分档调控，地板辐射采暖及分体空调可实现分室调控，按需开启运行。冬天室内温度能保持在 20～21℃，湿度在 50%～60%，CO_2 浓度 ≤ 1000ppm，$PM_{2.5}$ 处于 1～100μg/m^3，VOC 处于优良状态。实际记录证明，冬天的室内环境处于优化和舒适的状态。

4.2　主要技术内容

4.2.1　标准技术体系和编制原则

　　《标准》共包括 7 章（图 4.3），主要技术内容包括：1. 总则；2. 术语；3. 基本规定；4. 建筑布局与节能设计；5. 围护结构节能设计；6. 建筑设备节能设计；7. 照明节能设计。标准是在河北省农村居住建筑基础数据调研、节能技术研究和应用基础上，吸收了国内先进省市及河北省部分农村超低能耗居住建筑示范工程经验，按照经济优先、舒适低耗、简易便捷、技术先进的原则进行编制。

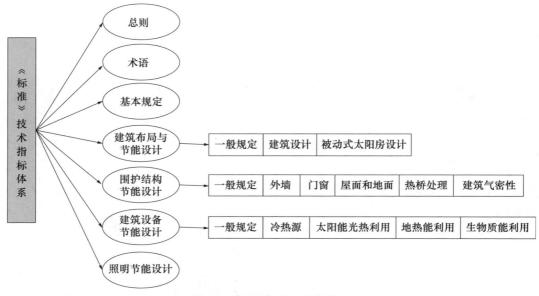

图 4.3 《标准》技术指标体系

一是经济优先。让老百姓既能建得起又能用得起的低能耗居住建筑，双"一"原则为：一个采暖季运行成本控制在 1000 元左右。

二是舒适低耗。室内计算温度从 14℃提高到 18℃，节能率提高至 80%（节能标准）。

三是简易便捷。让设计师应用简易，标准给出具体围护结构热工性能参数和设计措施、设备能效指标，不再对供暖耗热量指标、空调耗冷量、年供暖供冷照明一次能源消耗量等繁琐计算内容进行设计计算。另外要求供暖通风空调系统设计时应明确调适的相关内容及运维管控的要求，便于农户管理。

四是技术先进。引进建造新理念和新型设备系统的应用，如建筑设计考虑农村超低能耗居住建筑宜采用预制装配式结构、保温与结构一体化等新型结构体系与技术、空气源热泵、地源热泵等技术在农村建筑推广使用等。

4.2.2 标准的定位及适用范围

本标准适用于农村新建低能耗居住建筑的节能设计。本标准所指的农村居住建筑为农村集体土地上建造的用于农民居住的分散独立式、集中分户独立式（包括双拼式和联排式）低层建筑，不包括多层单元式住宅等特殊居住建筑。考虑到目前河北省农村居住建筑的特点，《标准》所指的农村居住建筑为 2 层及以下的建筑。

4.3 关键技术及创新

4.3.1 主要技术难点

（1）被动式设计。① 建筑功能布局节能。如提出房间功能完整，不宜将厨房、卫生间等房间与建筑主体分离设置，目的是减少农户进出房间，降低建筑能耗。严寒地区建筑出入口应设门斗，寒冷地区面向冬季主导风向出入口应设门斗。② 高性能外围护结构保温系统。如给出寒冷地区屋面 $K \leqslant 0.20\text{W}/(\text{m}^2 \cdot \text{K})$，外墙 $K \leqslant 0.25\text{W}/(\text{m}^2 \cdot \text{K})$，外窗 $K \leqslant 1.5\text{W}/(\text{m}^2 \cdot \text{K})$，外门 $K \leqslant 2.0\text{W}/(\text{m}^2 \cdot \text{K})$）。③ 提高外门窗气密性，提升整体建筑的气密性能。外门窗的气密等级应符合现行国家标准《建筑幕墙、门窗通用技术条件》GB/T 31433 的规定，其气密性等级不应低于 7 级。④ 消减热桥措施。对外墙热桥、外门窗热桥、屋面热桥、基础和地面热桥提出相关处理措施。

（2）主动式高能效能源系统。常用的一些供暖空调设备系统提高到一级能效指标，例如：当采用分散式房间空调器作为冷热源时，宜采用转速可控型产品，其能效等级应参考国家标准《转速可控型房间空气调节器能效限定值及能源效率等级》GB 21455—2013 中能效等级的一级要求。

（3）可再生能源系统应用。农村居住建筑利用可再生能源时，应遵循因地制宜、多能互补、综合利用、安全可靠、讲求效益的原则，选择适宜当地经济和资源条件的技术来实施。有条件时，农村居住建筑中应采用可再生能源作为供暖、炊事和生活热水用能。《标准》中对太阳能热利用、地热能利用、生物质能利用提出了具体的规定。

4.3.2 主要创新点

（1）《标准》定义农村低能耗居住建筑能耗水平应较基准农村节能居住建筑降低 60% 以上（节能率为 80%），主要从以下两点综合考虑：① 低能耗建筑定义。国家标准《近零能耗建筑技术标准》术语定义：近零能耗建筑是建筑能耗水平应较国家标准《公共建筑节能设计标准》GB 50189—2015 和行业标准《严寒和寒冷地区居住建筑节能设计标准》JGJ 26—2010 降低 60%～75% 以上，也即节能率为 86%～92%；超低能耗建筑是建筑能耗水平较国家标准《公共建筑节能设计标准》GB 50189—2015 和行业标准《严寒和寒冷地区居住建筑节能设计标准》JGJ 26—2010 节约 50%，也即节能率为 82.5%。因为低能耗没有明确的定义，所以我们定义低能耗建筑设计要求应按低于该节能率要求，将节能率定在 80%。② 结合河北省农村建筑节能技术标准。河北省《农村居住建筑节能技术标准》DB 13（J）/T 174—2014 节能率要求是 50%，2019 年发布实施的《农村住宅设计标准》DB 13（J）/T 8328 按节能率 65% 提出指标要求，考虑三本农村居住建筑节能要求应具有衔接性，以及在农村地区推广实际可操作性，节能率定在 80% 左右，即能耗水平较现行河北省标准《农村居住建筑节能技术标准》DB 13（J）/T 174—2014 降低 60%，即节能率达到 80%。

（2）冬季设计计算温度提高到 18℃，换气次数降低至 0.5h^{-1}。河北省《农村居住建筑节能技术标准》设计计算温度为 14℃，这个值基于早起调研，农村房子卫生间、厨房通常与主体房屋分开，农户经常进出房间，造成室内温度很难达到一个舒适的高值。本标准参考被动式超低能耗建筑标准要求（室内设计温度 ≥ 20℃），将设计计算温度提高到 18℃，依然低 2℃，但高于农村节能标准中规定的 14℃，适当提高了农村室内热舒适度，满足农户对美好生活的向往，也符合提高舒适性高质量的要求。房间换气次数同样是室内热环境的重要指标之一，这是保证室内卫生条件的重要措施。根据实测结果发现，如果门窗的密封性能满足现行国家标准《建筑幕墙、门窗通用技术条件》GB/T 31433 规定的 4 级，门窗关闭时，房间换气次数基本维持在 0.5h^{-1} 左右。由于农民有经常进出室内外的习惯，导致外门时常开启，冬季换气次数一般为 0.5～1.0h^{-1}。如果室内没有过多污染源（如室内直接燃烧生物质燃料等），此换气次数范围能够同时满足室内空气品质的基本要求，因此严寒和寒冷地区农村居住建筑的卧室、起居室等主要功能房间的计算换气次数取 0.5h^{-1}。

4.4　实施应用

为深入推动河北省农村住房建设品质提升工程实施，2021 年 10 月，河北省住房和城乡建设厅印发《进一步开展农村住房建设试点示范工作方案》（以下简称《方案》），在现有 28 个试点县（市、区）344 个农村住房建设试点村基础上，将范围扩大到每个县（市、区）确定 5 个试点村，通过全面开展农村住房建设试点示范，大力推广应用新型结构体系、绿色环保建造方式和建筑节能技术，促进农村住房建设品质提高和管理服务能力水平提升，改善农民群众生产生活条件。《方案》指出要推广绿色环保节能技术。结合当地实际，筛选适宜安全、建设经济、先进适用的新型结构体系、抗震设防措施和建筑节能技术等，形成技术集成清单，供农民群众选择。大力应用绿色节能技术，鼓励有条件的地方，采用农村低能耗居住建筑设计标准和被动式超低能耗居住建筑节能标准。

4.5　结束语

2021 年 9 月 14 日，《河北省住房和城乡建设"十四五"规划》提出，建设美丽宜居村镇，助力乡村振兴战略实施。10 月 21 日，中共中央办公厅、国务院办公厅印发《关于推动城乡建设绿色发展的意见》，其中指出，落实碳达峰、碳中和目标任务，推进城市更新行动、乡村建设行动，加快转变城乡建设方式，促进经济社会发展全面绿色转型，为全面建设社会主义现代化国家奠定坚实基础。《标准》的发布实施提高了河北省农村低能耗居住建筑节能工程的设计质量，促进了全省农村居住建筑节能低碳技术的发展，同时为农村低能耗建筑的设计环节提供了可参考依据，为推动全省美丽宜居村镇、乡村振兴、碳达峰和碳中和工作有序开展提供了有力的技术支撑。

5　青海省地方标准《青海省绿色建筑评价标准》 DB 63/T 1110—2020

马文生[1]　石莹[2]
1　建科环能科技有限公司；
2　中国建筑科学研究院有限公司建筑环境与能源研究院

5.1　背景与意义

5.1.1　背景

中国绿色建筑在近几年继续保持迅猛发展态势。《建筑节能与绿色建筑发展"十三五"规划》指出，到 2020 年，城镇新建建筑中绿色建筑推广比例大幅提高，城镇新建建筑中绿色建筑面积比重超过 50%，绿色建材应用比重超过 40%。截至 2018 年底，全国获得绿色建筑评价标识的项目累计 1.3 万个，建筑面积超过 14 亿 m^2，全国城镇累计建设绿色建筑面积超过 32 亿 m^2，2018 年当年绿色建筑占城镇新建民用建筑比例达到 56%。

近年来，我国中央政府及省市地方政府陆续出台了关于绿色建筑的发展政策体系，促进了我国建筑行业绿色发展和城市住区环境的改良。特别是在我国新区／新城和中心城区的建设，成为重要的建筑形式。"建筑节能—绿色建筑—绿色住区—绿色生态城区"的空间规模化聚落正在逐步形成。

绿色建筑已经成为建筑领域的主旋律，根据国家推动建筑行业的高质量发展的要求，国家标准《绿色建筑评价标准》GB/T 50378—2019 也已完成新一轮的修订工作，自 2019年 8 月 1 日起在全国范围内开始实施。青海省建设主管部门为贯彻落实党的十九大关于推进绿色发展的重要战略部署，积极推动省委"一优两高"战略部署和十三届六次全会精神，在绿色建筑发展领域积极促进生态文明建设，改善人居环境，及时启动了青海省《绿色建筑评价标准》的修订工作。

5.1.2　意义

《青海省绿色建筑评价标准》DB 63/T 1110 标准由青海省住房和城乡建设厅负责管理，是青海省绿色建筑评价的主要依据。《绿色建筑评价标准》GB/T 50378 作为我国绿色建筑评价的母标准，自标准第一版发布以来，青海省绿色建筑评价标准都以此标准作为基础，根据省内建筑领域的发展要求制修订省地方标准。根据《住房和城乡建设部关于发布国家标准〈绿色建筑评价标准〉的公告》，国家标准《绿色建筑评价标准》GB/T 50378—2019自 2019 年 8 月 1 日起在全国范围内开始实施。新版《绿色建筑评价标准》的修订工作确立了"以人为本、强调性能、提高质量"的绿色建筑发展新模式。在指标体系上，从"四节一环保"扩充为"安全耐久、健康舒适、生活便利、资源节约、环境宜居"5 个方面；在"以人为本"上，提高和新增了全装修、室内空气质量、水质、健身设施、垃圾、全龄友好等要求。新标准更加关注绿色建筑的高质量发展和以人为本的核心，积极响应中共中央办公厅、国务院办公厅印发的《关于建立健全基本公共服务标准体系的指导意见》的通知精神，聚焦人民群众最关心最直接最现实的利益问题，以提高保障和改善人民生活水平。修订标准将为青海省新时代高质量绿色建筑发展提供技术支撑，并作为青海省绿色建筑一星级、二星级评价的标准依据，推动青海省绿色建筑行业健康发展。

5.2 技术内容

5.2.1 修订内容概述

本次修订的主要内容包括：1. 重新构建了绿色建筑评价技术指标体系；2. 调整了绿色建筑的评价时间节点；3. 增加了绿色建筑等级；4. 调整评价方法；5. 拓展了绿色建筑内涵；6. 提高了绿色建筑性能要求；7. 根据青海省绿色建筑发展现状补充性能指标要求。

本标准的主要内容包括：1. 总则；2. 术语；3. 基本规定；4. 安全耐久；5. 健康舒适；6. 生活便利；7. 资源节约；8. 环境宜居；9. 提高与创新。标准技术体系框架详见图 5.1。

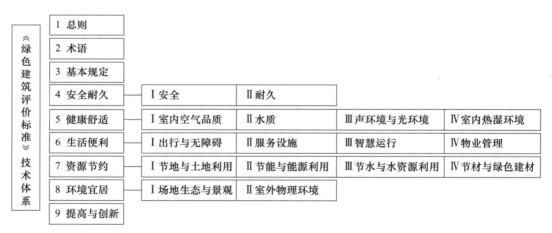

图 5.1 《绿色建筑评价标准》技术体系框架

5.2.2 标准修订技术路线

青海省《绿色建筑评价标准》修订应全面考虑国家标准修订的主要目的和重要内容，结合青海省绿色建筑在发展中的特色特点与发展方向，以新版国家标准为母版，融入地方特色，编写更适宜青海省现状的标准，在实际修订工作中坚持科学性、适用性、统一协调性的原则，同时保证标准的先进性、可操作性。主要技术路线如图 5.2 所示。

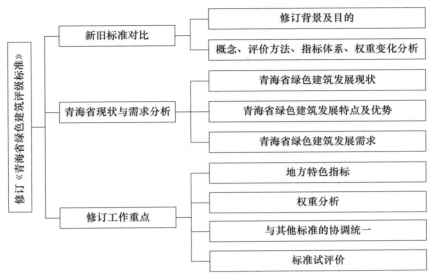

图 5.2 《标准》修订技术路线

（1）新旧标准对比

调研新国家标准修订的背景和主要目的，挖掘青海省在标准修订中的方向与诉求。《绿色建筑评级标准》GB/T 50378—2014 自实施以来，超过 10 亿 m^2 达到了绿色建筑的标准要求，在全国范围内的推广和普及起到了关键性作用，但在发展中也存在诸多问题，如设计标识多、运行标识少，技术落实情况无从得知，缺乏以人为本的人文关怀，建筑绿色性的可感知度不强等问题。新国家标准的修订：一是解决绿色建筑标准在应用和发展中存在的主要问题，二是伴随社会不断进步与发展，为了推动新时期、新时代高质量绿色建筑发展，要满足人民群众对优质绿色建筑产品的需要。在青海省标准修订工作过程中应结合国标修订的基本原则，配合青海省发展现状的调研，挖掘省内发展存在的问题，明确标准修订的方向与原则。

对比新旧标准在绿色建筑概念、评价方法、评价指标体系、指标权重等重要技术内容的变化。新版标准在评价方法和指标设置上相较旧版标准产生了较大的变化，通过新旧标准对比，深入理解新版标准变化中特点的体现，尤其是评价指标的确定、评价指标量化依据、权重的确定等关键技术内容的变化。同时对比已发布的新版地方标准和新版国家标准，借鉴先进省市的技术要求，为青海省标准修订中主要技术内容体系提供参考。

（2）青海省绿色建筑项目现状与需求分析

调研青海省绿色建筑评价认证情况，分析绿色建筑发展现状。调研青海省各地市目前已获得绿色建筑认证的项目关键指标信息，结合新国标评价指标，编制项目信息调研表，包括项目基本信息、关键技术指标、运行管理情况等，摸清青海省绿色建筑总体情况，以及当前青海省绿色建筑与新国标的技术要求间的主要区别和差距，为青海省标准修订中技术指标的量化、权重的确定提供参考。

调研青海省绿色建筑新时期发展方向及具体需求，提炼青海省新标准的地方特点。通过调研青海省绿色建筑在新时期发展的相关法律法规、标准体系、政策及规划等最新动向，总结青海省绿色建筑及相关领域的发展要求，提炼青海省建筑领域的差异化特点，为青海省标准修订提出更为因地制宜、更具地方特色的标准内容。

（3）青海省绿色建筑标准修订

青海省绿色建筑的修订宜继续以国家标准为母版，通过对新旧国家标准的对比以及对青海省绿色建筑情况的深入分析，吸取国家标准中适合青海省的技术要求，结合青海省地方特点，修订或细化适宜地方发展的技术指标。同时为绿色建筑的设计、施工、运行等配套标准的制修订，提供技术支撑。

为确保修订标准在青海省绿色建筑实际评价工作中的切实可行，确保标准提出的各项要求满足新时代高质量绿色建筑发展的需求，又不盲目提出过高要求，因此，在编制过程中拟对各典型类型建筑进行试评价工作，根据试评价结果验证标准的科学性、适用性，确保标准同时具备先进性。

新版国家标准在评价方法上有显著的变化，在试评价工作过程当中，配合主管部门给出新版绿色建筑在评价工作中的管理实施建议，保证新标准在颁布实施后、在实际应用中具有较高的可操作性。

5.2.3   调查研究的重点内容

（1）各地新地标修订情况

截至本标准发布前，河北省、河南省、上海市、重庆市、广西壮族自治区完成对地方《绿色建筑评价标准》的修订工作并发布了新地方标准。四川省在2020年6月发布针对新国标制定的《民用绿色建筑设计施工图阶段审查技术要点（试行）》，要求基本级绿色建筑应满足《审查要点》关于基本级绿色建筑相关审查要求。各地绿色建筑评价标准发布情况如表5.1所示。

各地绿色建筑评价标准发布情况 表 5.1

地区	标准名称	实施日期	与新国标差异
河北	《绿色建筑评价标准》DB 13（J）/T 8352—2020	2020.9.1	—
河南	《河南省绿色建筑评价标准》DB J41/T 109—2020	2020.7.1	提升与创新项增加了建筑节能与结构一体化、应用超低能耗、近零能耗、零能耗建筑标准进行设计、建造、运营两项加分项，重点鼓励绿色建筑采用新型建筑技术措施
上海	《绿色建筑评价标准》DG/T J08—2090—2020	2020.4.2	围绕绿色建筑指标的适用性、地方特色的体现性、评价方法的操作性展开，兼顾性能提升和用户感知。性能提升方面，标准强化了相关标准规范、管理要求，在重视资源节约和环境宜居的基础上，突出上海作为超大城市，对立体空间开发、利废建材应用、能源高效利用、智慧信息集成等方面的需求特征；用户感知方面，强化了设施安全耐久、人员健康舒适和环境生活便利等内容，增设了设施可靠、人车分流、水质保障、健身场地、车位配置、充电设施等评价指标
重庆	《绿色建筑评价标准》DB J50/T 066—2020	2020.7.1	结合地方特色进行性能提升，对防潮、防滑、抗震等方面要求更加明确，且性能进行提升；突出人性化设计，更加注重健康舒适；在资源节约方面，鼓励发展装配式建筑、被动式技术措施、绿色建材的使用；环境宜居突出绿化、禁烟等方面的需求
广西	《绿色建筑评价标准》DB J/T 45—104—2020	2020.11.1	—

1）《河南省绿色建筑评价标准》DB J41/T 109—2020 在性能方面保留了国标《绿色建筑评价标准》GB/T 50378—2019 指标要求，在提升与创新项增加了建筑节能与结构一体化、应用超低能耗、近零能耗、零能耗建筑标准进行设计、建造、运营两项加分项，重点鼓励绿色建筑采用新型建筑技术措施。

2）上海市《绿色建筑评价标准》DG/T J08—2090—2020 围绕绿色建筑指标的适用性、地方特色的体现性、评价方法的操作性展开，兼顾性能提升和用户感知。性能提升方面，标准强化了相关标准规范、管理要求，在重视资源节约和环境宜居的基础上，突出上海作为超大城市，对立体空间开发、利废建材应用、能源高效利用、智慧信息集成等方面的需求特征；用户感知方面，强化了设施安全耐久、人员健康舒适和环境生活便利等内容，增设了设施可靠、人车分流、水质保障、健身场地、车位配置、充电设施等评价指标。具体调整内容如下：

安全耐久方面对控制项增设了"室外明露等区域和公共部位有可能冰冻的给水、消防管道应有防冻措施"；评分项规定可变换功能空间采用可重复使用的隔断（墙）比例大于 50%；生活便利方面增设了物业服务企业或服务机构获得有关管理体系认证方面的得分项，并制定二次供水水质检测的管理制度，每季度对二次供水水质检测一次，并在二次供水设施清洗消毒后进行现场取样检测。

资源节约控制项方面对能源分项与分类计量提出了具体要求：

① 住宅建筑：采用集中供暖、空调系统的住宅，应在每幢建筑物或热力入口设置热计量表，每户（室）应设置室温调节和分户热（冷）量计量设施。

② 公共建筑：照明插座、空调、动力、特殊用电等各部分能耗应分项计量。单体建筑面积 1 万 m² 以上的新建国家机关办公建筑和 2 万 m² 以上的新建大型公共建筑应设置建筑能耗计量系统，并确保建筑能耗数据上传至上级能耗监测平台。

除此之外，500km 以内生产的建筑材料重量占建筑材料总重量的比例由新国标的 60% 提升至 70%。得分项增加了"采取措施降低过渡季节供暖、通风与空调系统能耗"。在卫生器具用水效率方面得分的起点为"50% 以上卫生器具的用水效率等级达到 1 级"，在节材与绿色建材方面，增设了"选用利废建材"。

环境宜居方面，评分项中增设海绵城市部分，对场地雨水年径流总量及污染进行控制。

提高与创新方面对室内环境舒适性、雨水调蓄提出了更高要求。

3）与新国标相比，重庆市《绿色建筑评价标准》DB J50/T 066—2020 结合当地实际情况进行了部分调整。由于重庆市气候潮湿，在安全耐久方面对建筑防水层、防潮层的设置提出更详细的要求；在室内外地面或道路防滑方面，得分起点由防滑等级不低于现行行业标准《建筑地面工程防滑技术规程》JGJ/T 331 规定的 Bd、Bw 级提升至 Ad、Aw 级。

健康舒适控制项方面增加了对游泳池水、非传统水源等的水质应满足国家现行有关标准的要求。得分项增加了对室内噪声级、围护结构隔声性能、光环境等级、人工冷源热环境等级、非人工冷热源热环境等级、室内空气品质满足更高要求的判定。生活便利评分项增加了对"设置自动体外除颤器、简易呼吸器、氧气瓶、自动洗胃机等急救医疗设施，并对相关物业、保安等服务人员进行专业培训"的判定。

资源节约控制项增加了内隔墙非砌筑比例、预制装配式楼板应用面积的要求，积极推进建筑产业化技术措施应用。评分项增加了对采用被动式技术措施的判定。除此之外，地标要求节水器具用水效率等级全部达到 2 级及以上。对绿色建材应用比例得分起点从 30% 提升到 60%。

环境宜居控制项增加了"幼儿园、中小学校全面禁止吸烟"。得分项增加了对"总体布局尊重并利用现状自然资源条件，保护生态环境，避免大填大挖"的判定，并对场地土石方工程量与防护工程量限值进行了要求。

提升与创新方面，对装配式建筑装配率得分起点由 35% 提升至 50%。绿色施工得分要点中减少混凝土损耗、加工钢筋损耗调整为通过重庆市智慧工地评价或认定，并增加了采用燃烧性能达到 A 级的免拆模板现浇混凝土建筑保温系统及配套模板安装支撑体系。其他方面增加了"合理采用高效能源供应系统""生活给排水采用智能管理系统，消防水泵房采用物联型消防供水泵房""应用新一代信息技术，设置建筑智慧运维系统""使用高星级绿色建材""采用满足条件的高性能建筑垃圾再生自保温砌体材料"，并将"采用节约资源、保护生态环境、保障安全健康、智慧友好运行、传承历史文化等其他创新，并有明显效益"条款的得分分配给增加项。

各地新标准的修订，更加体现了本次《标准》修订落实"以人民为中心"的新时期绿色建筑核心理念，充分调研了国内外绿色建筑标准体系发展和实践经验，总结本地气候资源条件和城市建设发展特征，构建了"安全耐久、健康舒适、生活便利、资源节约、环境宜居"五大绿色性能指标。在绿色建筑性能要求方面，各地均结合地域实际提升了绿色建筑性能要求。作为建筑业践行绿色发展理念的重要载体，绿色建筑是在全寿命周期内，节约资源、保护环境、减少污染，为人们提供健康、实用、高效的使用空间，最大限度地实现人与自然和谐共生的高质量建筑。它应在发展中保障和改善民生，不断满足人民日益增长的美好生活需要。

（2）青海省地方标准相较国家标准主要修订内容

1）绿色建筑除应在完成建筑工程竣工后进行外，要求参与评价的绿色建筑按照现行地方标准《青海省绿色建筑施工质量验收规范》DB 63/T 1769 的要求进行验收，确保绿色建筑的施工质量，该标准也将在本标准发布后同步进行修订。

2）细化"安全耐久""健康舒适""生活便利""资源节约""环境宜居"等章节中部分条款的得分要求。安全耐久方面，包括细化对于场地内交通系统的人车分流及照明措施的要求；健康舒适方面，增加控制项中对游泳池循环水、非传统水源等水质条件的要求、扩展控制项照明质量的参数要求，评分项中补充提出对影响室内热湿环境的气流组织的要求；生活便利方面，鉴于青海省高寒高海拔的地理位置及气候特征，增加对简易呼吸器、氧气瓶等急救医疗设备、相关物业、安保人员进行专业培训的要求；资源节约方面，补充控制项中对供热系统热计量的要求，调整集约用地的相关指标，及地下空间开发利用的比例要求，不删除冷却水使用非传统水源的得分要求、提出鼓励使用本地建材的要求及鼓励使用可再生能源利用技术；环境宜居方面，控制项新增对于幼儿园、中小学校等教育建筑应全面禁止吸烟的要求。

3）提高与创新方面，补充增加了青海省鼓励推荐使用的各类建筑技术，如被动式建筑技术，并细化技术依据标准和评分要求、青海省可再生能源如太阳能、风能等均属我国资源丰富地区，因此鼓励使用可再生能源建筑综合利用系统、被动式太阳房设计等技术，充分发挥资源条件优势，此外，青海省水资源属于较缺乏地区，鼓励有条件的居住小区，经过技术经济分析，合理采用中水回用系统。

5.3 应用情况或应用前景

我国绿色建筑历经 10 余年的发展，已实现从无到有、从少到多、从个别城市到全国范围，从单体到城区到城市的规模化发展，直辖市、省会城市及计划单列市保障性安居工程已全面强制执行绿色建筑标准。青海省绿色建筑实践工作稳步推进、绿色建筑发展效益明显，青海省住建厅、发改委及自然资源厅三部门于 2019 年 11 月 18 日联合发布《关于进一步推动绿色建筑发展的通知》（青建科〔2019〕411 号），通知中明确要求青海省全面执行绿色建筑标准。

5.4 结束语

标准修订编制组成员对《绿色建筑评价标准》GB/T 50378—2019 标准修订在绿色建筑概念、评价方法、评价指标体系、指标权重等重要技术内容的变化进行深入对比总结，并且通过项目现场、随机走访调研及文件资料调研等方式，结合青海省绿色建筑评价认证情况，分析绿色建筑发展现状，讨论并确定了标准编制工作的原则、程序、步骤和方法，并在广泛征求意见的基础上修订了本标准。

本标准的修订将进一步推动青海省绿色建筑性能的全面提升，创造优良的建筑室内热环境质量，提升建筑安全耐久性能的同时，持续降低建筑的各类资源能源能耗，创造更加舒适便捷的工作、生活环境。标准仍将继续带领青海省绿色建筑工作向高质量水平发展，标准的实施具有重要意义。

6 重庆市《绿色轨道交通技术标准》 DB J50/T 364—2020

丁勇[1] 侯依林[1] 张军[2] 廖袖锋[2]
1 重庆大学；2 重庆市轨道交通建设办公室

6.1 编制背景和前期准备

6.1.1 编制背景

近年来，我国大力推广城市轨道交通发展。2013年，《国务院关于加强城市基础设施建设的意见》提出了"以人为本、适度超前、统筹协调、因地制宜"的城市轨道交通线网规划编制基本原则，推进地铁、轻轨等城市轨道交通系统建设；同年，住房和城乡建设部发布《地铁设计规范》GB 50157—2013，促进地铁工程设计达到安全可靠、功能合理、经济适用、节能环保、技术先进的目的。2017年，《全国城市市政基础设施规划建设"十三五"规划》提出推进城市轨道交通建设，促进居民出行高效便捷。2018年，国务院办公厅印发《关于进一步加强城市轨道交通规划建设管理的意见》，牢固树立和贯彻落实新发展理念，按照高质量发展的要求，以服务人民群众出行为根本目标，持续深化城市交通供给侧结构性改革。相关政策规范的发布，极大地促进了轨道交通行业的有序发展。

截至2018年底，中国大陆地区共有35个城市开通城市轨道交通运营线路185条，运营线路总长度5761.4km。城市轨道交通车站建筑作为轨道交通线路的节点，随着城市轨道交通行业的发展也得以大规模扩张，截至2018年底，城市轨道交通累计投运车站总计3394座，其中换乘车站305座。据统计，2018年城市轨道交通全年累计完成客运量210.7亿人次，中心城市城市轨道交通客运量占公共交通客运总量出行比率超过30%，其中上海、广州、南京、深圳、北京、成都6个城市城市轨道交通客运量占公共交通出行比率超过50%。

就重庆地区轨道交通建设而言，重庆地区目前开通运营1号线、2号线、3号线、6号线，同时5号线一期北段及10号线一期也进入试运营阶段。至此，重庆市轨道交通运营里程从213km增至264km，继续位居中西部第一。目前，6条线路共建成车站156座，其中未开通30座，正式开通运营的有126座。根据《重庆市城乡总体规划》，至2050年，重庆市将建成18条轨道交通线路。届时，轨道交通总长约820km，其中主城区轨道交通线路约780km，主城区轨道交通线网密度约0.69km/km²。轨道交通占机动化出行比例为

45%，占公交出行比例为 60%。

地铁、轻轨等作为大运量的交通工具，在方便人们出行的同时，在建设和运营过程中也产生了大量的能耗。轨道交通系统总能耗主要包括电、燃气、燃油、水等能源，其中主要为电力消耗。据统计，2016 年全年社会总用电量为 59198 亿 kW·h，轨道交通总用电量 120 亿 kW·h，占社会总用电量的 2‰，且此比例呈逐年上升趋势。其中，环控系统、照明系统、电扶梯系统等车站设备系统能耗约占总能耗的 45%。此外，相关研究表明，轨道交通车站设计与运行偏差较大，设备长期处于非高效状态，系统与系统之间制约情况较为严重。由此可见，对于拥有众多能耗产业的城市轨道交通行业，其建设和运营具有非常大的节能潜力，节能优化技术前景广阔，对我国生态文明建设和降低运营成本具有十分重大的意义，绿色轨道交通势必成为未来轨道交通发展的重要方向。

目前，绿色发展成为社会热点。随着轨道交通行业的快速发展，如何提高轨道交通能效水平，落实节能减排的目标和责任，实现轨道交通的绿色发展，并未有相关文件规范明确指出，也因此成为近年来行业人士一直关注和重视的问题。在 2017 年，国务院印发"十三五"现代综合交通运输体系发展规划，指出要以绿色安全的原则加快发展城市轨道交通，实现资源集约利用和节能减排的目标。城市轨道交通的运营主要靠消耗电量，其电能的消耗是巨大的。因此，绿色轨道交通的技术指标体系的监理刻不容缓。编制《绿色轨道交通技术标准》，从规范层面上为轨道交通的绿色规划设计、施工建造和运营管理指明方向，指出在工程建设时的约束性指标和要求，客观地对项目进行评判，从而做到规范行业、引导发展的作用。绿色轨道交通技术导则的制定，将有力推进绿色轨道交通的规模化发展，对促进轨道交通行业全生命期的绿色发展具有引导与规范的双重作用。

重庆市住房和城乡建设委员会于 2020 年发布第 36 号公告，批准《绿色轨道交通技术标准》（以下简称《标准》）为重庆市工程建设推荐性标准，编号为 DB J50/T 364—2020，自 2021 年 2 月 1 期实施。

6.1.2 前期调研

（1）国内调研

目前对于轨道交通车站设计，主要依据《地铁设计规范》GB 50157—2013、重庆市《地铁设计规范》DB J50—244—2016 等轨道交通建筑相关的标准和要求，以及相关的公共建筑设计标准和要求。上述标准均对地铁的设计方面进行了相关规定，对于绿色车站部分的内容则较少涉及。我国"绿色城市轨道交通"概念是在推行"绿色建筑"和"绿色交通"理念的基础上发展而来的，绿色车站虽在《绿色建筑评价标准》中有所提及，但该标准主要针对各类民用建筑，并非专门针对车站建筑。车站建筑作为轨道交通乘客上下、候车和换乘的场所，其用能需求与环境保障需求与常规公共建筑具有明显的差别，在进行车站建筑设计时，参考《绿色建筑评价标准》存在较多的不适宜性。目前尚没有针对重庆市轨道交通发展特点的绿色发展方面的技术规程、要求，因此有必要针对重庆气候特征、地理特征以及车站建筑特点，综合编制形成重庆市《绿色轨道交通技术标准》。本《标准》编制内容主要参考的相关标准如表 6.1 所示。

（2）国外调研

在绿色评价体系方面，建筑行业是最早开始相关研究的行业之一，自 20 世纪 90 年代以来，世界各国都各自发展了不同类型的绿色建筑评价体系，为绿色建筑的实践做出了重大贡献，国外主要的绿色建筑评价体系如表6.2所示。绿色交通理念则是ChrisBmdshaw于1994年首次提出，该理念倡导绿色交通工具的优先发展，以此解决交通堵塞问题，减少能源消耗，营造舒适的城市出行环境。目前在绿色评价方面，美国LEED绿色建筑标准体系在地铁评价方面也有了一些应用。此外，印度绿色建筑协会（IGBC）于2014年启动了《绿色捷运系统评价标准》（IGBC：*Green Mass Rapid Transit System Rating*），该标准是第一个在新建地铁和新建单轨铁路系统中解决可持续性问题的评级标准，适用于各种地铁和单轨铁路项目，适用于地下站、地面站以及高架站。同时，IGBC也已发布了《绿色既有捷运系统评价标准》（IGBC：*Green Existing Mass Rapid Transit System（MRTS）Rating Version 1.0*）试用版，该标准的评价对象为运行满两年的既有捷运系统，主要由5部分内容构成，分别为选址与车站管理、用水效率、用能效率、室内环境与乘客舒适性、创新。

国内相关标准   表6.1

序号	标准名称	归口管理单位	状态
1	《地铁设计规范》GB 50157—2013	中华人民共和国住房和城乡建设部	发布
2	《城市轨道交通技术规范》GB 50490—2009	中华人民共和国住房和城乡建设部	发布
3	重庆市《地铁设计规范》DB J50—244—2016	重庆市城乡建设委员会	发布
4	《绿色建筑评价标准》GB 50378—2014	中华人民共和国住房和城乡建设部	发布
5	重庆市《绿色建筑评价标准》DB J50/T—066—2014	重庆市城乡建设委员会	发布
6	《长沙市绿色城市轨道交通评价标准》Q/CSGD 001—2013	长沙市轨道交通集团有限公司	发布
7	《长沙市轨道交通绿色车站设计导则》Q/CSGD 002—2013	长沙市轨道交通集团有限公司	发布
8	《长沙市城市轨道交通绿色运维指引》Q/CSGD 003—2013	长沙市轨道交通集团有限公司	发布
9	北京市《轨道交通节能技术规范》	北京市交通委员会	在编

国外主要绿色建筑评价体系   表6.2

序号	评价体系	国家及地区	评价对象
1	BREEAM	英国	新建和既有建筑
2	LEED	美国	新建和既有建筑
3	CASBEE	日本	新建和既有建筑
4	GBTool	加拿大等多国	办公、住宅、学校、工业建筑

（3）实际项目调研

编制组对重庆城市发展状况及相关绿色化产业发展情况进行了调研，同时根据重庆市的地形地貌、气候特点，确定了重庆市绿色轨道交通主要应解决的问题集中在轨道交通能源消耗大、内外环境满意度不高、运行管理智慧化程度不够及人性化设施不够完善等几个方面。并据此明确了轨道交通绿色化发展框架，确定了设计施工适宜化、环境保障健康化、能源系统高效化、运行维护智慧化、配套设施人性化的五位一体的绿色轨道交通发展要点。

6.2 主要技术内容

《标准》共包括8章，主要内容是：1.总则；2.术语；3.基本规定；4.绿色车辆；5.土建工程；6.车辆基地；7.机电设备；8.施工管理，建立了安全耐久、健康舒适、生活便利、资源节约、环境宜居五个方面的轨道绿色化发展体系。《标准》框架如图6.1所示。

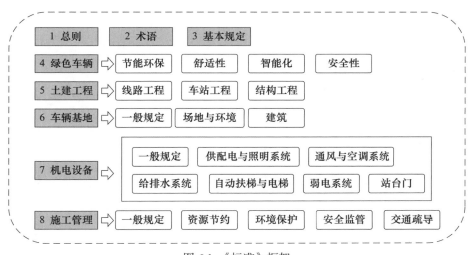

图6.1 《标准》框架

第1章总则由4条条文组成，对《标准》的编制目的、适用范围、技术选用及执行原则分别进行了规定。其中，在适用范围中指出，本《标准》适用于重庆市轨道交通的绿色化设计、施工及运营。

第2章列出了本标准中采用的现行标准中尚无统一规定，且需要给出定义或含义的九个术语（代号、缩略语）。其中，绿色轨道交通是指包括车辆、车站、区间、车辆基地、机电设备在内的各组成部分，在轨道交通全寿命期内均满足安全耐久、服务便捷、健康舒适、环境友好、资源节约等绿色化要求的轨道交通。

第3章基本规定由7条条文组成，阐述了轨道交通绿色化发展的基本理念，明确了绿色轨道交通建设的适用范围以及发展要点，规定绿色轨道交通技术应贯穿于其规划、设计、施工、运营等各个阶段，各专业应相互配合，综合考虑轨道交通全寿命期的技术与经济特性。

第4章绿色车辆从节能环保、舒适性、智能化、安全性四个角度出发，明确了车辆牵引、材料、结构及内部环境等相关要求，同时对车辆内部信息显示及人性化设计进行了相关规定。

第5章土建工程分为线路工程、车站建筑以及结构工程三个部分，对线路工程设计、车站建筑设计以及车站结构工程相关要求进行了规定。其中，车站建筑部分主要包括车站选址、车站内外环境、无障碍设施及导向等内容。

第6章车辆基地分为一般规定、场地与环境以及建筑三个部分，明确了车辆基地场地及环境、车辆基地内部建筑及民用建筑功能用房的相关要求，规定车辆基地设计应综合考虑重庆山地城市特点、建设目标、控制成本、投资配比、功能配比、资源共享与空间高效利用、设计技术措施。

第7章机电设备由7个部分组成，除一般规定外，对供配电与照明系统、通风与空调系统、给排水系统、自动扶梯与电梯、弱电系统、站台门进行了相关规定。其中，弱电系统部分明确了与能源管理平台相结合的能耗管理系统的相关要求。

第8章施工管理分为一般规定、资源节约、环境保护、安全监管以及交通疏导5个部分，明确了施工过程中资源节约与环境保护的相关要求，并对施工过程中交通疏导措施进行了规定。

6.3 关键技术及创新

6.3.1 主要技术难点

（1）重庆作为山地城市，地形起伏大，地铁线路坡度大，弯多坡多，穿越厚填方、深基坑、高地坡段，隧道埋深大，造成地铁工程设计施工比较复杂，车站建造、区间隧道挖掘、线路转弯、车辆性能提升等方面面临巨大的挑战。同时由于重庆地形狭窄，城市用地分散，路网不规则，使得线路、建筑布局很难在平面上拓展和开发。

（2）重庆地区在气候区划分上属于典型的夏热冬冷地区，夏季炎热且潮湿、冬季寒冷且阴晦，四季分明。该地区轨道交通车站建筑和车厢内部对于室内环境保障与能源高效利用的交叉矛盾与实施难度较大。在有限的资源条件下，如何利用先进的节能技术、创新性地解决天气条件限制带来的一系列问题也是编制组面临的难题之一。

6.3.2 主要创新点

（1）根据重庆市地形地貌、气候特点、城市发展状况及相关绿色化产业发展情况，确定了适用于轨道交通的各项绿色化措施手段相关要求的量化指标，对其中环境质量、机电设备能耗等级、绿色建材的运用等相关要求，参考绿色建筑、绿色施工、绿色建材等相关规范的现行要求，在现行轨道交通建设标准基础上进行完善和提升，并对其中发展体系较为完整、统计数据全面的技术手段或相关参数进行了量化；对其中难以定量的相关要求，一部分为轨道交通建设过程中的原则性要求，另一部分作为新的理念与技术被引入轨道交通领域，在条文说明中给出了可采用的措施手段，使轨道交通绿色化发展要求更高、可操作性更强。

（2）标准涵盖了轨道交通的全流程设计，主要包括车辆、车辆基地以及车站建筑等内容，实现了轨道交通设计的全覆盖，同时综合考虑了标准的适用性及推广性，标准编制框架按照线路、车辆、建筑、结构、给水排水、暖通空调、电气、通信、信号等各专业相关内容进行划分，落实了各专业相关技术在实施过程中的要点及责任，使得工程实操性更强，也为绿色轨道交通后续发展提供了借鉴与思路。

（3）综合考虑了重庆地区的地理气候资源条件与建筑现状，以实际的公共建筑能耗数据为基础，采用数理统计方法，研究制定了符合当前重庆市公共建筑用能情况的公共建筑能耗指标。重庆市作为国家级公共建筑节能改造示范城市，此次制定《绿色轨道交通技术标准》，有助于推动建筑节能工作深入开展。对于控制重庆市公共建筑能源消耗总量，实现节能减排，促进建筑节能改造、催生建筑碳交易均具有重要意义。

6.4 实施应用

重庆市住房和城乡建设委员会于 2020 年发布第 36 号公告，通知各区县（自治县）住房城乡建委，两江新区、经开区、高新区、万盛经开区、双桥经开区建设局等有关单位，批准《绿色轨道交通技术标准》为重庆市工程建设推荐性标准，自 2021 年 2 月 1 日起施行。

《标准》的编制，从规范层面上为车站的绿色规划设计和运营管理指明了方向，通过工程建设时的约束性指标和要求，客观地对项目进行评判，规范车站行业的规划设计和运行管理，推进绿色轨道交通的规模化发展，具有引导与规范的双重作用。标准的形成将妥善解决由于普通车站导致的各类民生问题，保障出行条件，改善人民生活质量，降低生态破坏，引导市场向绿色产业转变，实现人与自然和谐发展。这对于促进建筑行业绿色发展，提升建筑性能水平，增强人民福祉，有重要的意义和推动作用。

与此同时，《标准》的编制，通过对建筑设计、设备系统、室内环境、结构材料和运行管理的要求，可实现轨道交通行业的可持续发展。新技术和新材料的使用，虽然增加了投资净现值，但从其节约能耗、提高资源利用效率方面综合分析，在建筑的全生命期内，能够获取更多的节能、环保收益，推动了绿色轨道交通经济发展，保证了绿色轨道交通经济效益不断提升。

6.5 结束语

重庆市工程建设标准《绿色轨道交通技术标准》DB J50/T 364—2020 重点针对轨道建设中材料、围护结构热工性能、设备性能等绿色化指标进行了指标明确和量化要求，充分贯彻了生态优先、绿色发展理念，建立了轨道绿色化建设技术体系，提出了重庆市绿色轨道交通的发展要求和引导性指标。该标准的实施将落实重庆市轨道交通发展的绿色化措施，推动轨道交通建设向着高质量、高标准、高性能方向发展。

7 重庆市《大型公共建筑自然通风应用技术标准》DB J50/T 372—2020

丁勇[1]　胡玉婷[1]　龚毅[2]　何丹[2]

1　重庆大学；2　重庆市住房和城乡建设委员会

7.1　编制背景和前期准备

7.1.1　编制背景

建筑能耗作为主要能耗之一，占据了全球能源使用总量的 20%～40%。传统的空调为了维持室内热环境呈热中性，将室内温度设定在一个很窄的范围内，这不仅会导致建筑能耗增加，同时也会引起室内空气品质下降、病态建筑综合征等一系列问题。环境恶化、资源浪费，促使建筑设计寻求新的突破。

建筑通风，是指采用自然或机械方法使空气可以穿越房间，依靠气流的流动带走室内多余的热量，给室内提供更多的新鲜空气。无论是自然还是机械通风，已被证明不仅是改善空气质量和热舒适性的有效解决方案，而且也可用于冷却室内空间和减少建筑冷负荷，即通风冷却。而自然通风作为一种被动式建筑技术，能够在不消耗能源的情况下改善室内环境，其具备最贴近自然、不消耗能源的特点，尤其受到建筑室内环境改善和建筑节能工作的重视。在重庆市的相关建筑节能标准中，都将自然通风的应用作为建筑节能的一项重要技术手段予以规定和实施。

2020 年初，新型冠状病毒疫情使得人们更加意识到自然通风的重要性，尤其对于人流量较大、人员密集的公共建筑，最重要的防御措施是尽量保证良好的通风，加大新风，稀释空气中的污染物，降低感染风险。各级政府、相关部门相继出台新冠疫情下集中空调通风系统设计与运行管理相关标准及政策，这些防疫指南大多建议开窗增强自然通风。但由于建筑结构类型多样而且比较复杂，尤其是大型公共建筑，其体量大、进深大、功能复杂、布局多变，开窗通风不一定能够达到良好的通风效果。

通风尤其是自然通风要想实现改善室内空气环境的作用，需要综合考虑气候资源条件、建筑功能需求、建筑与系统综合设计等多方面因素。因此，为了促进自然通风技术在改善重庆市公共建筑室内空气质量合理实施、保证公共建筑通风作用下的环境质量提升、形成合理的公共建筑自然通风技术规定，有必要针对重庆的气候特点、典型公共建筑功能需求特征，综合编制形成重庆市《大型公共建筑自然通风应用技术标准》。

重庆市住房和城乡建设委员会于 2020 年发布第 40 号公告，批准《大型公共建筑自然通风应用技术标准》（以下简称《标准》）为重庆市工程建设推荐性标准，编号为 DBJ50/T 372—2020，自 2021 年 1 月 1 日起施行。

7.1.2 前期调研

（1）国内调研

自然通风作为建筑节能的一项重要技术手段，受到室内环境改善和建筑节能工作的重视，大量学者对建筑通风（包括自然通风、机械通风以及复合通风）设计进行了研究，建筑通风的节能率以及对室内热舒适、空气质量的改善已经得到了大量的验证。但就标准及相关政策而言，我国尚未有完全针对建筑通风的标准规范，仅在有关规范中少量涉及对建筑通风的设计要求，在对建筑通风进行设计时，参照主要标准规范如表 7.1 所示。

国内相关标准   表 7.1

序号	标准名称	归口管理单位	状态
1	《住宅设计规范》GB 50096—2011	中华人民共和国住房和城乡建设部	发布
2	《建筑防烟排烟系统技术标准》GB 51251—2017	中华人民共和国住房和城乡建设部	发布
3	《人民防空地下室设计规范》GB 50038—2005	中华人民共和国住房和城乡建设部	发布
4	《民用建筑热工设计规范》GB 50176—2016	中华人民共和国住房和城乡建设部	发布
5	《民用建筑供暖通风与空气调节设计规范》GB 50736—2012	中华人民共和国住房和城乡建设部	发布
6	《地铁设计规范》GB 50157—2013	中华人民共和国住房和城乡建设部	发布
7	《公共建筑节能设计标准》GB 50189—2015	中华人民共和国住房和城乡建设部	发布
8	《民用建筑设计统一标准》GB 50352—2019	中华人民共和国住房和城乡建设部	发布
9	《民用建筑绿色设计规范》JGJ/T 229—2010	中华人民共和国住房和城乡建设部	发布
10	《夏热冬冷地区居住建筑节能设计标准》JGJ 75—2012	中华人民共和国住房和城乡建设部	发布

（2）国外调研

基于健康和建筑节能的双重控制目标，自 20 世纪 70 年代起，美国、欧盟各国、英国、日本等国家相继开展建立和完善室内空气品质的立法工作，形成了不同体系的室内空气质量控制标准，在此基础上，各国形成了各自的通风标准和体系。对比不同国家关于通风量和换气次数的规定，可以发现以下特征：① 大多数国家在其通风规范中都规定了整个建筑的最小通风量和换气次数，但不同国家所要求的标准值不同；② 对通风量进行计算时，考虑了房间面积、房间数量、居住人数等因素；③ 考虑了建筑所采用的通风方式，各国通风标准中均规定功能性房间采用机械通风；④ 各国对通风规范的执行要求不同，大多数国家只作了一般性要求，而瑞典、法国、日本等，通风法规为强制性要求（表 7.2）。

国外相关通风标准   表 7.2

序号	标准名称
1	ASHRAE Standard 62.1—2016 Ventilation for Acceptable Indoor Air Quality
2	ASHRAE 62.2—2016 Ventilation and Acceptable Indoor Air Quality in Residential Buildings

133

序号	标准名称
3	International Building Code, 2018
4	International Mechanical Code
5	Swedish Building Regulations BBR 94
6	The British Building Regulations, 2002
7	The Japanese Building Code, 2003

（3）实际项目调研

通过对国内外标准以及相关文献的调研整理，得到了建筑通风设计相关的主要影响因素，即当地气候及建筑设计。为更好地了解重庆地区气象资源和重庆市公共建筑的通风设计现状，《大型公共建筑自然通风应用技术标准》编制组分别针对上述两个因素开展了实验调研和问卷调查。

实验针对重庆地区自然通风潜力开展研究，采用自然通风度时数这一评价指标，结果表明，重庆地区自然通风度时数占全年50%左右，具有一定的自然通风潜力。但编制组在对包括写字楼、商场、综合医院、教学楼、酒店共10栋大型公共建筑的调查中发现，建筑中存在新风量不足、空气质量较差等问题。为有效解决这一问题，掌握重庆市公共建筑设计的常规做法和基本设计信息，编制组组织对重庆市主要设计机构进行了公共建筑通风设计调研。调研涉及建筑基本信息（建筑类型、朝向、进深、面积等）和主要功能房间通风设计（通风开口有效面积、外窗形式、通风量等）等方面共19个问题，收集有效问卷共55份。根据问卷分析，目前重庆市公共建筑主要存在以下问题：

1）没有充分利用建筑设计提高通风效果：目前在重庆市的公共建筑中，利用通风中庭、天井等形式促进自然通风设计比例仅为24%；

2）目前的通风设计，往往只是进行开口设计，没有具体效果分析，而自然通风受建筑布局、风向等因素的影响，可能导致建筑开口形同虚设；

3）最小新风量远小于消除室内余热余湿所需通风量。

7.2 主要技术内容

《大型公共建筑自然通风应用技术标准》（以下简称《标准》）共包括7章，分别为：1.总则；2.术语；3.基本规定；4.室外环境；5.通风计算；6.通风设计；7.运行管理，涉及建筑、室内装饰、园林景观设计和暖通多个专业。《标准》框架如图7.1所示。

第1章总则由4条条文组成，对《标准》的编制目的、适用范围以及执行相关标准的要求分别进行了规定。其中，本《标准》中大型公共建筑是指：1.交通建筑（不含地下站、厅）、会展中心、展览馆、科技馆、图书馆、青少年活动中心、体育场馆等面积较大、同一时间聚集人数较多的建筑；2.医疗卫生建筑中的门诊部、候诊室；3.其他公共建筑中投影面积大于500m²的贯通多层的室内大厅。

第2章术语列出了本《标准》中采用的需要给出定义或含义的术语，包括自然通风、机械通风、复合通风、穿堂风、单侧通风、热压、风压、通风量、换气次数、室内空气质量、风速放大系数、自然通风路径、地道风、中和界、平面单元通风模式、竖向单元式组合通风模式、空气龄、正压区、动力阴影区共19个。

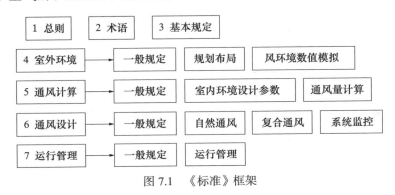

图 7.1 《标准》框架

　　第 3 章基本规定由 7 条条文组成，明确了公共建筑中满足通风设计的基本要求：通风目的、通风路径、消防、空气质量的要求，同时提出建筑、室内装饰、园林景观设计和暖通等多个专业密切配合的要求。

　　第 4 章室外环境提出，在建筑通风设计中应重视规划布局，结合地形地貌进行自然通风设计。通过典型建筑布局的模拟，得到不同布局形式下建筑的通风效果，当建筑的布局形式不利于建筑自然通风时，应进行场地内风环境数值分析。本章详细介绍了室外风环境数值分析方法以及风环境分析的具体内容。

　　第 5 章通风计算明确了从维持室内 CO_2 浓度限值、消除室内污染物、消除室内余热的角度计算室内所需通风量。本章根据气象站实测气象数据，统计了重庆主城区 2~8 点、8~14 点、14~20 点以及 20~次日 2 点月平均温湿度，以供工程应用参考。

　　第 6 章通风设计明确了采用"中和界法"量化部分情况下热压通风进、排风口面积，并列举了不同类型窗户的通风开口有效面积。本章结合重庆地区常年风速较低的特点，提出了天井、中庭等通风辅助措施以及被动式通风技术、地道风等特色技术。同时，为保证室内空气质量以及室内环境舒适、保障人体健康，要求对室内外环境并明确指出了室内外监测参数。

　　第 7 章运行管理提出了建筑的通风策略，明确了建筑在使用过程中需要对室内空气品质进行监测、对通风系统定期清洗维护，以保障通风及控制系统的正常运行。

7.3　关键技术及创新

7.3.1　主要技术难点

（1）建筑通风量的合理确定

　　公共建筑类型多、功能复杂，各类公共建筑的性能需求不一。在对建筑进行通风设计时，如果仅以新风量来考虑，将难以满足消除室内余热、稀释室内污染物以及防疫的需求。因此，在确定建筑通风量时，需要综合考虑新风、污染、防疫、降温等需求。

（2）自然通风的效果保障

自然通风根据其作用力类型，可分为风压作用下的自然通风、热压作用下的自然通风以及风压与热压共同作用下的自然通风。重庆地区常年风速较小，静风率高，且风速和风向经常变化，而热压通风需要室内外空气具有一定的密度差，因此，风压和热压存在一定的效果不可控性，为保障自然通风的效果，需要结合建筑进行设计。

7.3.2 主要创新点

（1）室外气象条件是影响一个地区自然通风潜力的重要因素，建筑所在地的气象参数是风环境和自然通风潜力分析的依据之一。《标准》总结了多年来在科研工作中的实测数据，列出了重庆市主城区某局地微气候环境月平均温湿度以及不同时间段的平均温湿度，以供工程应用参考。

（2）重庆是典型山水城市，建设用地中靠山坡地和临江滨水地较多，且重庆地区常年风速较低。《标准》基于重庆实际情况以及坡地建筑的特点，根据工程中的设计经验，对建筑的规划、设计、布局等设计要点提出了要求。此外，《标准》强调建筑的通风设计应重视前期规划布局以及各专业（建筑、室内装饰、园林景观设计和暖通等）的深度融合。《标准》根据各专业特点，对建筑自然通风设计进行了大致分工：建筑设计、室内装饰设计和园林景观设计主要对建筑的朝向、造型、布局、开口、通风路径等要素进行考虑；暖通设计主要负责计算确定通风量、分析通风效果，依据通风量确定必要的通风路径尺寸等。

（3）《标准》针对不同的需求和对象，分别确定了满足人体呼吸需求、热舒适要求以及保证室内空气品质要求的通风量的计算方法和取值。

7.4 实施应用

本标准综合考虑了重庆地区的地理气候资源条件与建筑通风现状，以实际的调研为基础，研究制定了符合当前重庆市地形气候特点的通风措施。《标准》明确了有关单位如建设单位、设计单位、施工图审查机构、施工监理单位以及物业服务单位或房屋管理机构在推动《标准》执行过程中的责任划分，对于人员密集型建筑和大空间建筑，包括交通建筑、会展中心、展览馆、科技馆、图书馆、青少年活动中心、体育场馆等面积较大、同一时间聚集人数较多的建筑，以及医疗卫生建筑中的门诊部、候诊室和其他公共建筑中投影面积大约500m² 的贯通多层的室内大厅，《标准》将会引导其利用自然通风，减少建筑能耗的同时改善室内环境，对重庆市大型公共建筑在自然通风方面提出具体可操作、可控制的技术措施。

7.5 结束语

《标准》根据重庆地形气候特点，针对大型公共建筑，确定了对象属性，明确了设计要求，提供了设计依据，规定了设计做法，有助于规范和引导重庆市大型公共建筑自然通风的合理高效利用，提高室内空气质量。

8 《绿色超高层建筑评价标准》
T/CECS 727—2020

韩继红[1]　范宏武[1]　安宇[1]　邱喜兰[1]
1　上海市建筑科学研究院有限公司

8.1 编制背景和前期准备

8.1.1 编制背景

超高层建筑在我国已进入前所未有的快速发展期，根据CTBUH全球高层建筑数据库，2018年全球有143栋高度超过200m的建筑竣工，我国占其中的88栋，占比达到61.5%。截至2019年，我国已建成的超高层建筑数量达到1916栋，正在规划或建设中的高度超过200m的超高层建筑数量达到420栋。常规超高层建筑能源资源消耗相对较大、室内环境品质相对不高、室外微气候负面影响相对明显，常常"建成即改造"，不利于我国双碳目标的实现。因此，如何促使超高层建筑向绿色低碳可持续转型发展，就成为现阶段必须解决的世界性难题。

虽然我国已颁布并实施的《绿色建筑评价标准》对规范和引导绿色建筑的健康发展起到了积极的推动作用，但由于超高层建筑自身的独特特征，难以直接采用现行国家标准对其进行科学合理的绿色性能评价。为更好地引导超高层建筑向绿色化转型，实现超高层建筑的高质量发展，中国工程建设标准协会于2018年立项，由上海市建筑科学研究院有限公司与住房和城乡建设部科技与产业化发展中心联合主编《绿色超高层建筑评价标准》。

中国工程建设标准化协会于2020年7月发布第652号公告，批准《绿色超高层建筑评价标准》（以下简称《标准》）发布，编号为T/CECS 727—2020，自2021年1月1日起施行。

8.1.2 前期调研

在标准编制初期，编制组主要通过四种途径对超高层建筑的特征进行鉴别与重点问题研究（如图8.1所示）：1）通过资料调研，分析超高层建筑的能源资源消耗情况；2）通过全国调研，分析超高层建筑建设存在的共性问题；3）通过现场走访，确定超高层建筑实际运行过程中存在的相关问题；4）通过专家问卷调查，确定各专业领域关注的焦点问题。

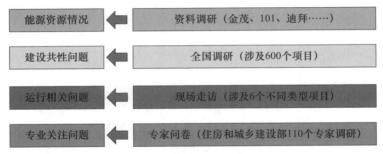

图 8.1　超高层建筑特征分析途径

编制组曾于 2012 年集中对北京、天津、吉林、辽宁、河北、陕西、湖北、福建等部分省市的超高层建筑建设情况进行调研，了解到这些省市中高度超过 100m 的建筑项目有 600 余项，其中处于设计阶段的有 10 项，建设中的有 200 余项，处于竣工验收阶段的有 50 余项，已投入使用的有近 350 项，说明我国超高层建筑不仅保有量较大，且新增的数量也较多，因此可以预测我国的超高层建筑在一段时期内仍将呈现较强的增长态势。

通过资料调研与现场走访发现，超高层建筑一般具有如下特征：1）一般处于繁华市区，可用土地资源受限；2）对周围风环境、光环境、热环境以及交通等会产生较大影响；3）结构承载设计要求高；4）风压、热压效果明显；5）玻璃幕墙外围护较为常见；6）人员、物品等垂直输运量大；7）室内空间多为封闭；8）相邻空间易产生噪声干扰；9）建筑设备系统运营管理复杂；10）室内环境品质有待提升，等等。

为掌握各专业领域关注的重点与难点，编制组对 150 名专家分专业开展了专家问卷调查，得到 110 人的有效问卷，其中具有正高级专业技术职称的有 60 人，其余全部为副高级职称，各专业领域问卷分布情况如图 8.2 所示。

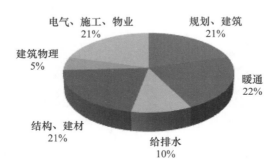

图 8.2　超高层建筑问卷调查专业分布

实际项目调研对象主要考虑气候分区、建筑高度和星级建设目标等确定，具体情况如表 8.1 与图 8.3 所示。编制组通过对各类绿色超高层建筑的调研分析，进一步剖析超高层建筑的特点，以及绿色转型发展的实施难度与挑战。

实际调研项目表　　　　　　　　　　　　　　　　　　　　　　　　　表 8.1

序号	项目名称	高度 /m	气候区	认证情况
1	上海中心大厦	632	夏热冬冷	设计三星级

序号	项目名称	高度/m	气候区	认证情况
2	长沙金茂梅溪湖国际广场南塔楼	238	夏热冬冷	设计三星级
3	成都睿东中心	200	夏热冬冷	设计二星级
4	天津周大福金融中心	530	寒冷	设计二星级
5	北京中信大厦（中国尊）	528	寒冷	设计三星级
6	青岛海天大酒店改造项目（海天中心）	369	寒冷	设计三星级
7	广西南宁华润中心东写字楼	402	夏热冬暖	设计二星级
8	东莞万科中心	151	夏热冬暖	设计三星级

上海中心大厦

长沙金茂梅溪湖国际广场

成都大慈寺项目睿东中心

天津周大福金融中心

图 8.3　实地调研项目（一）

北京中信大厦（中国尊）　　　　　青岛海天大酒店改造项目（海天中心）

广西南宁华润中心东写字楼　　　　　东莞万科中心 1 号楼

图 8.3　实地调研项目（二）

8.2　主要技术内容

本标准充分践行以人为本的理念，顺应超高层建筑发展需求，充分凸显超高层建筑特征，以融合绿色技术发展趋势为宗旨，秉承"高品质、高效率、高安全、易推广、易实施、易感知、更科学、更满意、更经济"的"三高三易三更"原则。

8.2.1　体系架构

《标准》遵循国家标准《绿色建筑评价标准》GB 50378—2019 的指标体系，以"四节一环保"为基本约束，秉承以人为中心的发展理念，并考虑到超高层建筑的公共建筑属性以及使用人员多、系统运行复杂、服务质量要求高的特点，重新构建了适用于绿色超高层建筑的评价指标体系，具体为安全耐久、健康舒适、资源节约、环境宜居、智慧高效 5 类指标，其中的智慧高效更加鲜明地凸显了超高层建筑的特征。

为鼓励超高层建筑采用提高、创新的绿色建筑技术和产品，实现更高的绿色性能，绿色超高层建筑评价标准也统一设置了"提高与创新"加分项，包括进一步降低建筑综合能耗、传承地域建筑文化、建筑信息模型（BIM）、碳排放分析计算等内容，鼓励超高层建筑在技术、管理、生产方式等方面开展创新实践。

最终，标准形成的体系框架如图8.4所示。

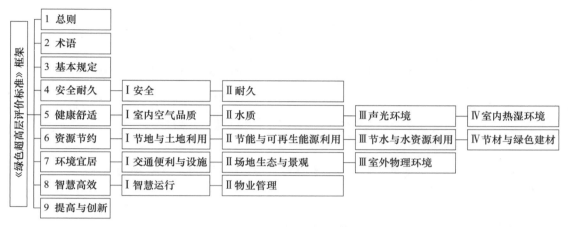

图8.4 绿色超高层建筑评价标准框架

8.2.2 主要章节内容

《标准》共有9章。

第1章总则由4条条文组成，分别规定了标准的编制目的、适用范围、技术选用及执行原则。

第2章术语有9条条文，主要对具有鲜明超高层建筑特征的相关专业术语进行了定义，包括绿色超高层建筑、光污染、建筑能源规划、烟囱效应、机电系统调适、智能化服务系统、智慧运行及建筑能源管理系统等。

第3章基本规定共13条条文，主要对绿色超高层建筑评价工作的对象、阶段、评价机构、评价内容、评价方式、评价等级、技术前置条件等进行了规定。

第4～8章为绿色超高层建筑评价的五性指标，其中第4章安全耐久共21条条文，分安全与耐久两方面进行规定；第5章健康舒适共23条条文，分别从室内空气质量、水质、声光环境、室内热湿环境四方面进行明确；第6章资源节约共32条条文，包括节地与土地利用、节能与能源利用、节水与水资源利用、节材与绿色建材四个方面；第7章环境宜居共24条条文，分为交通便利与设施、场地生态与景观、室外物理环境三方面；第8章智慧高效共20条条文，包括智慧运行、物业管理两部分内容。

第9章提高与创新共10条条文，分别从提高与创新角度提出可加分的技术内容。

8.2.3 指标体系

绿色超高层建筑评价指标体系在《绿色建筑评价标准》GB 50378—2019的基础上，

根据超高层特性调整为安全耐久、健康舒适、资源节约、环境宜居、智慧高效五类指标组成，其具体内容如图 8.5 所示，指标评价控制项、评分项和加分项的具体条文数量设置如图 8.6 所示。

图 8.5 《绿色超高层建筑评价标准》指标体系内容

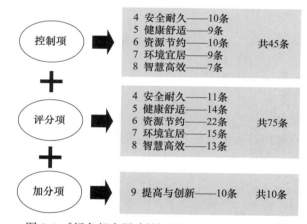

图 8.6 《绿色超高层建筑评价标准》条文设置情况

由于超高层建筑极可能存在不同建筑功能区选用不同绿色技术体系和措施的情况，为确保绿色超高层建筑的总体质量，标准提出采用"对不同功能区域分别评价"，再根据"整栋建筑星级评定就低不就高"原则进行总体评价。

绿色超高层建筑评价分值设定应符合表 8.2 的规定。

绿色超高层建筑评标指标评分项分值设置 表 8.2

评价阶段	控制项基础分值 Q_0	评价指标评分项满分值					提高与创新加分项满分值 Q_A
		安全耐久 Q_1	健康舒适 Q_2	环境宜居 Q_3	资源节约 Q_4	智慧高效 Q_5	
预评价分值	400	100	100	100	200	70	100
评价分值	400	100	100	100	200	100	100

评价总得分应按下式计算。

$$Q = （Q_0 + Q_1 + Q_2 + Q_3 + Q_4 + Q_5 + Q_A）/10$$

式中：Q 为总得分；Q_0 为控制项分值，当所有控制项全部达标时取 400 分；$Q_1 \sim Q_5$ 为五性指标评分项得分，分别对应安全耐久、健康舒适、资源节约、环境宜居、智慧高效的得分；Q_A 为加分项得分。

根据国家标准《绿色建筑评价标准》GB/T 50378—2019 的相关规定，绿色超高层建筑评价划分为基本级、一星级、二星级、三星级 4 个等级。当满足全部控制项要求时，绿色超高层建筑等级应为基本级；当评价总得分分别达到 60 分、70 分、85 分时，绿色超高层建筑等级分别为一星级、二星级和三星级。

为保证绿色超高层建筑的质量，在等级划分之前，所有的超高层建筑首先必须符合表 8.3 的规定。

一、二、三星级绿色超高层建筑的技术要求   表 8.3

划分等级	一星级	二星级	三星级
技术要求 1：得分项	各类指标得分比例不应小于其评分项满分值的30%		
技术要求 2：建筑玻璃幕墙可见光反射比例	≤ 0.2		
技术要求 3：建筑采暖空调与照明全年能耗降低比例	5%	10%	15%
技术要求 4：建筑能源综合规划	制定方案并实施		
技术要求 5：节水器具用水效率等级	2 级		
技术要求 6：装修程度	全装修		
技术要求 7：室内主要空气污染物浓度降低比例	10%	20%	
技术要求 8：幕墙气密性能	符合国家现行相关节能设计标准的规定		

8.3 关键技术及创新

8.3.1 主要技术难点

超高层建筑在实施绿色低碳转型发展方面主要面临如下挑战：

（1）超高层业态多样，管理难度大

超高层主要业态有办公、酒店、公寓、酒店公寓、商业五种，辅助业态有观光层、空中餐厅、空中大厅、会议中心、会所等，需求多样。此建筑呈现了评价对象功能多样化的特点，标准条文适用性与针对性也要覆盖多业态。

（2）场地条件局限突出，空间共享需求高

超高层建筑多数地处城市的 CBD 区域中心，地处繁华热闹地段，场地条件具有显著特性，主要有公共交通便利、交通方式多样、场地交互复杂、室内交通需求大等，也面临着垂直城市立体交通压力大、场内物流人流需求复杂、内外交通衔接更合理的挑战。另外，其空间共享方面也存有诸多限制，主要有场地面积十分有限、地块绿化面积少、周边场地交互多、周边配套设施成熟等特点，主要的挑战有地块人均地面绿化面积低、共享与安全私密矛盾、实现周边资源共享最大化等方面。

（3）微气候环境负面影响明显，亟需解决手段

超高层建筑的特性决定其应尽可能采用玻璃幕墙，以减轻重量；其建筑高度较高，较易造成城市声、光、热、风等微气候环境问题。风环境方面高层造成风荷载加大、室内风环境局限多、改变场地区域风环境难度大等问题，针对超高层建筑绿色技术存在的挑战，有提升建筑抗风性、减少对周边风环境影响、改善室内风环境等方面。光环境方面有玻璃幕墙结构、室外光污染影响、室内容易眩光等特点，面临的主要难点有降低玻璃幕墙光污染、防止室内眩光、合理采用自然采光、降低人工照明等内容。声环境方面存在周边噪声大、噪声源多样、多样业态声环境需求不同等特点。热环境方面有CBD区域建筑密集、玻璃幕墙引发室内热环境问题等。

（4）建筑资源消耗高，节能减排需求大

超高层建筑因其高度、规模体量及工程复杂性、多样化需求等，将消耗大量各种资源，包括能源、水资源以及材料资源等。能源方面，超高层建筑能源系统复杂，运行工况非常多，评价难度大；水资源方面，建筑用水质量要求高，以室内用水为主且用水量大；材料方面，超高层建筑安全保障要求高，建筑材料需求多样，如何在保障安全的前提下减轻自重、节约建材及绿色化是其主要的技术难点。

（5）建筑运行难度高，常规手段无法解决

超高层建筑功能复杂，业态多样，需求多样；垂直城市空间引导具有自身特性，建筑能耗高，运行需求多样复杂，运行压力大，智能化运行需求突出。如何保障建筑运行安全高效、室内环境高品质，降低运行能耗，实现智能化运行等，是其主要的技术难点。

8.3.2　主要创新点

《标准》针对以上超高层建筑的难点，提出包括提升场地交通衔接设计、优化停车布局、应用智能电梯、采用多种绿化形式、注重抗风安全性等在内的多项措施。强化对周边风环境影响评价，降低烟囱效应，弱化自然通风；提升玻璃反射率，强化遮阳应用、人工照明智能控制；优化多类型功能空间声环境；缓解引导场地热岛效应；监控热环境指标，注重能源规划与能源分区设计优化；提倡能源多样化利用，强化减轻建筑自重；实施建筑基坑对周边影响的评估，对结构安全强化监测；注重人车交通智能引导，实施运行评估；室内环境性能监测，强化BIM技术应用……对建筑系统实施持续调适，为超高层建筑绿色化提供技术体系解决方案，同时也注重条文评价的适用性与实操性。

专家评审会认为，本《标准》充分调研并分析了我国超高层建筑的特点和绿色发展需求，开展了覆盖我国多个气候区的项目试评工作，构建的绿色超高层建筑评价体系与国家标准《绿色建筑评价标准》GB/T 50378—2019等现行标准相衔接，并突出了智慧高效等创新要求，评价方法科学，技术指标合理，标准内容适宜，可操作性强，达到国际领先水平。

8.4　实施应用

《标准》针对超高层建筑土地利用率高、城市微气候负面影响明显、自然通风不完全适用、能源需求多样、系统承压分区庞大复杂、资源消耗强度大、环境运营品质调控难度高、建设周期长、垂直城市功能凸显等问题，紧扣当前建筑发展以人为本的理念，从安全耐久、健康舒适、资源节约、环境宜居、智慧高效五大性能角度，充分考虑超高层建筑需求特性，提出适用于超高层绿色建筑评价指标与评价方法，推动我国超高层建筑绿色健康可持续发展，进而实现有效科学引导超高层建筑绿色化高质量发展。

截至目前，绿色超高层建筑评价标准已直接推广应用面积达到 178 万 m² 以上，其中包括上海中心大厦、背景中心大厦、长沙金茂梅溪湖国际广场等国内外知名地标性建筑。

8.5　结束语

2021 年 10 月 22 日，住房和城乡建设部与应急管理部发布《关于加强超高层建筑规划建设管理的通知》（建科〔2021〕76 号），明确要充分评估论证超高层建筑建设风险问题和负面影响，要求加强超高层建筑节能管理，提出绿色建筑水平不得低于三星级标准的规定。

《标准》是针对超高层建筑特征研究及运行需求编制而成的专项评价标准，是《绿色建筑评价标准》GB/T 50378—2019 的有力补充，可为绿色超高层建筑的评价工作提供科学合理的技术依据，可更好地指导我国绿色超高层建筑的实践，有力地促进我国超高层建筑向绿色可持续高质量转型发展。

9 《汽车工业绿色厂房评价标准》
T/CECS 802—2021

田森[1,2,3]　裴智超[1,2,3]　曾宇[1,2,3]　阮兵[4]　东新[4]
1　中国建筑科学研究院有限公司；2　国家建筑工程技术研究中心；
3　北京市绿色建筑设计工程技术研究中心；4　中国汽车工业工程有限公司

9.1　编制背景和前期准备

9.1.1　编制背景

随着我国经济的高速发展和城市化进程的加快，人们对汽车的需求量快速增长，我国自主汽车产业和新能源汽车蓬勃发展，各种类型和需求的汽车工业厂房的建设也随之大量增加。

汽车制造业逐渐发展成为国民经济的支柱产业之一，是国内制造业最具活力的产业经济增长点。2018年我国国内生产总值为900309亿元，汽车制造业营业收入83372亿元，大约占9.26%（图9.1）。

图9.1　我国汽车制造业总资产及占工业企业总资产比例

汽车生产是资源消耗较大的行业，在汽车行业推进建设绿色厂房，对节约和高效利用电、燃气、水、材料等资源有重要意义。汽车生产对环境有较大影响，鼓励建设汽车工业绿色厂房，把汽车工业对环境的影响降到最低，有利于减少环境污染，保护自然环境。

汽车生产厂房内，室内环境直接关系到生产工作人员的身心健康，在汽车厂房中采取有效措施，避免噪声、粉尘、有害气体对人体的影响，对保护人员健康具有重要意义。新能源汽车、无人驾驶汽车等新领域的快速发展，对汽车工业厂房也提出了新的要求，更应重视厂房的绿色、节能、环保及工人的健康环境。在汽车产业新领域中，引导厂房建设的绿色环保，符合新领域汽车节能环保的整体形象，更有利于促进社会各界对新领域汽车的接受和支持。

为贯彻国家绿色发展理念，执行国家对汽车工业建设的产业政策、装备政策、清洁生产、环境保护、节约资源、循环经济和安全健康等法律法规，推进汽车工业建筑的高质量发展，规范汽车工业绿色厂房评价工作，根据中国工程建设标准化协会《关于印发〈2017年第二批工程建设协会标准制订、修订计划〉的通知》（建标协字〔2017〕031号）的要求，制定本标准。

本标准是绿色建筑评价体系的补充，旨在最大限度地节约资源、保护环境和减少污染的同时，为生产提供适用、高效、节能的使用空间，为工作人员提供健康的生产作业环境，实现与自然环境的和谐共生。

中国工程建设标准化协会2021年发布第769号公告，批准《汽车工业绿色厂房评价标准》（以下简称《标准》）发布，编号为T/CECS 802—2021，自2021年1月12日起实施。

9.1.2 前期调研

为充分了解汽车厂房的能耗、水耗、污染物排放、室内外环境等特征，对汽车工业厂房在节约资源和保护环境方面进行评价和引导，进行了项目调研。调研主要有如下几个方向：

（1）调研汽车工业厂房在资源消耗及环境影响方面的特征；

（2）调研在汽车工业厂房中适宜的绿色技术，如：节地规划、污染物排放控制、被动技术措施的运用、基于不同生产工艺的节能和节水方式、空调系统形式、节材的结构体系、环保材料、高效生产方式、水资源的综合利用、基于生产特点的室内环境等；

（3）调研汽车工业绿色厂房规划设计、施工与运营的关键技术和要点。

2018年1月30日召开第一次工作会议，研讨标准编制的依据、背景、意义，确定需要调研的主要问题和主要章节，确定工作流程和纪律要求，确定编制组成员分工并确定下一步工作计划。

参考《绿色工业建筑评价标准》GB/T 50878—2013，并结合调研结果，确定了本标准的主要指标，主要包括七类指标：节地与可持续发展场地、节能与能源利用、节水与水资源利用、节材与材料资源利用、室外环境与污染物控制、室内环境与职业健康、运营管理。

9.2 主要技术内容

《标准》的总体框架（图9.2）包含：总则、术语、基本规定、节地与可持续发展场地、节能与能源利用、节水与水资源利用、节材与材料资源利用、室外环境与污染物控制、室内环境与职业健康、运营管理、技术进步与创新。

根据这七类指标，设置控制项和评分项，再分设若干三级条文，对各类指标进行综合评价。

图9.2 《标准》框架

第1章总则由4条条文组成，对《标准》的编制目的、适用范围、技术选用及执行原则分别进行了规定。其中，在适用范围中指出，本《标准》适用于新建、扩建、改建、迁建、恢复的汽车工业主要生产厂房和辅助生产建筑绿色性能的评价。

第1～3章总则、术语和基本规定，对标准的评价对象和评价方法做出了约定，指导参评项目运用本标准进行评价。

第4章节地与可持续发展场地，控制项对工厂的选址提出了要求，得分项从节地、物流与交通运输、场地资源保护与再生三个方面提出了具体的得分条文和得分要求，并在条文说明中对条文进一步解读，明确了条文的评价方法。

第5章节能与能源利用，控制项在围护结构、照明功率密度值、能源计量三个方面提出要求，得分项根据汽车行业能源消耗特征，从建筑与围护结构、机电设备及系统节能、能源综合利用三个方面，提出具体指标考核厂房的能耗状况。

第6章节水与水资源利用，控制项在水资源利用、水系统规划的角度提出要求，并明确要求采用节水型卫生器具。得分项根据汽车生产水耗特征，在水资源利用、节水系统、节水器具与设备三个方面进行评价，涵盖了新鲜水消耗、污废水排放、工业废水回用、非传统水源利用、节水系统和节水设备等多个方面，全面覆盖了各类厂房用水，能够较为明确地反映其水耗水平及对环境的影响。

第7章节材与材料资源利用，控制项在建筑材料或建筑产品、结构安全耐久等方面提出要求，得分项根据汽车厂房构造特征、载荷特征，从节材设计、材料资源利用的角度进行评价，强调了安全、耐久、节材、适变性、材料循环利用等要求。

第8章室外环境与污染物控制，控制项主要是从环保的角度提出基本要求，如环境影响报告书（表）应获得批准，项目应"三同时"，危废物收集、储存、处置应符合国家规定。得分项从环境影响，水、气、固体污染物控制，室外噪声与振动控制，其他污染控制几个方面评价厂房对环境的影响，倡导可持续发展、人与自然和谐共存。

第9章室内环境与职业健康，控制项对厂房内的风、声、温湿度、光、有害因素接触方面提出要求，得分项从室内环境、职业健康方面提出具体指标，评价厂房内的环境指标，并与职业健康的要求结合，在满足职业健康、提升工作环境的前提下节能减排。

第10章运行管理，控制项从质量管理体系方面提出了要求，必须满足环境管理体系认证、职业健康管理体系认证、质量管理体系认证，得分项从管理体系、技术管理、环境管理三个方面进行评价。

第11章技术进步与创新，选取了现有行业高新技术、前沿技术、创新技术或管理方法、获取其他认证等方面予以评价，对采用了相关技术或获得相关认证、奖励的项目，给予加分，鼓励汽车工业建设领域采用绿色技术、开展技术进步与创新工作。

9.3 关键技术及创新

9.3.1 主要技术难点

（1）汽车制造业是国民经济的支柱产业之一，汽车制造业生产总值8.3万亿元，占国内生产总值的9.2%。汽车制造业在带来巨大经济效益的同时，也面临着环保压力，如何将绿色环保理念融入本标准。

（2）现有绿色建筑评价体系，是针对各行业工厂或工业建筑群中的主要生产厂房、各类辅助生产建筑，如何在本标准中聚焦汽车工业厂房。

（3）针对汽车工业厂房的评价，条文要求如何提升可操作性，如何制定代表性的评价指标。

（4）针对汽车工业厂房，总结归纳其特色指标，融入安全耐久、人性化等绿色、健康理念。

9.3.2 主要创新点

（1）本标准是绿色建筑评价体系的重要补充，标准聚焦工业厂房，针对性地提出了整车单位产品、动力总成单位产品、涂装单位产品新鲜水消耗量和废水排放量、整车单位产品能耗限额等指标。对特殊工艺车间也提出了具体要求，如对涂装车间、三电车间、电控车间等，有温湿度要求的车间的外窗气密性指标要求、车间自然通风换气次数指标要求。

（2）本标准首次提出了单位产品能耗、单位产品废水排放量指标，填补了绿色工业建筑汽车工业评价标准的空白。与国标相比，增加了具有汽车工业厂房特色的指标，如采用架空或埋地综合管廊、立体停车库等提高场地利用系数指标；设置供暖系统厂房外门应设置防止冷风侵入措施、厂房屋顶设有隔热措施等建筑与围护结构指标；冷却水水质在线监测技术控制补水和药剂使用量、排放浓水电导率等节水指标要求。

（3）本标准还提出了结构安全、耐久的要求，如结构设计应满足汽车厂房的承载力要求和建筑使用功能需要，围护结构应满足安全、耐久和防护的要求；建筑内部的非结构构件、设备及附属设施等应连接牢固并能适应主体结构变形，结构布置及荷载取值宜提高对建筑布局的适应性等措施要求。

（4）本标准以人为本，提出了员工通勤的公共交通、新能源充电设施、非机动车停车设施的配置标准及遮阳防雨要求；提出了选用抗性强且吸附粉尘能力好的植物，采用乔、灌、草结合的复层绿化；公共浴室采用恒温控制和温度显示功能的冷热水混合；设置室外吸烟区并配置座椅、标识等设施；场地中处于建筑阴影区外的室外人员活动场地、人行步道设置乔木、花架等遮阴措施；室外人员活动休憩场地、室外疏散场地设置座椅，且有遮阴防雨措施等人性化指标。

9.4 实施应用

中国的汽车生产制造企业众多，消耗的水资源及能源庞大，生产制造技术、工艺水平、所选设备和材料不同，能耗和排放也参差不齐，因此汽车生产环节的节能减排工作不容忽视。

先进的生产制造技术、工艺、设备和无污染的材料，不但能提高产品质量，也能节约能源、减少排放。节能减排也同样意味着生产成本、能源费用和排污费用的降低，减少对环境的污染，具有重大的经济效益和社会效益。

对于综合站房，主要是空压站房、制冷站和污水处理站，主要用能是电力和新鲜水，综合能耗占项目总能耗的10%左右。故采用节水、节能的公用设备，也具有重要的节水、节能、减排效果，同样具有重要的经济效益和社会效益。

本标准从清洁生产、环境保护、节约资源、循环经济和安全健康的角度，在建筑全寿命周期内，综合考虑性能、安全、耐久、经济、美观等因素，优化建筑技术、设备和材料选用，引导汽车厂房建设中采用绿色环保技术措施，提高汽车厂房的绿色建筑性能。通过本标准，促使更多的汽车生产厂房进行绿色标识评价，有利于增大在工业领域推广绿色厂房的力度，促进其他类似行业关注节能环保，实现绿色厂房的普及和推广。

9.5 结束语

本《标准》聚焦汽车工业厂房，注重环保，提出了人性化指标、结构安全耐久指标，以及新增了一些具有汽车工业厂房特色的评价指标，并首次提出单位产品能耗、单位产品废水排放量指标，填补了绿色工业建筑评价标准的"汽车工业评价标准"的空白，对汽车工业的可持续发展有重要意义，标准审查会的评审结论为国际先进水平。

本《标准》的发布实施，贯彻了国家绿色发展理念，为汽车工业绿色厂房评价工作提供了依据，对推进汽车工业绿色厂房高质量发展、规范汽车工业绿色厂房建设工作具有重要的指导意义。

10 《绿色城市轨道交通建筑评价标准》
T/CECS 724—2020

杨建荣[1] 方舟[1] 季亮[1] 张改景[1]
1 上海市建筑科学研究院有限公司

10.1 编制背景和前期准备

10.1.1 编制背景

据统计，地铁每天承载城市常住人口20%～40%当量人次的交通运输，极大缓解了城市地面交通的压力，提升了整个城市经济活动的效率。近年，我国城市轨道交通建设速度和规模突飞猛进。据中国城市轨道交通协会《城市轨道交通2020年度统计和分析报告》，截至2020年年底，中国大陆地区共有45个城市开通城市轨道交通运营线路共244条，运营线路总长度7969.7km。其中，地铁运营线路6280.8km，占比78.8%；其他制式城市轨道交通线路1688.9km，占比21.2%，当年新增运营线路长度1233.5km。

城市轨道交通的快速发展，对能源消耗、环境舒适度提出了高要求。城市轨道交通能耗中50%～60%为牵引能耗，40%～50%为环控能耗。由于人们对站台和列车中空气质量、温湿度的要求不断提高，总能耗及环控系统精细化管控的挑战将日益凸显。随着绿色建筑、生态城区进入规模化、成熟化发展，地铁作为城市建设的重要组成部分，也同样需要提升整体的绿色性能。

2020年7月23日，中国工程建设标准化协会批准《绿色城市轨道交通建筑评价标准》（以下简称《标准》）发布，编号为T/CECS 724—2020，自2021年1月1日起实施。

10.1.2 国内外调研

（1）标准体系发展

美国LEED针对运输系统部分条文进行了适当调整，如增加了多式联运和场所建设等评分条文。某些先决条件和得分点针对运输系统的特点，提供了其他可遵循路径。目前通过LEED认证的3个轨道交通项目均在北美地区，其中包括宾夕法尼亚州费城的SEPTA Fox Chase地铁站（银级）、马里兰州罗克维尔市的Twinbrook地铁站（认证级）和纽约大都会地铁公司的Corona车辆维修中心（银级）。在印度，2015年推出了《绿色新建捷运系统评价标准1.0版》(*IGBC Green Mass Rapid Transit System Rating Version 1.0*)，该标准是第一个在新建地铁和新建单轨铁路系统中解决可持续性问题的评价标准，适用于地下站、高架站及地面站。2016 年又推了《绿色既有捷运系统评价标准（试用版）》（*IGBC Green Existing Mass Rapid Transit System Rating*），评价对象为运行满两年的既有捷运系统。

在国内，湖南省长沙市轨道交通集团有限公司率先于 2013 年研究编制《长沙市绿色城市轨道交通评价标准》和《长沙市城市轨道交通绿色车站设计导则》（已通过专家评审），提出了绿色城市轨道交通评价指标及方法；深圳市于 2013 年编制了《深圳市绿色城市轨道交通工程建设与运营评价标准》（评审稿）；内蒙古包头市于 2016 年研究编制了《包头市绿色轨道交通实施方案》；上海市从 2016 年联合国际团队，研究编制全球轨道交通行业的绿色评价标准体系。2019 年中国建筑节能协会发布《绿色城市轨道交通车站评价标准》。重庆市 2018 年住房和城乡建设部的科学技术支撑计划"重庆市绿色轨道交通车站建筑建设体系研究"，拟从节能减排、绿色健康角度出发，构建重庆市绿色轨道交通车站建筑全生命周期的建设体系。

（2）实际项目调研

日本地铁在节能方面做了诸多实践，其中包括：对可再生能源的利用，列车装设"可变电压可变频率（VVVF）变压控制装置"，列车上采用了永磁同步电机，代替了电枢线圈，有效控制了电量消耗，以及在部分车站完成了光伏发电布局。新加坡的兀兰地铁站是全岛第一个获颁绿色建筑标志金奖的地铁站。设计结合自然通风与采光，提高地铁站月台屋顶，不但让空气流通，使空间宽敞，更可最大限度地自然采光，减少电灯使用。

我国湖南长沙在地铁 1、2 号线上应用的主要绿色技术有 BIM 技术、永磁同步牵引系统、中压（35kV）双向变流型再生电能装置、分布式光伏发电、地源热泵系统、中水回用和屋顶绿化等。2015 年，济南地铁提出"安全地铁、品质地铁、绿色地铁、智慧地铁"的建设理念，已通车运行的轨道交通 1 号线实现了 40 余项绿色技术的集成示范。广州地铁于 2016 年提出将地铁 6 号线打造成"绿色地铁"的目标，在每个车站采用变频空调系统，利用超级电容储存刹车时的多余能量，并在公共区应用 LED 节能技术等。

10.2 主要技术内容与创新

10.2.1 体系架构

本标准包括车站和车辆基地两部分，评价指标体系均由安全耐久、环境健康、资源节约、施工管理、运营服务 5 类指标组成，且每类指标均包括控制项和评分项，根据各自关注的性能特点，在条文设置方面各有侧重；同时，为了鼓励绿色城市轨道交通建筑采用创新的建筑技术和产品建造更高性能的绿色城市轨道交通建筑，还统一设置"创新"加分项。《标准》将全部的创新条文集中在一起，单独成一章（图 10.1）。

绿色城市轨道交通建筑的评价等级划分为基本级、一星级、二星级、三星级 4 个等级，与国家《绿色建筑评价标准》GB/T 50378—2019 的等级划分保持一致。

标准框架

安全耐久
健康舒适
生活便利
资源节约
环境宜居
提高与创新

根据地铁
特色调整

安全耐久
· 全面保障公共安全
· 设备设施部品耐久

资源节约
· 选址与土地利用
· 以环控节能为主的能源节约方案
· 水资源综合利用方案
· 绿色建材与装配式

环境健康
· 室内空气质量
· 声光环境
· 热舒适
· 车辆基地热岛及海绵综合设计

施工管理
· 污染物控制（光、声、扬尘）
· 交通组织专项方案
· 周边建筑物保护措施
· 围护整体设计

运营服务
· 高效管理制度
· 全龄友好
· 智慧运行

创新
· 土地综合开发利用
· 装配式设计及建设
· 新型机电设备设施
· 虚拟行人仿真技术
· 综合管廊协同规划

图 10.1 《绿色建筑评价标准》框架

10.2.2 指标体系

（1）车站

安全耐久：强调车站应具有针对火灾、水灾、风灾、地震、冰雪和雷击等灾害的预防措施；强调车站进站闸机前应设置安检区域，设置安全标志；对于站台设置额外的动态安全储备设置评分项；对于车站楼扶梯、闸机和栅栏门、出入口通行能力预留安全余量设置评分项。

环境健康：对车站建筑的公共卫生间设置单独的污气排放管道并保持负压设置评分项；对于车站内的防霉菌措施提出要求，设置评分项；分别针对地上车站和地下车站，推出相关改善声环境及光环境的措施。

资源节约：鼓励车站合理结合周边建筑建设，与其他城市交通实现便捷换乘，提供便民服务设施，分别设置评分项；鼓励对车站建筑的空调负荷进行预测分析，合理设计车站的通风空调系统容量；风井和冷却塔应设置在通风良好的地方；合理采用绿色建材。

施工管理：根据工程场地周边的道路及交通状况编制并实施交通组织专项方案，遵循少占道、少扰民的原则，减少对城市交通的影响；围挡整体设计，造型、色彩、图案与周围环境相协调。

运营服务：大型换乘站设置母婴室；卫生间设置婴儿座椅；站台设置爱心座椅和USB接口；设置无障碍电梯及盲文盲道，车站设计满足老年人使用需求，设置智慧售票系统、智慧查询系统及智慧预告系统。

（2）车辆基地

安全耐久：建筑场地内合理设计道路的安全距离、行进路线，并设置防护隔离，保证人车分流；在场区内采取提升消防安全的措施。

环境健康：充分保护或修复场地生态环境；照明控制采用分区控制和智能控制。

资源节约：车辆基地规划设计便于基地员工生活生产；在场库内采用局部降温措施；车辆基地针对不同类型的建筑采用不同类型的太阳能系统；废水循环回用；装配式建筑设计及建设。

施工管理：制定土方处置规划，对开挖土方进行再利用，采取有效措施防止水土流失；充分利用车辆段（停车场）内场地进行临建布置，避免占用征地红线范围外耕地。

运营管理：合理采取措施控制吸烟；设置能耗监测、水耗监测及环境监测系统。

10.3 主要创新点

（1）城市轨道交通整体建设中，最重要的两个组成部分为车站和车辆基地，因此标准的评价对象将车站和车辆基地均涵盖其中。由于车站和车辆基地的功能差异性较大，因此，在标准中设置了两个独立的章节，分别针对车站和车辆基地建立评价指标体系，使两者可以根据自身的特点分别进行评价。

（2）绿色城市轨道交通的规划建设周期较长，为调动轨道交通绿色建设积极性，加强规划建设全过程控制，标准将绿色城市轨道交通评价分为"预评价"和"运行评价"，运行评价将在城市轨道交通正式运营后进行。

（3）相对于《绿色建筑评价标准》GB/T 50378—2019，《绿色城市轨道交通建筑评价标准》T/CECS 724—2020 紧扣中国国情和轨道交通建设运营特点，提出了一套适宜城市轨道交通绿色化发展的评价技术指标体系，构建了由地铁建设特色组成的安全耐久、环境健康、资源节约、施工管理及运营服务五大绿色性能指标。

10.4 实施应用

2021 年 5 月，上海地铁 14 号线的一个车辆段和两个车站通过依据该标准的三星级预评价，并在成都召开的第十七届国际绿色建筑与建筑节能大会上，国务院参事、中国城科会理事长仇保兴为项目颁发证书。

截至 2021 年 12 月，上海地铁 14 号线 31 个车站和一个车辆段项目依据《绿色城市轨道交通建筑评价标准》T/CECS 724—2020 进行设计建设，打造全国首个全线绿色认证的轨道交通项目。该地铁线路以被动优先、主动辅助、以人为本、因地制宜为原则，采用了高效制冷机组、阵列式消声器、客流仿真技术、空调机组杀菌消毒技术、车辆段风光环境综合优化、光伏发电系统、太阳能热水综合利用、自然采光与可调遮阳等大量实施便捷、效果显著的绿色技术，达到健康指标提升 20%～50%、安全指标提升 10%～20%、运行能耗降低 10%～20% 的目标要求，使 14 号线成了一条可感知的绿色、健康、智慧、低碳地铁。

10.5 结束语

绿色交通是我国交通领域的必然发展趋势，轨道交通是交通领域的重要分支；在绿色生态城市的建设中，轨道交通也是房屋建设领域之外的重要组成部分，迫切需要系统的绿色建设及运营理论标准的指导。根据中国城市轨道交通协会统计，目前，共有 43 个城市新一轮轨道交通建设规划获得国家批复，规划线路里程超过 1 万 km。近期全国新增和延长地铁线路建设规模将达上千公里，截至 2035 年更将达到 5000 多 km，重点经济带，如长三角经济带、珠三角经济带和京津冀经济带将进入城市轨道交通高速建设期。面对巨大建设量，本《标准》填补了城市轨道交通领域绿色建设的空白，也成为我国建设工程领域绿色标准体系的重要补充，对城市的绿色未来具有重要积极意义。

11 《绿色建筑性能数据应用规程》
T/CECS 827—2021

叶凌[1]　张永炜[2]　罗涛[1]　鲍玲玲[2]
1　中国建筑科学研究院有限公司；2　北京构力科技有限公司

11.1　编制背景

2017 年，党的十九大胜利召开。为全面贯彻落实党的十九大精神，住房和城乡建设部随即组织开展了国家标准《绿色建筑评价标准》GB/T 50378—2014 修订研究项目，并在研究完成后正式立项启动了对国家标准《绿色建筑评价标准》GB/T 50378—2014 的修订工作。修订完成的新版国家标准《绿色建筑评价标准》GB/T 50378—2019，着眼于以人民为中心的价值理念，为增进对绿色建筑的体验感和获得感，不仅从百姓视角重新构建了评价指标体系，也将评价内容侧重于可感、可测的结果（而非过程）；同时，又落脚于新时代绿色建筑高质量发展，不仅提高了绿色建筑性能要求，更细化和量化了评价内容。

该国家标准评价内容侧重结果、更趋量化的两个特点，使得绿色建筑性能数据广受业界乃至大众的关注。对于这些数据如何采集、应用，也需要有一项专门的标准来进行规范和引导，进而推动基于性能数据的绿色建筑设计、评价以及运维等工作。为此，根据中国工程建设标准化协会《2017 年第一批工程建设协会标准制订、修订计划》（建标协字〔2017〕014 号），中国建筑科学研究院会同有关单位开展《绿色建筑性能数据应用规程》编制工作。2021 年 3 月，中国工程建设标准化协会发布第 803 号公告，批准《绿色建筑性能数据应用规程》（以下简称《规程》）发布，编号为 T/CECS 827—2021，自 2021 年 8 月 1 日起施行。

11.2　主要技术内容

《规程》共分 9 章，主要技术内容包括：总则、术语、基本规定、安全耐久、健康舒适、生活便利、资源节约、环境宜居、运行维护。

其中，第 3 章"基本规定"是总领《规程》技术内容的一些共性原则和要求，它不仅给出了《规程》所指的绿色建筑性能数据"从哪里来"和"到哪里去"，还明确了与国家标准《绿色建筑评价标准》GB/T 50378、中国工程建设标准化协会标准《绿色建筑工程竣工验收标准》T/CECS 494、《绿色建筑运营后评估标准》T/CECS 608 等的衔接关系。

国家标准《绿色建筑评价标准》GB/T 50378—2019 中,将评价指标体系设计为"安全耐久、健康舒适、生活便利、资源节约、环境宜居"五大方面。按《关于深化工程建设标准化工作改革的意见》中"团体标准要与政府标准相配套和衔接"的要求,《规程》所选取的性能数据也按此指标体系进行分类。因此,《规程》以"安全耐久、健康舒适、生活便利、资源节约、环境宜居"五大类指标分别作为第 4、5、6、7、8 章。这也是《规程》篇幅最多的主体内容。

第 9 章为"运行维护",由第 4~8 章中绿色建筑运行使用阶段的数据运维展示应用相关规定归集而成。

《规程》第 3 章中,将绿色建筑性能数据的应用考虑为设计优化、评价审查、运维展示等方面,基本可与绿色建筑的规划设计、竣工验收、运行使用等阶段或节点分别对应。对于绿色建筑在"安全耐久、健康舒适、生活便利、资源节约、环境宜居"五大方面的性能数据,《规程》均设置了 3 类具体应用。除运维展示应用相关规定统一归集于第 9 章之外,第 4~8 章均设第 2 节"设计优化"和第 3 节"评价审查"来进行规定。这 5 章的第 1 节"一般规定"则分别给出了五大方面性能数据的具体指标、表征数据及单位、数据精度、数据类型等。

11.3 关键技术及创新

11.3.1 主要技术难点

《规程》的技术重点也是技术难点主要在于对绿色建筑"性能"的界定。国家标准《绿色建筑评价标准》GB/T 50378—2019 将其中涉及建筑安全耐久、健康舒适、生活便利、资源节约(节地、节能、节水、节材)和环境宜居等方面的综合性能定义为绿色性能,其重点在于"绿色"所涵盖的 5 大方面,但对于"性能"却并未明确。

《规程》编制组基于此前发表的论文《国家标准〈绿色建筑评价标准〉的评价指标体系演进》思路,将国家标准中的具体评价指标,进一步区分为措施、定性效果、定量参数(及结果)3 类。其中,只要可以物理量或无量纲参数表达的指标,就归入"性能"类指标。照此所得的"性能"类指标,范畴有所扩展,初步测算其占比已超过 3 成,且较国家标准《绿色建筑评价标准》的早先版本有所提升。

这一部分指标,既反映了结果,也有量化表现,能够较好地转化成为绿色建筑最为重要也较容易获取的数据。如此,也可与行业标准《民用建筑绿色性能计算标准》JGJ/T 449—2018 所规定的有关绿色性能进行良好衔接。故《规程》将此作为对象,规范指导其获取、应用及传递。

11.3.2 主要创新点

前述绿色建筑性能的表征形式和载体,即性能数据。数据就是数值,是通过观察、实验或计算得出的结果。数据有很多种,最简单的就是数字;数据也可以是文字、图像、声音等。《规程》取其狭义定义,即数值。经研究分析,《规程》创新性地将其分为产品参数、建造参数、运行参数 3 类。

在这 3 类数据中，产品参数主要来自建筑工程所用材料、设备、产品的说明文档、检验报告、标牌标识等；建造参数主要来自建筑工程设计或竣工文件，或基于这些文件完成的计算文件、检测报告等；运行参数主要来自建筑实际运行数据，也可来自进行软件模拟报告的预测数据。一般运行参数会随着建筑运行时间持续变化，故需取其平均值或一段周期内的统计值；而建造参数则不会（但不排除有衰减），故应以建筑工程竣工时为节点。

11.4　实施应用

《规程》在国家标准《绿色建筑评价标准》GB/T 50378—2019、行业标准《民用建筑绿色性能计算标准》JGJ/T 449—2018、《民用建筑绿色设计规范》JGJ/T 229—2010、协会标准《绿色建筑工程竣工验收标准》T/CECS 494—2017、《绿色建筑运营后评估标准》T/CECS 608—2019、《绿色建筑检测技术标准》T/CECS 725—2020 之间承上启下，可对相关标准实施起到支撑作用。根据《民用建筑绿色性能计算标准》模拟计算得到的、根据《绿色建筑检测技术标准》检测试验得到的多方面绿色性能数据，经《规程》指引和规范，既可反馈给前期的规划设计进行优化，也可提供给后期的运行管理进行展示公开，更重要的是还可以约束规范绿色建筑标识的申报内容要求。

《规程》通过支撑绿色建筑数据应用及与其有关标准的实施，推动我国绿色建筑发展，实现"四节一环保"，将带来可观的经济效益和显著的社会效益。

11.5　结束语

《规程》实现了团体标准与政府标准的配套衔接，对国家标准《绿色建筑评价标准》GB/T 50378—2019 中量化结果类指标（即《规程》的"性能"）所涉及数据的获取渠道、内容格式、应用方式等做了进一步细化，符合国家培育发展工程建设团体标准的定位和方向，并对有关国际标准进行了多个方面的扩展。《规程》的应用实施，有望对基于性能数据的绿色建筑设计、评价以及运行等工作予以规范、引导和推动。

未来，《规程》还需在以下两方面再提高完善。一是进一步收集总结绿色建筑实际性能数据在运行使用阶段的运维展示应用实践，丰富《规程》相关规定。二是深入调研利用BIM 对绿色建筑进行设计、施工、运维全流程以及申报评价的工程实践经验，在《规程》中进一步体现对于性能数据交换格式、精度等 BIM 技术要求。

12 《健康社区评价标准》T/CECS 650—2020，T/CSUS 01—2020

王清勤[1]　孟冲[1,2]　盖轶静[2]　赵乃妮[1]　王果[2]
1　中国建筑科学研究院有限公司；2　中国城市科学研究会

12.1　编制背景和前期准备

12.1.1　编制背景

社区是一定地域内的人们所组成的多种社会关系的生活共同体，作为城市居民生活和城市治理的基本单元，是日常营造健康生活与心理环境、引导健康生活、强健人民体魄的重要抓手，也是疫情期间控制传染源、切断传播途径的关键着力点，是联防联控、群防群控的关键防线，是建立平疫结合的基本防线，落实"健康中国"战略的重要路径。

2015年，党的十八届五中全会明确提出"推进健康中国建设"。2016年习近平总书记在全国卫生与健康大会上强调"将健康融入所有政策"，《"健康中国2030"规划纲要》印发实施，强调"广泛开展健康社区、健康村镇、健康单位、健康家庭等建设，提高社会参与度"；中国医师协会、中国社区卫生协会和中国医疗保健国际交流促进会等共同启动了"健康社区"项目。2017年，党十九次全国代表大会提出"实施健康中国战略"；中共中央、国务院出台《关于加强和完善城乡社区治理的意见》，提出了加强和完善城乡社区治理的总体要求、目标任务和保障措施。2018年，全国爱卫会印发《全国健康城市评价指标体系（2018版）》并实施，着重提出健康社区覆盖率的指标。2019年，《国务院关于实施健康中国行动的意见》指出"制定健康社区、健康单位（企业）、健康学校等健康细胞工程建设规范和评价指标"。2020年，党的十九届五中全会提出"全面推进健康中国建设""加强城乡社区治理和服务体系建设"。2021年，《政府工作报告》提出"发展社区养老、托幼、用餐、保洁等多样化服务，加强配套设施和无障碍设施建设，实施更优惠政策，让社区生活更加便利"；《中华人民共和国国民经济和社会发展第十四个五年规划和2035年远景目标纲要》提出"构建居家社区机构相协调、医养康养相结合的养老服务体系"。健康中国战略的步步深化，体现了党和国家维护人民健康的坚定决心和战略布局，也为健康社区的建设指示了方向。

因此，为了提高人民健康水平，贯彻健康中国战略部署，推进健康中国建设，指导健康社区规划建设，实现社区健康性的能升，规范健康社区评价，根据中国工程建设标准化协会《关于印发〈2017 年第二批工程建设协会标准制定、修订计划〉的通知》（建标协字〔2017〕031 号）的要求，中国建筑科学研究院有限公司、中国城市科学研究会等单位联合启动了《健康社区评价标准》（以下简称《标准》）的编制。标准经过广泛征求意见和充分的项目调研，经中国工程建设标准化协会与中国城市科学研究会联合批准发布，标准号为 T/CECS 650—2020、T/CSUS 01—2020。

12.1.2 研究基础

为实现健康建筑的规模化、精细化建设指引，在中国建筑科学研究院有限公司、中国城市科学研究会的大力推动下，以《健康建筑评价标准》为母标准，针对具有鲜明特色的建筑功能类型以及更大规模的健康领域，开展了具有针对性的健康系列标准编制工作。从区域范围讲，由健康建筑到健康社区、健康小镇，从建筑功能讲，由健康建筑到健康医院、健康校园，我国健康建筑系列标准逐步完善，向更精细化发展的同时在向更广泛的人群服务。截至 2021 年 11 月，已陆续立项健康建筑系列标准 12 部，如表 12.1 所示。

健康建筑系列标准

表 12.1

序号	标准名称	归口管理单位	状态
1	《健康建筑评价标准》	中国工程建设标准化协会	发布
2	《健康社区评价标准》	中国工程建设标准化协会	发布
3	《健康小镇评价标准》	中国工程建设标准化协会	发布
4	《既有住区健康改造技术规程》	中国城市科学研究会	发布
5	《既有住区健康改造评价标准》	中国城市科学研究会	发布
6	《健康照明设计标准》	中国工程建设标准化协会	在编
7	《健康照明检测与评价标准》	中国工程建设标准化协会	在编
8	《健康酒店评价标准》	中国工程建设标准化协会	在编
9	《健康医院建筑评价标准》	中国工程建设标准化协会	发布
10	《健康养老建筑评价标准》	中国工程建设标准化协会	在编
11	《健康体育建筑评价标准》	中国工程建设标准化协会	在编
12	《健康校园评价标准》	中国工程建设标准化协会	在编

12.2 主要技术内容

12.2.1 体系架构

《标准》围绕建筑工程、心理学、营养学、人文与社会科学、体育学等多学科领域，建立多学科融合的健康社区评价指标体系，共分为 10 个章节，包括 1 总则、2 术语、3 基本规定、4 空气、5 水、6 舒适、7 健身、8 人文、9 服务、10 提高与创新，《标准》框架见图 12.1。

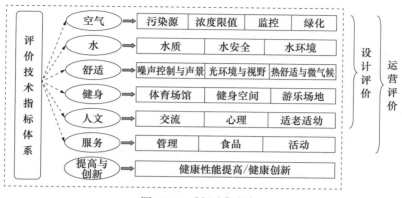

图 12.1 《标准》框架

12.2.2 基本规定

《标准》沿用健康系列标准的"六大健康要素"——空气、水、舒适、健身、人文、服务，作为核心指标，各类指标均包含控制项和评分项并另设加分项，如图 12.1 所示，评分项下设 19 个二级指标。当社区满足《标准》所有基本规定以及控制项的要求，评分项总得分分别达到 40 分、50 分、60 分、80 分时，健康社区等级分别为铜级、银级、金级、铂金级。

《标准》共分为两个评价阶段：设计评价和运营评价阶段。其中设计评价阶段的社区应满足 3 点基础要求：1) 具有修建性详细规划；2) 社区内获得方案批复的建筑面积不应低于 30%；3) 社区应制定设计评价后不少于三年的实施方案。设计阶段主要针对社区规划设计所采用的健康理念，所采用的健康技术，所采取的健康措施、健康性能的预期指标，健康运行管理计划进行评价。

运营评价阶段的社区应满足 4 点基本要求：1) 社区内主要道路、管线、绿地等基础设施应建成并投入使用；2) 社区内主要公共服务设施应建成并投入使用；3) 社区内竣工并投入使用的建筑面积比例不应低于 30%；4) 社区内应具备运管数据的监测系统。运营阶段主要针对健康社区的运营效果、技术措施落实情况、使用者的满意度等进行评价。

12.2.3 指标体系

"六大健康要素"中的"空气"，主要评价对象为空气污染源、污染物浓度限值、空气质量监控、绿化。污染源头的控制首先是对社区的选址进行严格规划；其次是社区垃圾收集与转运的合理设置，如垃圾站位于社区全年主导风向的下风向；社区公共餐饮服务、油烟排放采取净化处理措施，保证无明显异味；同时，营造无烟环境，社区教学场所和公共活动场地设置禁烟标识，并禁止销售烟草制品。除了源头控制还必须限制空气污染物浓度，如限制室外及公共服务设施室内的 $PM_{2.5}$、PM_{10} 浓度，公共服务设施内甲醛、苯系物的浓度。其次是设置污染物浓度在线监测系统，包括室外大气主要污染物及 AQI 指数监测与公示、公共服务设施内空气质量监测系统并与净化系统联动控制。可采用绿化对空气质量进行净化与隔离，如设置绿化隔离带、提高绿化率、提升乔灌木比例等。

"六大健康要素"中的"水"，主要评价对象为社区水质、水安全、水环境。各类水质状况可直接影响人的健康，应有严格的水质保障措施，包括对泳池水、直饮水、旱喷泉、饮用水等各类水体的总硬度、菌落总数、浊度等参数控制，同时，对各类水体进行定期检测和抽检，并将抽检结果通过网络平台或公告栏等途径公示。保障社区水安全，包括雨水防涝安全，保证社区无内涝积水；景观水体水质安全及亲水安全，保证近水、涉水及嬉水过程中的行动安全；景观水体采用水生动植物维持水体自净，增强其观赏性，且其景观水体具有适用范围广、系统稳定、耗能低、可持续发展性强等优点。监督社区水环境，社区内雨、污水有组织排放，对其水质进行定期检测和抽检，并设置雨、污水排放在线监测系统；同时具有雨水基础设施，但应避免其出现水质恶化；设置雨水缓冲带，采取入渗、溢流、回用等措施防止水质恶化。

"六大健康要素"中的"舒适"，主要评价对象为噪声控制与声景、光环境与视野、热舒适与微气候。对社区进行噪声控制与声景设计，有利于社区内民众的生理和心理健康，包括对室内外功能空间噪声级控制、噪声源排放控制、回响控制、声掩蔽技术、声景技术、吸声降噪技术等，可采取声屏障、绿化降噪、隔声罩、消声装置等实现降噪。良好的光环境与视野可以改善人的情绪、促进人体健康等，健康的光环境包括对玻璃光热性能、光污染控制，对生理等效照度、智能照明系统进行设计与管理，对视觉美感进行合理设计，体现地方特色，且与周围环境相协调。舒适的热环境与微气候可以引进新鲜空气、提升社区空气流动性、改善人体舒适度，对热岛效应进行控制，提高硬化地面铺装率、提高户外遮阴面积比例、提高屋顶绿化率；对景观微气候、通风廊道进行规划设计，利用绿地、湿地、街道等形成连续的开敞空间，或采取动水与止水的方式布置景观水体；同时对极端天气进行应急预案，及时向公众发布气温信息。

"六大健康要素"中的"健身"，主要评价对象为社区内体育场馆、健身空间与设施、游乐场地。不同规模社区设置大、中、小型体育场馆，便于开展体育比赛活动，增强群众参与体育运动的积极性，有利于促进健身运动。设置室内外健身场地，健身空间功能、数量、面积等根据社区配比设计，且鼓励利用底层架空层或屋顶空间设置健身场地；健身器材设施齐全，并定期进行维护保养。此外，社区内设置儿童游乐场地、老年人活动场地，并按社区配比设计，同时保证场地内设施无尖角。

"六大健康要素"中的"人文"，主要评价对象为社区交流、心理、适老适幼。合理设置足够的公共休闲交流场地，可促进社区和谐、构建健康社区；合理设计全龄友好型的交流场地，人性化公共服务设施，文体、商业及社区综合服务体等。同时注重社区群众的心理发展，包括特色文化设计、人文景观设计、心理空间及相关机构的设置。考虑社区适老适幼设施设置，包括交通安全提醒设计、连续步行系统设计、标识引导、母婴空间设置、公共卫生间配比、便捷的洗手设施等相关设施，营造安全舒适的生活环境，创造便利的生活设施。

"六大健康要素"中的"服务"，主要评价对象为社区运行管理、食品安全及便利、社区活动。社区运行管理包括质量与环境管理体系、宠物管理、卫生管理、应急预案管理、心理服务、志愿者服务等。为满足社区内群众的健康需求，应关注社区的食品问题，安全健康的食品能够降低社区居民患疾病的风险，包括食品供应便捷、食品安全把控、膳食指南服务、酒精的限制等。良好的邻里关系对健康会产生积极的影响，社区的各类活动可提高群众凝聚力，改善邻里关系，如筹办社区联谊、文艺表演、亲子活动等，以及社区各类信息公示，健康与应急知识宣传等方式，为群众普及健康理念，宣传健康的生活方式。

"提高与创新"对社区设计与管理提出了更高的要求，在技术及产品选用、运营管理方式等方面都有可能使社区健康性能得以提高。为建设更高性能的健康社区，鼓励在健康社区的各个环节中采用高标准或创新的健康技术、产品和运营管理方式。同时，鼓励在健康社区中扩大健康建筑的比例，若申请健康社区的项目中健康建筑比例达到100%，将直接获得6分的加分。

12.3 关键技术及创新

（1）废气环境营造

社区内垃圾收集和处理、污水处理、餐厅或厨房油烟排放、供暖锅炉房排烟、地下停车场排风、施工扬尘等产生废气排放的活动，可携带大量挥发性有机化合物、甲烷、二噁英、颗粒物等污染物，危害人体健康。健康社区旨在通过站点选址规划、专项清运管理、排放净化等措施对废气进行控制治理。

（2）智慧服务营造

对社区环境参数进行实时监测，包括室内外空气、饮用水水质、灾害预警、烟雾报警等，并通过智慧互联网平台、健康信息服务网络平台、社区公共宣传展示窗口等途径进行公示，可引导社区群众对突发情况做好相应的防护措施。社区相关设备可进行远程遥控，包括远程开启／关闭空调／净化设备、远程报警等。社区具有无障碍智慧服务，如自动识别、自动检测、无接触快递、泊车辅助、出入口通车警示音等智慧通行服务；还有各类消息发布、生活常识宣贯、社区信息公示以及智能垃圾分类服务、社区公共设施维护消息推送与健康知识、科学健身指导等相关智慧生活服务。

（3）无烟环境营造

社区关键区域全面禁烟，包括幼儿园、中小学、儿童游乐场、少年宫等半径100m范围内实行全面禁烟；除此之外，对普通区域采取合理引导，以控制措施为导向，对无法避免的公共场所吸烟行为进行引导和集中管理处置。

（4）亲水安全营造

社区内直接与人体接触的景观水达到饮用水标准，并设非饮用水警示标识，且水质符合饮用水的生物指标和感官性状要求。除了接触风险，还要注重溺水风险，鼓励社区景观水体的亲水设施采取近水、涉水及嬉水的安全措施，保证水景在近岸2.0m范围内，水深不大于0.5m，可涉入式水景的水深小于0.3m。

（5）生态环境营造

健康社区保证"小雨不积水、大雨不内涝"，可以通过透水铺装＋雨水花园、生态水景等有雨水滞留功能的雨水基础设施等来改善，在内涝防治设计重现期降雨情况下，室外公共活动场地和车行道无内涝积水现象，雨水设施积水时间不超过24h。通过屋顶绿化、立体绿化、乔木遮阴、人工遮阴、高反射率铺装及透水铺装来降低局部热岛。

（6）微气候营造

健康社区规划兼顾当地气候、地形、环境、全年主导风向等条件，利用湿地、绿地、街道等形成连续的开敞空间和通风廊道，并对冬季最大风速进行控制。对社区提供人文关怀，如设置防风、纳凉区域；减少室外作业人员极端气候暴露，加强日常防护；设置应对高温气候的紧急热线或救助，协助居民处理紧急事件。

（7）声景环境营造

社区通过引入人工声进行声掩蔽，创造和谐自然声，结合空间环境、物理环境及景观因素对声环境进行全面的设计和规划等，实现听觉因素与视觉因素的平衡和协调，促进人的情绪愉悦。

（8）光环境营造

社区光污染的控制，通过采取限制亮度、频闪、照射角度、幕墙反射等措施，从视觉效果上对光环境进行营造，如优化景观层次、建筑风貌设计融入地域文化、避免隐私空间的窗户导致近距离对视等。还可通过提升工作空间的生理等效照度、降低夜间生理等效照度等措施来改善人的生理节律。

（9）健身氛围营造

健康社区要求每 0.2km^2 社区配备中小型体育场馆／场地／俱乐部等；每 1km^2 配备大型体育场馆／场地及配套。健身种类要求层次多样化，包括健身广场（舞蹈、武术等）、室内外健身空间／场地健身步道、自行车道、儿童与老年人活动场地、康复体育运动场所等。健身周边配套设施齐全，如淋浴便利设施、直饮水便利点、自行车维修工具、拉伸器材、引导标识等。

（10）公共服务设施营造

社区公共设施采取人性化设计，如配备 10 分钟、15 分钟生活圈分级；交流活动场地设置避雨、遮阳设施，设置便捷公共卫生间、休息座椅等；公共设施文体兼顾，鼓励社区设置集展览展示、图书阅览、书画室、网络信息服务、休闲娱乐、教育培训、团队活动于一体的综合性、多功能、公益性文体活动中心。

（11）应急管理氛围营造

社区管理部门制定健康社区管理制度，充分考虑应对突发事件的策略，并设有基本医学救援设施及应对突发卫生事件的应急储备，如防护服、消毒液、临时隔离空间等。

（12）全龄友好环境营造

社区内设置儿童、老人、残疾人托管服务机构，且无障碍设施连贯，活动场地无高差，人行横道设置盲人过街语音信号灯，设置连续独立步行系统且避免高差。

（13）心理健康设施营造

鼓励社区在建筑中设置静思、宣泄或心理咨询室等心理调整房间，有利于消除或缓解紧张、焦虑、忧郁等不良心理状态；同时还可通过视觉设计改善心理，包括对自然景观、建筑景观、景观小品等的空间、布局、色彩、层次等规划设计，达到舒缓心理的目的。

（14）环境清洁营造

健康社区要求加大环境卫生管理，如文明宠物管理，包括宠物证书及疫苗接种情况等级、宠物粪便引导、为宠物提供饮水便利设施等；还包括设备、设施的清洗消毒管理，如储水设备、公共空间空调设备等的定期清洗，健身器材、电梯扶手等公用设备的定期消毒。

（15）健康食品营造

健康社区利用线上线下结合方式，给群众提供充足的粮食、水果、蔬菜等食品，打造

164

"一刻钟"食品便民服务商圈；并提供膳食指南，为有特殊膳食需求的人群提供所需食品服务，开设烹饪课程、园艺课程、农业课程，开展营养教育活动，宣传健康膳食指南。

（16）邻里和谐营造

健康社区定期举办有助于邻里和谐的活动，如社区联谊、社区文艺表演、食品节、社区服务日、亲子活动、健康讲座和交流、体育活动等；举办健康公益活动与讲座，为社区使用者普及健康知识、提高健康素养。

12.4 实施应用

截至 2021 年 12 月，全国共注册 2537 栋健康建筑单体，总建筑面积近 3000 万 m^2，其中 1712 栋已获得标识，总建筑面积 2182 万 m^2。共注册 25 个健康社区项目，10 个既有住区健康改造项目，2 个健康小镇项目，总占地面积近 5000 万 m^2，其中 20 个社区、10 个既有住区已获得标识，总占地面积约 3000 万 m^2。项目涵盖北京、上海、江苏、广东、天津、浙江、安徽、重庆、山东、河南、四川、江西、陕西、湖北、新疆、河北、甘肃、青海、福建、内蒙古、云南、吉林共 22 个省／直辖市，以及香港特别行政区。

12.5 结束语

《标准》响应"健康中国"战略，支持"健康城市"建设，助力预防关口前移，建立保障人民健康的重要防线。从设计之初就充分考虑了平疫结合，注重长效健康和应急预防；其次还考虑慢急兼顾，注重慢性病和急性传染病。以可靠的数据测量、可实施的评价手段，提升社区健康基础，营造更适宜的健康环境，提供更完善的健康服务，保障和促进人们生理、心理和社会全方面的健康。

《标准》作为我国首部以健康社区为主题的标准，填补了在相关领域的空白。《标准》实施后将在助力健康城市建设，贯彻落实健康中国战略，拉动健康、养老服务消费，拓宽行业边界，促进行业就业与转型升级方面发挥重要作用。

13 《既有住区健康改造技术规程》
T/CSUS 13—2021

王清勤[1]　朱荣鑫[1]　孟冲[1]　赵乃妮[1]
1　中国建筑科学研究院有限公司

13.1　编制背景和前期准备

13.1.1　编制背景

2016年第九届全球健康促进大会在中国举行，我国领导人做出战略部署，要在中国建设与发展健康城市。《"健康中国2030"规划纲要》也将"普及健康生活、优化健康服务、完善健康保障、建设健康环境、发展健康产业、健全支撑与保障、强化组织实施"定为我国至2030年的重要战略部署。2016年7月，全国爱卫会印发的《关于开展健康城市健康村镇建设的指导意见》（全爱卫发〔2016〕5号）文件将"以健康社区、健康单位和健康家庭为重点，以整洁宜居的环境、便民优质的服务、和谐文明的文化为主要内容，推进健康'细胞'工程建设"定为健康城市建设的重点任务。

住区是城市的基本单元，健康的住区环境是我国"健康中国"建设的重要组成部分。我国既有住区普遍存在资源消耗水平偏高、环境负面影响偏大、生活环境亟待改善、建筑使用功能有待提升等方面的不足，必须进行抗震、节能、节水、住区环境等改造。随着近些年既有建筑绿色化改造、危房加固、节能改造等工作的开展，部分既有住区建筑抗震、节能、节水等方面的问题已得到解决，房屋居住条件在一定程度上得到了改善。但与住区居住者健康息息相关的住区环境、建筑功能提升、健身与人文条件等方面的改造关注度还是不够，对于"人"的直观感受方面的考虑还有所欠缺。

2017年6月1日施行的中国工程建设协会标准《既有建筑绿色改造技术规程》T/CECS 465—2017，内容虽涉及室内环境、空气品质等内容，但其主要侧重于既有建筑的绿色化改造，对既有住区健康改造技术梳理不够全面，技术支持力量过于单薄。2016年12月1日实施的建设工程行业建设标准《既有住宅建筑功能改造技术规范》JGJ/T 390—2016，涉及健康相关的内容主要为室内环境章节，该章节仅对自然采光、通风与室内空气质量提出要求，对于既有住区的健康改造存在技术措施不全面、技术指标不具体等问题没有提及。

因此，为了规范我国既有住区健康改造的技术措施、设计方法、设计参数选择以及运行服务管理，进一步指导健康改造技术的实施，促进我国既有住区健康改造的发展，特编制《既有住区健康改造技术规程》T/CSUS 13—2021（以下简称《规程》）。

13.1.2 前期调研

编制组前期对国内既有城市住区的现状进行了调研，发现既有住区普遍存在以下问题：

（1）配套设施总量不足、类型缺乏，难以满足多样化需求。主要表现：设施配套滞后，供需差距大；空间分布不均衡，设施布点不合理；服务设施与居住人群需求不匹配；基层型设施明显不足，公益型设施不足等。

（2）公共空间供给不足、管理不善，利用效率有待提高。主要表现：公共空间比例低，供需矛盾突出；公共空间维护管理不善；用地布局不合理；空间利用形式简单，空间利用率不高等。

（3）建筑、景观、设施等方面的风貌存在不足。主要表现：住区风貌千篇一律，缺乏地域特色；外立面、外部构件与屋面老化破败；绿化景观不佳；市政环卫设施暴露在外，老化缺失；住区标识系统不足等。

（4）交通空间供给匮乏，侵占严重，环境品质低。主要表现：停车设施缺乏，历史欠账多；私搭乱建多，通行空间狭窄；路面老化破损，出行安全度和舒适度较差。

（5）管理体制机制不健全，组织管理难度大。主要表现：组织体系不健全，治理主体单一，传统管理模式制约发展；公民参与机制不健全，难以缓解复杂的社会矛盾；缺乏长效管理机制，维护难度大。

（6）既有住区室外物理环境质量差。主要表现：住区声环境比较吵闹，超过《声环境质量标准》GB 3096—2008 规定的限值；住区内照度普遍较差，远低于《城市道路照明设计标准》CJJ 45—2015 的规定值，个别小区存在显色性较低、光污染的现象；热岛效应明显，夏季风速较小，室外人行区域的日照条件较差；夏季空气质量最好，冬季空气质量较差，年平均浓度难以满足标准要求。问卷调查结果显示，居民对冬季日照、夏季遮阳、噪声、温度感知能力较强。

（7）体育健身设施不能满足居民需求。主要表现在：服务功能明显单一；场地资源严重不足；配套建设标准偏低；融合发展缺乏新动能；信息化智能化缺位。

（8）场地水环境有待提升。主要表现在：既有住区大多数存在"水多""水少""水脏""水堵"等诸多"城市病"，特别是城内部分地带地势低洼，一遇大雨就会内涝成灾，产生的地表径流污染，水患问题比较突出。

综上所述，本《规程》从既有住区规划、场地空间、居住建筑外立面、配套设施等室外不同空间，按既有住区健康改造涉及的相关场地规划、人文与景观、物理环境、水环境、配套设施等方面分别进行规定。主要技术内容与国家标准《绿色建筑评价标准》GB/T 50378—2019、《既有建筑绿色改造评价标准》GB/T 51141—2015、《绿色生态城区评价标准》GB 51255—2017、《健康建筑评价标准》T/ASC 02—2016、《健康社区评价标准》T/CECS 650—2020（T/CSUS 01—2020）、《既有住区健康改造评价标准》T/CSUS 08—2020 等标准协调，基本一致。

13.2 主要技术内容

13.2.1 体系架构

《规程》共包括8章（图13.1），第1~2章是总则和术语，第3章是评估与策划，第4~8章对既有住区健康改造所涉及的场地规划、人文与景观、物理环境、水环境、配套设施等内容分别进行了规定，包括健康改造的评估内容、设计内容和方法、建议采取的措施和技术等。通过上述内容，《规程》遵循"以人为本"的理念，采取因地制宜的改造措施，有效提升既有住区的物理环境、功能设施等综合性能。

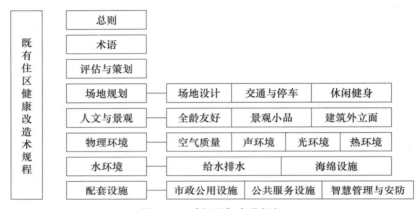

图13.1 《规程》章节框架

13.2.2 第1~2章

第1章为总则，由4条条文组成，对《规程》的编制目的、适用范围、技术选用及执行原则分别进行了规定。在适用范围中指出，本规程适用于既有住区健康改造。在进行健康改造时，应采用适宜的技术，提升既有住区的健康性能。

第2章为术语，定义了与既有住区健康改造密切相关的8个术语，具体为既有住区、既有住区健康改造、交通稳静化、非传统水源、声景、热岛强度、健身步道、全龄友好。

13.2.3 第3章

第3章为评估与策划，共包括三部分：一般规定、改造评估和改造策划。一般规定由6条条文组成，分别对评估与策划的必要性、内容、方法和报告形式等方面进行了约束。改造评估由22条条文组成，规定了场地规划、人文与景观、物理环境、水环境、配套设施方面的评估内容，改造评估的主要内容见表13.1。改造策划由4条条文组成，在策划阶段，通过对评估结果的分析，结合项目实际情况，综合考虑项目定位与分项改造目标，确定多种技术方案，并通过社会经济及环境效益分析，实施策略分析、风险分析等，完善策划方案，出具可行性研究报告或改造方案。

既有住区健康改造评估内容		表 13.1
类别	**内容**	
场地规划	场地安全性、健康性评估；场地交通安全和停车设施；场地功能布局；休闲健身场地	
人文与景观	住区无障碍设施；标识系统；住区内绿化；住区内景观小品；建筑物、加装电梯	
物理环境	既有住区空气环境；声环境；光环境；室外热环境	
水环境	各类用水水质；排水水质；场地海绵城市设施情况	
配套设施	配套设施；市政设施；安防设施；智慧设施；既有住区环境质量和水质监测	

13.2.4　第4～8章

第4～8章分别是场地规划、人文与景观、物理环境、水环境、配套设施，是《规程》的重点内容（表13.2）。根据类别不同，每章分别对实施健康改造的基础性内容或编写原则进行了规定和说明，保证既有住区健康改造后的基本性能。各章技术内容分别设置了2～4个小节，对相应的改造技术进行了归纳，便于人们使用。例如，第4章场地规划下面设置了场地设计、交通与停车、休闲健身三个技术内容。

《规程》健康改造技术目录				表 13.2
类别	**内容**			
场地规划	场地设计		交通与停车	休闲健身
人文与景观	全龄友好		景观小品	建筑外立面
物理环境	空气质量	声环境	光环境	热环境
水环境	给水排水		海绵设施	
配套设施	市政公用设施		公共服务设施	智慧管理与安防

13.3　关键技术及创新

（1）定位和适用范围

《规程》编制前期对我国既有住区现状和适用技术进行了充分调研，涵盖了成熟的既有住区健康改造技术，体现了我国既有住区健康改造特点，符合国家政策和市场需求。《规程》可有效指导我国不同气候区、不同建筑类型的既有住区健康改造。

（2）健康改造评估与策划

为了全面了解既有住区的现状、保证改造方案的合理性和经济性，《规程》要求改造前应对既有住区进行评估与策划。在进行前评估与策划时，按照健康改造涉及的内容，对场地规划、人文与景观、物理环境、水环境、配套设施等开展局部或全面评估策划，在评估与策划过程中应注意各方面的相互影响，并出具可行性研究报告或改造方案。评估与策划可以充分了解既有住区的基本性能，与以后各章改造技术一一对应，是此后具体开展健康改造工作的基础，保障了改造工作的针对性、合理性和高效性。

（3）其他

1)《规程》对既有住区健康改造的相关技术内容进行了规定，内容科学合理，与相关标准规范相协调，适用性和可操作性强。

2)《规程》综合考虑了我国当前既有住区的现状特点和改造需求，首次提出并规范了涵盖既有住区健康改造全流程的技术要求，具有创新性。

审查专家一致认为，《规程》的实施将对促进我国既有住区健康性能提升、规范健康改造技术应用起到重要作用，总体达到国际先进水平。

13.4 结束语

《规程》为国内首部既有住区健康改造评价相关标准，在编制过程中综合考虑了我国国情和既有住区改造特点，认真总结了实践经验，参考有关国内外标准，并开展了广泛的意见征求。《规程》鼓励既有住区健康改造过程中，统筹兼顾我国各地域在气候、环境、资源、经济与文化等方面的较大差异，既有住区健康改造应结合自身特点及区域优势，遵循"以人为本"的理念，采取因地制宜的改造措施，有效提升既有住区的物理环境、功能设施等综合性能。但是，既有住区健康改造在国内刚刚起步，在编制过程中难免存在疏忽之处。《规程》发布后，编制组人员将继续开展既有住区健康改造相关研究，提升标准技术条文的科学性、可操作性，还将加强对相关适用人员的培训宣传，以尽快促进《规程》的应用，引导既有住区健康改造工作顺利开展，为既有住区健康改造提供技术支撑。

第四篇　标准应用与案例

1 北京大兴国际机场旅客航站楼及停车楼工程

李晋秋[1] 白洋[1] 肖伟[1] 王亦知[2] 门小牛[2] 易巍[3] 何彬[3]
1 北京清华同衡规划设计研究院有限公司;
2 北京市建筑设计研究院有限公司;3 北京新机场建设指挥部

1.1 项目简介

北京大兴国际机场旅客航站楼及停车楼工程项目位于北京市大兴区榆垡镇与河北廊坊广阳区交界处,场址范围为京九铁路以东,永定河左堤路以北,密涿高速、京台高速以西,礼贤镇大礼路以南。由北京新机场指挥部投资建设,北京市建筑设计研究院有限公司设计,首都机场集团公司北京大兴国际机场运营,总占地面积27km²,总建筑面积141万 m²,2017 年 9 月依据《绿色建筑评价标准》GB/T 50378—2014 进行设计建造,并获得绿色建筑设计标识三星级。

项目主要功能为航站楼及停车楼,航站楼五层为值机大厅及陆侧餐饮等服务设施。四层主楼北区为国际常规办票大厅、国际出发安检。主楼南区为国际出发海关、边防。三层为国内自助办票厅、安检现场。其余指廊为国际出发区。二层主楼北区为行李提取厅,中央指廊为国际到港通道。首层为迎客厅,各指廊有楼内酒店、后勤办公及一些机电设备机房等。地下一层为旅客连接地下二层轨道交通的转换空间,最底层为轨道站台。停车楼位于航站楼和综合换乘中心北侧,地上三层,分为东西停车楼,地下为一层整体平面,局部设置设备管廊。主要为航站楼旅客提供停车使用,并相应结合制冷站、综合服务楼及轨道北站厅等部分。实景图如图 1.1 所示。

图 1.1 北京大兴国际机场旅客航站楼及停车楼工程实景图

1.2 主要技术措施

本项目以创建"绿色机场标杆"为目标，采用了诸多创新性的技术措施。航站楼世界首创采用五指廊放射构型，旅客从航站楼中心到最远端登机口步行距离不超过600m，步行时间仅需不到8min。为满足年7200万人次的旅客出行需求，北京大兴国际机场航站楼设置双层出发、双层达到；设置了双层车道边系统，方便旅客乘降；实现了机场与高铁、城际、地铁"零距离换乘"。航站楼在建筑和结构设计中采用BIM设计，实现了大跨度异形自由曲面的建筑外观、结构、内装的一体化设计，通过有效的工程控制实现了高质量的建筑完成度。航站楼采用双金属屋面系统，提升保温性能。采光顶设置智能遮阳玻璃，实现采光与降低辐射的平衡。采用被动式通风技术的航站楼设计，有效降低空调能耗。应用高漫反射吊顶、墙板系统，提升室内明亮度。运用飞机地面专用空调系统，总能效提升50%。北京大兴国际机场以实现"Airport 3.0智慧型机场"的运行管理理念为建设目标，以信息技术为载体，与各相关方实现信息共享、协同决策、流程整合，显著提升机场运行效率、旅客服务水平以及安全保障水平。

1.2.1 绿色建筑

（1）安全耐久

北京大兴国际机场是一座空铁联运的超级交通枢纽，采用了大规模的混凝土与大跨度异形曲面钢相结合的结构，为航站楼结构设计带来了巨大挑战。为实现安全可靠的首要目标，在高标准控制下，结构设计实现了以下创新：为保证结构安全，航站楼中心区整体支撑在1154个隔震支座上，大大降低了航站楼上部的地震风险。创新的层间隔震设计，也解决了航站楼与轨道交通共构的问题。航站楼中心区为一块完整的混凝土板，五百多米未设置伸缩缝，从而为上部复杂的大跨度钢结构提供了完整的支撑。解决了超长结构设计及施工措施，超大平面尺寸混凝土结构的裂缝控制问题，其中中心区结构尺寸约为513m×411m。建立航站楼曲面大跨钢结构的参数化曲面成型系统。研发C形柱与支撑筒组合支承体系，解决C形柱易扭转、承载能力不高的难题，实现了中心区180m的无柱空间。

1）耐久建筑材料应用

搪瓷钢板是一种新型的金属装饰板材，它是在金属表面涂覆了珐琅质釉料后经过约800℃以上的高温烧制，珐琅釉料和金属表面发生连续的物理和化学反应后形成的一种新的化学键。这层玻璃质釉层牢固附着在金属的表面，具有耐久、防火、耐磨、耐腐蚀、自洁等优点。航站楼将搪瓷钢板技术应用于地下一层墙面及柱面系统，使用效果良好。

2）单层柔性屋面系统（单层高分子卷材）

单层柔性屋面系统能够彻底解决传统屋面系统的渗漏水问题、冷桥结露问题、噪声问题、多曲面构造问题等。同时能够减少一层金属防水板，大大节省屋面材料用量和造价。单层柔性屋面系统是相对于叠层和多层系统而言的，它采用的是单层柔性防水层的屋面系统。北京大兴国际机场采用了TPO防水卷材，人工加速老化时间可达6000h以上，相当

173

于自然状态下使用 25 年以上。

（2）健康舒适

机场航站楼在安检、联检及行李提取区域采用对流与辐射相结合的空调系统形式，即除配置常规的全空气空调系统外，还设置吊顶辐射板供冷系统作为常规空调系统的补充，以应对这些区域人流波动大、瞬时人流密度较高的情况，将辐射系统作为部分基础空调系统，常规空调系统变风量运行，减少常规空调系统的容量，以期达到节能及改善局部区域热舒适度的目的。

航站楼屋顶设有大型采光顶进行自然采光。内区采光系数满足采光要求的面积比例为65.64%，主要功能房间采光系数满足现行国家标准《建筑采光设计标准》GB 50033 要求的面积比例（87.16%）。

为了降低采光顶夏季带来的辐射热增加，利用夏季太阳高度角高、冬季高度角低的原理，新机场创新性地进行了遮阳的合理设计。设计团队选取不同孔隙和宽度的金属网，建立遮阳网、天空和日照模型，进行参数化控制，利用遗传算法对采光顶中置遮阳的方向和角度进行智能优化，综合考虑遮阳和采光双重因素，选取最优的解决方案。

1）室内自然通风

北京大兴国际机场采用自然通风的策略，设置了多处通风中庭，并在一层四周设置百叶窗口为进风口，屋顶侧窗和天窗的风口作为排风口，形成有效的热压通风效应，保证航站楼在过渡季非空调环境下利用自然通风降低空调能耗。模拟结果显示，室内人行高度距地面 1.5m 处可维持在 0.25～0.82m/s 范围内，指廊区域整体与室外换气都较为充分，纯热压通风情况下，室内自然通风换气次数可达 5.35 次 /h，远高于绿色建筑设计不低于 2 次 /h的要求。

2）外遮阳措施

航站楼建筑屋檐的遮阳效果非常明显，仅在大屋檐的自遮阳情况下，SC 控制在 0.30以下，各立面太阳辐射热量降低 70% 以上，且这部分立面的面积占整个立面的 50% 以上。同时航站楼结合日照模拟分析图，在人活动区域设置广告牌子、装饰性遮阳帘等措施，减少太阳辐射对人体热舒适的影响。

（3）高效便捷

1）航站楼布局

航站楼采用集中式多指廊构型，旅客从航站楼中心到最远端登机口步行距离不超过600m，步行时间仅需不到 8min。中心放射的多指廊构型指向性强，具有良好的旅客出行体验。比较而言，北京首都机场 T3 航站楼的最远登机口约 1200m，还需借助旅客捷运系统，荷兰阿姆斯特丹国际机场的最远登机口不低于 700m。

2）公共交通

为满足年 7200 万人次的旅客出行需求，北京大兴国际机场航站楼设置双层出发双层达到，且设置了双层车道边系统，方便旅客乘降，为国际首创。轨道站台与航站楼一体化设计，地下二层为轨道交通站台及轨道区。高铁、城际、快轨等多种轨道交通南北穿越航站楼，旅客可以通过站厅内的大容量扶梯直接提升至航站楼的出港大厅。相比上海虹桥机场的 15min 换乘，实现了真正意义的机场与高铁、城际、地铁"零距离换乘"。

采用五纵两横的交通体系，衔接机场与城市。本期新机场快线（丽泽－草桥－新机场－雄安），实现北京市区和雄安新区20min至新机场（160km/h），远期规划R4线和预留线。新机场轨道专线可直达北京市中心区域并与城市轨道网络多点衔接，实现"一次换乘、一小时通达、一站式服务"。高速公路、城际铁路可在2h以内实现与周边主要城市的连接。进场公共交通分担率规划目标至少可达50%，高于首都机场（27%）和虹桥机场（43%）。

结合北京大兴国际机场的特点，编制了《BNA航站楼无障碍设计标准细则》。从停车、通道、服务、登机、标识等8个系统针对行动不便、听障、视障3类人群开展专项设计，使无障碍设施全面满足旅客出行要求。

机场的无障碍系统是非常庞大的一个体系，在进港道路、交通、航站楼、卫生间、电梯、值机柜台、候机、登机、安检、离港等各个环节，都需要精细入微。北京大兴国际机场的无障碍设计从残障人士抵达大兴国际机场开始，车道边便设有无障碍停车位，入口到综合服务柜台设置了连续性的盲道。航站楼内充分考虑残障人士的使用需求。以电梯为例，在残疾人扶手、盲文的内呼面板和语音提示之外，考虑人流拥堵，大兴机场在离电梯几米远处设置了带有下部按钮的外呼面板按钮，方便无上肢旅客通过脚踏使用。同时新机场在现有的无障碍设施基础上进行创新研发。如设计全新的旅客托运行李称重系统，残障人士使用底部有滑轮的拉杆箱只需轻轻一推，即可自动上称重机，省去了手提的动作，提升了体验感。

（4）景观庭院

在航站楼五个指廊尽端创新设置了5个庭院，在平面水平方向上呈轴线对称，分别呈现中国园林、田园、丝、瓷、茶等元素，营造出极具中国传统文化内涵的花园空间。为旅客提供绿色的活动空间，凸显绿色和人性化理念。

（5）海绵机场

北京大兴国际机场水环境系统建设面临的主要问题是满足区域防洪要求并避免新机场内部独立排水不畅造成内涝，实现雨水径流总量的有效控制，维持机场内水环境良好水质。为此，机场建设了全过程管理的"海绵机场"，从末端强排＋大型调蓄设施保证水安全和源头＋中途＋末端径流、污染控制两方面考虑，综合利用低影响开发措施，共同构建弹性的雨水基础设施，实现雨水径流的"渗、滞、蓄、净、用、排"，应对极端暴雨和气候变化，保障机场良性水文循环。

考虑到航站楼内部的安全问题，内部未通中水，积极利用雨水。收集航站楼陆侧屋面雨水，收集后净化处理用于制冷站冷却塔补水和航站楼各指廊庭院绿化用水，满足2.5d的用水量设计。在C、G指廊地下结构空间内设置12000m³雨水利用水池。根据水平衡计算，除个别月外，雨水基本可以满足冷却水的补水需求。停车楼内部接通机场再生水管道。雨水和中水相互补充，用于区域88.13%的绿化灌溉、道路浇洒、车库地面冲洗用水和100%停车楼冲厕用水，可节约用水4820m³/d。

本项目停车楼两侧有86564m²的大型绿地，内部设置13627m²下凹式绿地，占比达39.08%。停车楼屋顶设置2204.46m²屋顶绿化。在C和G指廊设置雨水调蓄池。通过这些低影响开发措施，实现航站楼与停车楼区域径流总量控制率不低于70%。

1.2.2 固碳减碳

（1）节约集约利用土地

航站楼采用双层出发、轨道站台与航站楼一体化，地下二层为轨道交通站台及轨道区。高铁、城际、快轨等多种轨道交通南北穿越航站楼，旅客可以通过站厅内的大容量扶梯直接提升至航站楼的出港大厅。与传统航站楼和高铁分设的情况相比，节约了一个高铁站的使用空间。

（2）围护结构优化

航站楼使用 DeST 软件进行负荷计算，对比了 6 种围护结构方案的累计冷热负荷，选取了其中最佳方案，提升围护结构热工性能的同时减少造价。航站楼屋面总展开面积 29 万 m^2，其中直立锁边主屋面系统构造采用了双层金属屋面系统，上层金属装饰板的设置使得下层直立锁边防水层的布置能以最短、最有利的排水方向自由布置。同时，双层通风屋面具有显著的节能、降噪性能，在构造上也加强了下层直立锁边层面板的抗风揭性能。

（3）降低空调系统能耗

航站区就近设置制冷站，缩短空调冷水输配距离、空调冷水系统大温差运行，有效降低水系统输配能耗。公共区域设全空气变风量系统，送排风机根据负荷变化变频调节，避免过冷过热现象。降低空调风系统送风温度、大温差送风，减少输送能耗。

飞机停靠在航站楼进出旅客时，由于飞机内空调消耗燃油，常规做法是利用桥载空调从航站楼远距离输送冷热量。这种做法采用风冷式风管送风机组，冬季采用电加热，能效相对较低，运行能耗大。北京大兴国际机场创新采用飞机地面专用空调系统，冷源为各指廊设置的蒸发冷却低温冷水机组，热源采用机场集中热源，可大幅降低装机容量。机组改为落地安装，减少吊装荷载 4t 多。末端更靠近飞机，缩短送风软管长度，由传统的 30m 多至 40m，减少 7m 左右，降低风机能耗和传输损失。综上所述，飞机地面专用空调系统总能效在 2.8 以上，比常规系统 1.75 的总能效提升 50% 以上，且建设、运行成本低，综合效益显著。

（4）可再生能源利用

项目采用光伏发电系统充分利用太阳能。在东西停车楼屋面分布式采取 9 块 125Wp 光伏组件串联，供 1920 个支路，装机容量共 2.16MWp，可再生能源发电量占建筑用电量的 3.79%（图 1.2）。

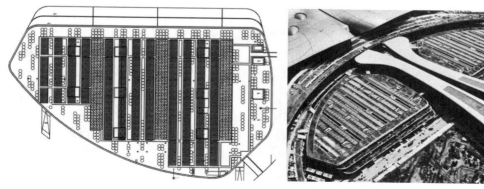

图 1.2　停车楼屋面光伏布置图

1.2.3　智慧运维

北京大兴国际机场以实现"Airport 3.0智慧型机场"的运行管理理念为建设目标，以信息技术为载体，与各相关方实现信息共享、协同决策、流程整合，显著提升机场运行效率、旅客服务水平以及安全保障水平，共建设9大应用平台、6大基础平台、4大基础设施及下属的68个系统，实现对机场全区域、全业务领域的覆盖和支撑。智慧航站楼是智慧机场的重要组成部分，可以实现防患于未然的安全管理、全面及时的旅客服务和数据驱动非航业务管理等智慧服务与管理。

（1）安全管理

航站楼将安防和地理信息系统结合，形成全面安防保护，实现可视化安防，在航站楼三维地图中展现摄像头位置，并实现目标智能跟踪；深度运用安防智能分析技术，通过图像分析、生物识别等手段，实现安全事件预测和主动预警，提升安全防范能力。

（2）无纸化出行

在航站楼，旅客可享受"全链条全流程无纸化出行"服务。国内首次支持100%"无纸化"和100%面像登机，实现"一张脸走遍机场""一张网智慧应用""一颗芯行李跟踪"。机场在国内首个采用了先进的"人脸识别自动值机系统"，不用身份证等任何证照，手机上存好电子登机牌即可通行。同时机场海关是全国首个在行李检查区全面配备新型高速CT检查设备的海关，这种设备的速度远快于普通CT，除少数重点旅客及行李需进入重点查验区接受海关查验外，绝大多数旅客入境时可实现"无感通关"，只需3～4s的时间就能完成多项安检程序，走出安检通道。机场内部全面采用了RFID行李追踪系统，可实现旅客行李全流程的跟踪管理，旅客可以通过手机APP实时掌握行李状态，有效缓解旅客等待行李时的焦虑感。

（3）快速泊车

停车楼配有AVG机器人智能停车区，驾驶员只需将车停在平台上，机器人就会抬起平台并将车辆运到空位。旅客取车时，只需扫描停车票或使用终端输入车牌号码就可以知道车辆停放的位置。这是机器人自动泊车功能在国内机场的首次应用，旅客停车、取车时间不超过3min。

1.3　实施效果

航站楼采光顶大面积应用中置遮阳，可以实现夏季综合工况直射光遮挡率59%，采光系数折减率37%。机场径流总量控制率不低于70%、雨水收集率100%，雨水外排限制流量30m³/s、年径流污染削减率不低于68%。航站楼内部采用混流式设计，进出港的人员均要经过布满商业和餐饮的中央大厅，设施共享，节约了约8%的用地空间。飞机地面专用空调系统总能效在2.8以上，相比常规系统1.75，总能效提升50%以上。可再生能源发电提供建筑用电量的3.79%。民航在线满意度调查中，大兴机场得分在全国旅客吞吐量千万级及以上机场中排名第一。

1.4 社会经济效益分析

新机场航站楼与停车楼工程通过选用高效能的冷机，将能源站设置在距离负荷中心最近的区域，进一步降低输配能耗，采用大温差供冷等手段。根据模拟显示航站楼的能耗为143kW·h/（a·m²），比调研寒冷地区的其他6栋航站楼（包含首都机场T1～T3航站楼）能耗的平均值降低25%左右，比我国五个气候区共22个在运行的航站楼能耗的平均值降低20%左右。北京大兴国际机场航站楼在C、G指廊地下结构空间内，分别设置雨水利用水池共计12000m³。雨水收集池净化处理后，用于冷却塔补水、绿化灌溉、道路浇洒和部分地库冲洗，可节约用水4820m³/d。单位面积增量成本37元/m²。

1.5 总结

北京大兴国际机场深度贯彻"资源节约、环境友好、运行高效和人性化服务"的发展战略、加快绿色生态机场建设，打造低碳机场先行者、绿色建筑实践者、高效运行引领者、人性化服务标杆机场和环境友好型示范机场的高端定位，主要技术措施总结如下：

（1）创新结构设计，应用搪瓷钢板、TPO防水卷材等耐久建筑材料；室内补充采用吊顶辐射板供冷系统，屋顶设置大型采光顶并结合中置遮阳，设置通风中庭加强自然通风，充分发挥大屋檐自遮阳作用，有效降低太阳辐射得热；采用集中式多指廊构型及双层车道边换乘系统，提升旅客出行便捷度。

（2）通过设置指廊庭院，为旅客提供绿色活动空间；设置雨水调蓄收集池充分收集航站楼陆侧屋面雨水，用于制冷站冷却塔补水和航站楼各指廊庭院绿化用水，通过大型下凹式绿地及屋顶绿化降低雨水径流。

（3）优化围护结构热工性能，采用通风屋面降低冷负荷，就近设置制冷站，缩短输配距离，提升空调水系统运行温差；采用飞机地面专用空调系统进一步降低空调能耗；停车楼屋面设置太阳能光伏发电系统。

（4）以实现"Airport 3.0智慧型机场"的运行管理理念为建设目标，以信息技术为载体，与各相关方实现信息共享、协同决策、流程整合，显著提升机场运行效率、旅客服务水平以及安全保障水平。共建设9大应用平台、6大基础平台、4大基础设施及下属的68个系统，实现对机场全区域、全业务领域的覆盖和支撑。

该项目获得了2020年度"全国绿色建筑创新奖"一等奖，绿色、低碳、人性化的理念及成果得到了政府肯定。

2 北京丽泽金融商务区

关芳[1] 王月虎[1] 孙静[2] 巩金超[2] 孙景[2] 杨友强[3] 王京宁[3]
1 北京丽泽金融商务区管理委员会；2 北京建筑技术发展有限责任公司；
3 北京丽泽金都科技发展有限责任公司

2.1 项目简介

北京丽泽金融商务区地处北京西二、西三环路之间，以丽泽路为主线，东起西二环的菜户营桥，西至西三环的丽泽桥，南起丰草河，北至红莲南路，是北京市三环内最后一块建设中的经济功能区。

丽泽金融商务区用地功能除现状保留区域及少量回迁房外，主要以商业金融及公建混合用地为主。整个功能区划分为核心区、外围生态绿地环和外围居住混合配套区三部分。丽泽金融商务区规划占地面积 8.09km^2，总建筑面积约 950 万 m^2。其中，核心区规划占地面积 2.81km^2，总建筑面积 650 万 m^2。

《北京城市总体规划（2016—2035 年）》中对丽泽金融区的定位是：新兴金融产业集聚区、首都金融改革试验区，重点发展互联网金融、数字金融、金融信息、金融中介、金融文化等新兴业态；完善区域配套，加强智慧型精细化管理。

2019 年丽泽金融商务区完成了规划优化方案（图 2.1），同时启动了生态专项提升研究，并获得了 2019 年北京市绿色生态示范区称号。

图 2.1 北京丽泽金融商务区效果图

2.2 主要技术措施

丽泽金融商务区建设项目以新时代中国特色社会主义思想为指导，践行五大发展理念，深入贯彻科学发展观和可持续发展要求，以人为本，围绕区域发展规划，着力进行文化特色塑造，打造生态示范区、智慧城市示范区及战略性新兴金融展示区，实现新型化高质量发展。

2.2.1 高质量碳排放控制

（1）制定低碳生态指标体系

按照发展定位与绿色生态建设总体目标，丽泽金融商务区编制了绿色建筑、生态环境、智慧园区、绿色交通等各项专项规划，并提取关键指标，搭建了生态建设指标体系，做到发展目标可量化，规划建设有抓手，全过程管理有模式，确保生态建设总体目标的实现。

丽泽金融商务区低碳生态建设指标包括经济、土地利用、能源高效利用、资源循环利用、人工环境协调、绿色交通、改善自然环境、智慧园区建设和运营管理机制 9 项一级指标，基本包含了园区所有与低碳生态建设相关的内容，该 9 项一级项指标下又设置了 33 项二级指标。通过这些指标的控制，即可保障园区的低碳生态建设的实施。

（2）碳排放总量控制

为落实生态建设指标体系中碳排放总量比 2005 年模拟基准情景下的碳排放量降低 45% 及以上的要求，丽泽在先期建设中主要从建筑、交通、绿植三个方面实施商务区内的生态低碳建设，具体技术路线如图 2.2 所示。

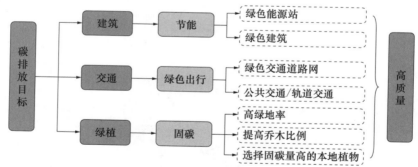

图 2.2 北京丽泽金融商务区生态低碳建设技术路线图

2.2.2 控规优化提升

按照市委市政府主要领导关于高点定位、抓好丽泽金融商务区规划建设工作和"丽泽要成为第二金融街"的要求，市规划自然资源委会同丰台区政府，组织北京建院、波士顿咨询（上海）有限公司牵头，联合 SOM（美国）、空间句法（英国）、NL Urban Solutions（荷兰）、城建院、市政总院、江河水利等国内外多家技术团队组建工作营，深入研究城市功能、发展战略、城市品质、交通组织、生态文化等方面的优化提升策略，共同完成了《北京丽泽金融商务区优化提升方案》。

（1）优化"以人为本"的城市功能

1）构建高服务水准的混合功能结构

对标全球典型商务区的案例，对现有商务区人员需求进行大数据统计，合理优化提升商务办公所需的酒店、公寓、商业、公共配套等比例，建成服务高端人才、符合全球商务区发展趋势的混合园区。

2）完善高效便利的复合功能布局

通过引入五星级酒店、国际医疗、购物综合体等高端配套，提升区域品质；基于商业空间价值、空间结构、现状限制性条件等因素的分析，综合确定配套设施布局；保障90%以上的配套设施在地铁口、地下空间出入口300m辐射半径内；配套设施布局体现水平和垂直空间上的高度复合。

3）实现区域内职住平衡

在2.81km²、8.09km²、60km²三个圈层内，采取长租公寓、商品住宅、公租房等多种形式满足不同居住需求。在半小时交通圈内，可以基本解决80%丽泽就业人员的居住。

（2）提升城市形态和环境品质

1）建筑空间与绿色公共空间充分融合。通过调整局部路网，构建多种过街方式等手段，完善丽泽34km的生态慢行系统，并与城市慢行系统相连接；优化开放空间系统，做到建筑开窗见绿，任意建筑步行300m内可达1hm²以上公园绿地，下楼5min内（不穿城市主干道）即可与生态慢行系统对接；金中都南路的主干道功能南移至万泉寺路，使核心区与丰草河绿地联系紧密；通过人行二层平台的形式串联核心区与西侧一道绿隔城市公园环（图2.3）。

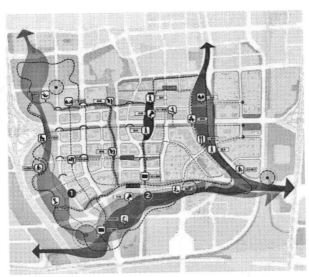

图2.3　慢行系统与绿色公共空间关系图

2）建设"小街区、密路网"的开放街区。在核心区（2.81km²）内道路网密度由10.8km/km²增至12.49km/km²，北区路网密度约18km/km²（含街坊道路），达到国际水平。同时，各地块内部公共空间全部向公众开放，打造开放街区。

3）保障城市道路与两侧用地界面一体化设计。南区优化已实施的路板形式，整合道路红线内的慢行空间与用地红线内的公共空间，实现道路界面的统一；调整绿化布局，建设林荫路，缩短过街尺度，营造良好的过街感受。北区调整路板宽度，缩短道路红线宽度，增加街区围合感。

4）加强文化和自然资源的保护利用。发掘金中都历史文化、水文化、戏曲文化，体现丽泽城市特色风貌。采用多种生态措施，保障生态安全，打造丰草河、莲花河等丽泽特色滨水景观。

（3）构建高效便捷的地下城

五条轨道线的交织，航站楼、地下交通环廊的建设，使丽泽交通更加便捷，也加大了地下空间的需求和建设难度。地下空间一体化建设将有效联动周边景观资源，满足大量办公、商业、换乘人流的交通需求和休闲购物需求，提升建设的科学性和资源利用的高效性。

地下一体化空间联通地面共 18 个地块，交通环廊联通地面共 25 个地块。一体化空间通过标志性节点空间、出入口与地下相连。地下一、二层作为人行主力层，串联地上绿地、办公、商业空间；地下三、四层作为车行主力层与停车空间，分层分区域设置。整体实现地下空间与地上办公、商业、公共绿地互联互通，构建功能复合的"立体城市功能极核"（图 2.4）。

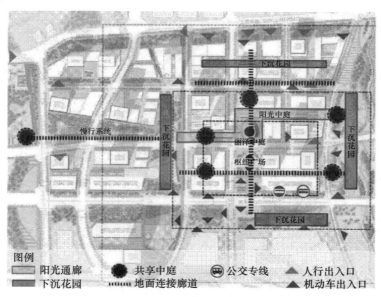

图 2.4　地下空间规划示意图

2.2.3　绿色建筑全过程管控

（1）绿色建筑星级指标建设纳入建设流程监管

北京市住建委联合北京市规自委等 7 个市级部门联合发布了《关于推动丽泽金融商务区低碳生态建设的工作意见（试行）》，入区业主从拿地签订"低碳生态约定书"开始，进行规划统筹、设计审查指导、施工过程控制、运营过程监管，为丽泽金融商务区的绿色生态建设落地实施提供有力保障。

（2）新建建筑百分之百达到绿色建筑标准

丽泽金融商务区新建建筑全部执行《绿色建筑评价标准》GB/T 50378—2014，其中原规划指标中，一星级绿色建筑比例为30%，二星级绿色建筑占比42%，三星级绿色建筑占比达28%。现随着北京市绿色建筑规定的提升进行优化升级，新出让项目均按照二星级以上标准进行生态建设，二星级以上建筑面积比例达到81%；整体绿色建筑建设指标优于北京市现行指标要求。

除了建设项目进行全过程监管，丽泽金融商务区还编制了相关技术指导文件，为建设项目提供技术支撑，其中包括《丽泽金融商务区绿色建筑设计导则》《丽泽金融商务区绿色施工导则》《丽泽金融商务区关键适宜技术集成手册》等文件。

2.2.4　能源高效利用

丽泽金融商务区响应国家能源局"多能互补""能源互联网＋"号召，规划建设以污水源热泵、融冰为冷热源基础负荷，市政热网＋燃气锅炉作为热网调峰、电制冷作为冷网调峰、冷热同网为特色，智慧系统为亮点，实践能量品质梯级利用的节能高效综合能源供应系统。丽泽金融商务区的多能互补集成优化示范项目，是北京市重点建设工程、国家能源局APEC低碳示范城镇项目、国家能源局多能互补集成优化示范项目。该项目包括智慧能源调度中心、综合能源中心，2个换热首站，4个集中冷站及9km冷热同网系统。丽泽金融商务区核心部分供冷面积400万 m^2，总供冷能力为290MW。

商务区因地制宜利用区域内太阳能、地热、污水等可再生能源，清洁能源利用率达到100%，可再生能源利用率达到5%。

2.2.5　绿色交通出行

丽泽金融商务区的绿色出行率将达到80%，园区内共设4个地铁站、5条地铁线路，以及6个公交首末站、1处公交中心站、10处公交换乘站和1处公交枢纽。300m半径公交覆盖率达到100%，500m轨道交通覆盖率达到74%（图2.5）。

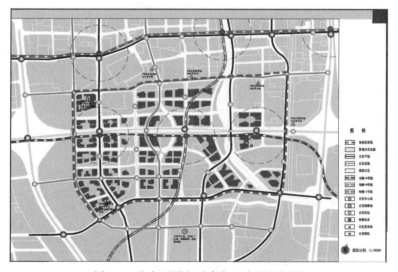

图2.5　北京丽泽金融商务区交通规划图

在静态交通方面，商务区核心区全部采用地下停车模式，不设地面停车场。地铁站点300m范围内限制小汽车使用，设置40个车位/万m²；500m范围内引导小汽车使用，设置60个车位/万m²。

2.3 实施效果

丽泽金融商务区在获得"北京市绿色生态示范区"称号之后，在绿色生态建设方面确定了目标和技术路线，初显建设成效。

（1）土地集约利用

在商务区核心位置采用地下空间一体化开发，一体化建设区域占地约0.4km²，项目涉及用地约1km²，占核心区2.81km²的36%。其中一体化区域连通地面共18个地块；交通环廊连通地面共25个地块；东管头地铁站连通地面共10个地块。地下空间一体化开发，形成地下空间网络，并且与轨道交通、地面交通、地下环廊、地下管廊、景观绿化充分结合，激发地下空间活力。同时与地上办公、商业、公共绿地互联互通，构建城市开放系统，促进24h全时段活力积聚。

园区的地下交通环廊项目以丽泽路南线为界划分为南北区。丽泽地下环廊全线总长约4.3km，其中南区环廊长度2.34km，北区环廊长度1.96km。根据丽泽金融商务区地下环廊施工进展，目前完成的地下环廊长度为2.76km，完成比例为64%。

（2）能源高效利用

商务区新建建筑中多能互补利用的覆盖率为100%。园区新建建筑的能源使用全部由京能恒星能源科技有限公司提供的终端一体化功能系统输送，即采用"电制冷＋冰蓄冷"集中冷站、结合冷热切换技术，打造丽泽商务区集中供冷、集中供热智慧能源综合式一站服务保障体系；并通过系统不断升级，打造了污水源热泵、可再生能源应用为基核，电制冷为核心，绿电蓄能、冷热同网、冷热电能源微网为亮点的综合能源供应系统，实现"横向多能互补，纵向源网荷储；梯级能源利用，开放能源交互"的能源清洁生产与就近消纳，做到100%清洁能源利用率，为商务区用户提供集中能源服务。

（3）绿色建筑

商务区南区25个单体建筑中，有19个为绿色建筑二星级及以上认证，有3个建筑获得LEED绿色建筑金级认证，高星级绿色建筑认证面积达到92.5%。北区新建建筑按照规划均为绿色建筑三星级。

（4）固废资源利用

商务区所有运营地块均做到100%生活垃圾分类收集；园区各地块项目生活垃圾处理采用全包干的形式处理垃圾，包括车辆、人员、设施运营等。

（5）水资源利用

商务区内市政中水管线均已随道路建设完成，且所有的已建成项目100%做到了在建筑内设置中水系统，待市政水源接入后即可实现各地块的非传统水源利用。

（6）绿色交通

按照商务区规划，公交站点覆盖率为100%，园区的各地块均可以在300m范围内到达公共交通站。由于土地出让及园区总体建设进度原因，公共交通的建设与原计划相比略有推迟，近期周边地铁和公交正在逐步开通。近 60% 的建筑拥有自有摆渡车，且各地块项目均设置停靠点。

（7）自然环境

商务区城市运动休闲公园（一期）、滨水文化公园（一期）已于 2021 年 5 月底拆除围挡实现部分对外开放。核心区（南区）绿地景观公园重点打造开窗见绿、下楼进绿的街心公园，目前已进场施工。根据丽泽金融商务区绿地建设规划，各地块均可实现 500m 范围内公共绿地覆盖率 100%。

（8）智慧园区建设

丽泽金融商务区作为 5G 试点示范区，整个园区进行了统一的智能化基础设施建造，且园区的 5G 网络覆盖是规划的硬性指标，因此所有的建筑具备接入 5G 网络条件，完成了二级指标 5G 网络覆盖率 100% 的要求。

2.4 综合效益分析

丽泽生态商务区的建设以创建"宜居宜业"的新型低碳金融商务区为目标，打造国家级"绿色生态示范区"，落实国家节能减排战略，促进城镇化建设与民生改善，通过机制建设、科技支撑、政策保障等多种手段，实现丽泽全方位"低碳化""生态化"发展。

2.4.1 生态效益

（1）降低碳排放量。丽泽金融商务区建成后，2020 年碳排放量比 2005 年北京市相同规模相同类型区域的碳排放量降低 45%，为北京市的节能减排做出了贡献。

（2）通过总体景观规划，结合海绵体系建设，进行雨水花园、生态植草沟、透水铺装、调蓄池设计，区域总调蓄容积 7.7 万 m^3。

（3）通过莲花河、丰草河、三环绿化隔离带以及历史文化带打造多条生态廊道，改善区域热环境、风环境，降低城市热岛强度。

（4）通过"TOD"导向开发模式，进行土地混合利用，建立一体化交通网、慢行路网等生态系统，可实现 80% 的绿色出行率。

2.4.2 经济效益

通过应用荷兰国家应用科学研究院（TNO）开发的城市战略（Urban Strategy）软件对丽泽金融商务区规划碳排放进行分析，到 2020 年，CO_2 减排量共 54.93 万 t（较按照 2005 年各项标准建设的园区减排量），减排率约 45%。其中，建筑 CO_2 减排量 47.35 万 t，地下空间减排量 2.41 万 t，交通 CO_2 减排量 3.3 万 t，绿植固碳 1.87 万 t。

2.4.3 社会效益

随着园区绿色生态建设的不断推进，经济和环境效益的日益显现，园区内企业、居民对绿色生态建设的参与度将不断提高，绿色生态意识不断巩固加强，形成绿色生态发展实践与理念良性互动的良好局面；通过绿色建筑、绿色基础设施等方面相关工程的建设，将为园区内企业员工、居民和路人提供优良的工作条件、优美的生活环境和生活体验，形成商务区和谐友好的发展氛围。

2.5 总结

丽泽金融商务区绿色生态建设围绕低碳指标体系，从技术层面和政策层面提供双重保障，实现以目标体系为基础的全过程技术指导与管理政策的落实。围绕碳减排目标，从绿色建筑、绿色交通、低影响开发等方面采取技术措施，建设以碳排放量化指标落实为重点的高品质园区。

丽泽金融商务区坚持以人为本，注重生活环境、办公环境、出行环境、休闲环境的全面提升，打造便捷高效、动静结合、和谐共融的活力园区。

3 苏州吴中太湖新城启动区

孙景[1]　唐泊洋[1]　张强[1]　李敬[1]　蔡波[2]　王威力[2]
1　北京建筑技术发展有限责任公司；2　苏州北建节能技术有限公司

3.1　项目简介

苏州吴中太湖新城启动区（以下简称启动区）位于苏州市吴中区，东、南至太湖大堤，西至旺山路，北至绕城公路（去除现旺山工业园），如图3.1所示。太湖新城是苏州"一核四城"城市发展战略的重要支点，是苏州迈向"太湖时代"的重要门户和标志性区域。其发展定位是以现代服务业和创新产业为主导，体现"新产业、新城市、新生活"特征的滨湖山水新城。启动区总用地规模为1013.48万 m²，其中城市建设用地为867.62万 m²，非建设用地145.17万 m²，总规划人口13万人。启动区于2016年取得控规调整批复，启动开发建设。启动区2020年按照《绿色生态城区评价标准》GB/T 51255—2017进行绿色生态城区申报，并取得绿色生态城区规划设计三星级标识。

图3.1　苏州吴中太湖新城启动区效果图

3.2 主要技术措施

3.2.1 土地利用

（1）混合开发：土地混合开发可以实现城市功能聚集，减少交通和配套设施的开发成本，增加城区居民的生活便利。启动区内居住用地（R类）、公共管理与公共服务设施用地（A类）及商业服务业设施用地（B类）中的两类或三类混合用地单元的面积之和占城区总建设用地面积的比例为94.15%。总体规划布局形成"一心一带两轴三片五区"的规划结构。

（2）公交站点混合：启动区规划公共交通站点共计145个，站点周边500m范围内均采取混合开发，占比为100%。站点周边用地以居住用地、中小学用地、商业商务混合用地、医疗卫生用地、文化设施用地等为主，形成公交导向的混合用地布局模式。

（3）公共开放空间：启动区内公共绿地分为综合性公园、居住社区公园、街头绿地等。其中，综合性公园包括天鹅湖公园、中心区中轴公园、滨湖公园带等；社区中心公园、街头绿地均匀分布于启动区各处。公共空间500m服务范围覆盖城区的比例为83%。

（4）生态绿地：启动区内公园绿地用地面积为87.87hm^2，防护绿地用地面积为77.95hm^2，广场用地为14.95hm^2，附属绿地141.53hm^2，水域面积90.29hm^2。生态绿地占启动区用地比例为40.7%。

（5）通风廊道

按照启动区控规方案，线状绿化主要有：沿主要干道及景观道路的防护绿带及河道的防护绿带，包括官渡河生态景观带、天鹅港景观带等，其中沿太湖风光带绿带严格遵照绿线进行设置。除核心区局部地段外，沿太湖大堤内侧防护绿带宽度不少于100m，沿湖风光带主要以缓坡绿带、湿地水系等为主；官渡河两侧设置总计宽度不小于100m的绿带，作为生态廊道；规划沿苏州绕城两侧设置宽度不少于100m的防护绿带；启动区范围内沿太湖大堤，天鹅港、官渡河、景周河形成多条通风廊道，能够有效提升城市空气流通能力、缓解城市热岛。

3.2.2 生态环境

（1）自然生态

根据苏州市和吴中区"十三五"环境保护与生态建设规划，均明确指出要加强生物多样性保护，实施生物多样性保护战略与行动计划，增强生态系统稳定性。根据《苏州吴中太湖新城绿色生态城区系列专项规划（2016—2030）》指标体系对自然生态系统保护的要求，将综合物种指数≥0.7、本地木本植物指数≥0.9作为绿色生态指标体系的约束性指标。

（2）环境质量

根据吴中区空气质量监测站数据，太湖新城年空气质量优良日≥300d，PM$_{2.5}$平均浓度达标天数≥280d，区域声环境功能区达标率达到100%。《苏州吴中太湖新城启动区控制性详细规划调整（2012~2030）》中明确规定：启动区水体水质达到国家标准Ⅲ类，污水全部进入污水处理厂处理。规划启动区采用天然气清洁能源，大幅度降低碳排放。垃圾日产日清，合理设置垃圾收集桶位置，有效减少垃圾恶臭对大气环境的影响。

（3）垃圾分类收集、无害化处理

根据《苏州吴中太湖新城启动区固废专项规划》，垃圾无害化处理率达到100%。资源化回收后的剩余生活垃圾，送入苏州市七子山垃圾综合处理中心进行无害化处理；餐厨垃圾统一运输至七子山餐厨垃圾处理厂进行无害化处理；医疗废物送至启动区外专业处理机构进行无害化处置；园林垃圾于苏州市苏能垃圾焚烧厂及七子山垃圾填埋场进行无害化处理；资源化回收后的剩余建筑垃圾送入七子山填埋场进行无害化填埋。

3.2.3　绿色建筑

通过对标国内典型案例绿色建筑星级目标，结合启动区绿色建筑"国内领先、生态示范、全生命期"的宏观目标，制定启动区绿色建筑目标为：

（1）启动区内建筑100%实现绿色建筑要求，其中达到二星级及以上要求的建筑不低于62%。

（2）建设国际绿色建筑示范区，示范区内的建筑满足绿色建筑星级标准要求的同时，鼓励进行国际绿色建筑标准认证。

（3）政府投资的公共建筑应100%达到绿色建筑二星级及以上评价标准。

为保障后期绿色建筑的落地，建立一套"规划—设计—建设—运营"全过程绿色建筑实现模式。通过开展绿色施工以及绿色运营等，利用全过程绿色建筑实现模式进行监管。同时，推进绿色建筑后评估工作，使绿色建筑真正进入建筑的运营中。

3.2.4　资源与碳排放

（1）分项计量：启动区编制了能源专项规划和碳减排专项规划，科学合理地规划能源的供应模式、用能模式、需求端能源消费模式，进行能耗和碳排放系统的区域整体规划和协调，以指导城市的科学建设。启动区内规划建立城区级能源管理系统，以地块或建筑为单位，针对电力、热力、燃气、燃油、集中供热、集中供冷、可再生能源及其他类用能等安装计量表，进行分项数据采集、监测和分析，并纳入城市能源管理平台。对于采用城区集中供应的能源系统进行集中供冷、供热的建筑，采用计量收费模式。建筑能耗分析管理系统是通过对建筑安装分类和分项能耗计量装置，采用远程传输等手段及时采集能耗数据，实现重点建筑能耗的在线监测和动态分析功能。

（2）可再生能源利用：启动区采用太阳能光热系统作为主要可再生能源的应用方式，根据建设和场地情况对部分地块利用太阳能光伏系统，可再生能源提供生活热水占总生活用水能耗的比例为44.20%；同时根据地质和水资源条件，在适宜区域采用地源热泵和水源热泵作为建筑冷热源，水地源热泵可再生能源提供的比例为2.46%。

（3）系统设备：苏州吴中太湖新城设置了冷热电三联供能源中心，设计供冷、供热面积规模为200万 m^2，联供系统覆盖的公共建筑面积占城区总的公共建筑面积的41.8%。项目设计一次能源利用效率为89.24%，实现了一次能源的梯级利用，提高了城市能源运行效率，有效降低了城市碳排放水平。

（4）碳排放量：根据测算，在 2030 年，启动区预计全年碳排放量为 56.447 万 tCO_2，与常规模式相比综合减碳率为 25.91%。人均碳排放量为 4.342tCO_2/（人·年），单位面积碳排放为 55722.767tCO_2/（km^2·年），单位 GDP 碳排放量为 0.398tCO_2/（万元·年），较 2010 年下降 73.57%。满足到 2030 年，苏州市万元 GDP 二氧化碳排放下降率（较 2010 年）达到 70% 目标的要求。

（5）水环境：启动区在给水系统中采取"以供定需"的方式，将城市节水和循环用水转化为对水资源依赖的削减和供水规模的削减，合理抑制需水量。本着"高质水高用、低质水低用"、因地制宜的原则确定用途，再生水管网干管可覆盖全区。对使用超过 50 年和材质落后的供水管网进行更新改造，2020 年，区域公共供水管网漏损率控制在 7.2% 以内，规划远期 2030 年漏损率控制在 6% 以内。规划建设供排水一体的"智慧水务"管理系统平台建设，完善管网全覆盖的优化调度信息系统，形成城市水务物联网，构建全方位的"智慧水务"管理系统。

3.2.5 绿色交通

（1）绿色交通出行

启动区通过优化交通系统，采用绿色交通组织设计，运用智慧交通技术手段，构建以步行、自行车和公共交通等绿色交通为主导的多元化城市及对外交通体系，营造通达、有序、安全、舒适、低能耗、低污染的交通环境，如表 3.1 所示，绿色出行率预计将达到 85%。

苏州吴中太湖新城启动区绿色出行率预测表 表 3.1

类型	测算数据（万人次／日）
非机动车交通出行量	15.309
步行交通出行量	5.567
常规公交交通出行量	12.989
轨道交通出行量	5.567
区域交通出行总量	46.39
绿色交通出行率	85%

1）多层次公交系统

启动区内公交出行在全方式中的比例达到 40%。在公共交通系统中，轨道交通占 30%，公交（包括常规公交、水上观光巴士）占 70%，从而形成以轨道交通为骨架，区内公交干线、常规公交时空优先，接驳公交服务近期片区，辅以游览性质的水上公交的多层次公共交通体系。

2）慢行交通网络

启动区慢行交通网络按功能及重要性规划为慢行廊道、慢行通道、慢行休闲道三级网络，形成通达性与休闲性并重的慢行交通网络。

其中慢行休闲道即绿道，是与城市景观、绿化、公共活动空间相结合，同时具备一定交通功能的慢行道路。启动区绿道网络规划为步行道和自行车道路两种类型的慢行道路。启动区市政道路慢行道总里程为 63.32km，绿道网络总长度 35.42km，慢行网络总长为

98.74km，慢行系统密度为 9.85m/km^2。

（2）道路与枢纽

启动区道路交通走廊呈现"一纵一横"的快速走廊格局和"三纵两横"的一般道路走廊格局。"一纵一横"的快速走廊为绕城公路、苏州湾大道；"三纵两横"的交通走廊为旺山路、龙翔路、塔韵路、太湖东路、五湖路。

启动区内规划"路段式公交专用道"＋"交叉口式公交优先进口道"的公交优先方案，共规划设置 6 条路段式公交专用道，长度为 11.34km，占主干路比例为 100%。

（3）静态交通

根据《太湖新城启动区控制性详细规划》，规划配建停车泊位占总泊位的比例为 80%，公共停车泊位占 20%，其中路外公共停车泊位占比不小于 10%。停车场推荐采用地下停车或立体停车，启动区共规划路外公共停车场 21 处，停车位 7152 个，其中地下及立体停车位数量为 6552 个，占比为 91.6%。启动区结合公交首末站、轨道站点及公园码头等公共活动场所，共规划 11 处非机动车公共停车场。

3.2.6 产业经济

根据太湖新城自然资源禀赋、生态环境特点、产业发展基础、产业布局现状，坚持"产业发展与生态保护相适宜、统筹规划与功能分区相结合、集约开发与城市发展相融合"的原则，构建"一核两带三区"的产业空间布局框架，逐步形成功能定位清晰、发展导向明确、产业发展与资源环境相协调的发展格局。

依据产业规划内容，太湖新城主导产业为机器人与人工智能，三大特色新兴产业为智能制造服务、工业互联网、医疗健康服务。预计可提供约 6.4 万个固定就业岗位，且在就业地居住人口约为 9 万人，职住平衡比约为 0.71，能较好地实现职住平衡。

3.3 实施效果

3.3.1 构建了绿色生态指标体系

为更好打造绿色、生态、智慧、低碳的现代化新城，启动区开展了绿色生态专项规划研究，将紧凑城市、海绵城市、综合管廊、绿色建筑、装配式等生态理念贯穿始终，完成了《苏州吴中太湖新城启动区绿色生态专项规划》《苏州吴中太湖新城启动区绿色交通规划》《苏州吴中太湖新城启动区能源专项规划》《苏州吴中太湖新城启动区水资源专项利用规划》《苏州吴中太湖新城启动区绿色建筑专项规划》等，构建了兼顾城区和地块两个层面，覆盖生态、能源、水资源、固废资源、交通等多维度的绿色生态指标，具体如表 3.2 所示。

苏州吴中太湖新城启动区绿色生态主要指标　　　　　　　　　　　表 3.2

指标	单位	指标数据
城区面积	万 m^2	1013.48
除工业用地外的路网密度	km/m^2	9.28

191

指标	单位	指标数据
公共开放空间服务范围覆盖比例	%	83.14
绿地率	%	37.15
节能型绿地建设率	%	81.46
噪声达标区覆盖率	%	100
二星及以上绿色建筑比例	%	62.02
装配式建筑面积比例	%	11.17
可再生能源利用总量占一次能源消耗总量比例	%	4.33
再生资源回收利用率	%	75.00
绿色交通出行率	%	85.00
单位地区生产总值能耗降低率	%	6.97
单位地区生产总值水耗降低率	%	8.10
第三产业增加值比重	%	90.00
高新技术产业增加值比重	%	50.00
每千名老人床位数	张	50
绿色校园认证比例	%	100

3.3.2 建立了长效管理的政策机制

以创建建筑节能与绿色生态城区为契机,太湖新城发文并成立了示范区创建工作领导小组,建立国土、规划、建设、财政等多部门协调工作机制。

在贯彻落实《江苏省绿色建筑发展条例》及省市相关绿色建筑、装配式、海绵城市政策基础上,吴中太湖新城出台了《吴中太湖新城绿色生态管理实施办法》《吴中太湖新城建筑节能与绿色建筑专项引导资金管理办法》《吴中太湖新城绿色施工管理办法》等一系列政策文件,实现开发建设项目从土地出让、规划设计、施工管理到项目验收的全过程政府监管。

吴中太湖新城的工作机制、政策措施有力地推动形成了具有前瞻性和系统性的长效管理机制,保障绿色生态专项指标的落地落实、绿色建筑集成技术的应用推广。

3.3.3 建成了一批区域公共服务设施

启动区秉持"先配套后居住"开发建设理念,优先建设与民生密切相关的基础设施及公共服务配套:完成西环高架南延工程、区域交通主干道、苏州湾1号隧道工程以及4号线轨道交通站点等交通基础设施建设;完成地下综合管廊一期建设;完成主次干道绿化景观提升工程,配套建设雨水调蓄设施;完成区域能源站一期工程建设;完成天鹅湖公园、七子水街、太湖大堤生态景观等生态景观工程;高标准打造绿色地下商业综合体,完成吴郡绿岛社区服务中心、金融街、逸林商务广场项目等商业配套项目。启动区已建成及正在开发建设中的项目共计十余项，其中包括住宅、商业、学校等项目，全部取得了绿色建筑设计标识认证。

未来三年计划实施绿色建筑示范项目共 11 个，总建筑面积约为 141.18 万 m²，全部为二星级及以上绿色建筑。其中，三星级绿色建筑项目 5 个，总建筑面积 60.28 万 m²，三星级绿色建筑比例达 42.7%。项目均使用了太阳能光伏或者太阳能光热的技术。

3.3.4 绿色生态全过程智慧化管理

启动区完成国家级三星级绿色生态城区申报后，为确保绿色生态城区建设能够按照专项规划及指标体系实施落地，启动了"绿色生态城区管理平台"搭建工作，实现绿色生态信息化运营管理。平台的建设目标主要包括：

（1）实现城区绿色生态服务与管控信息化

平台实现太湖新城绿色生态城区绿色生态相关的规划、设计、建设、运行，全周期、多维度、一体化的监管与服务；同时努力实现绿色生态相关专项资金奖励与平台数据结果对接，以数据结果作为资金奖励依据，提高企业参与绿色生态建设积极性，提升政府绿色生态管控能力。

（2）实现城区绿色生态分析决策支撑

实现绿色生态城区建设期与运营周期的全生命周期评价，同步衔接城区相关智慧城市平台，针对建筑、能源、环境、交通等绿色技术要素，形成因地制宜、功能和管理导向的绿色生态技术成果，为政府决策提供数据支持，使新技术、新产品、新模式在太湖新城更好地应用和扩展。

（3）实现城区绿色生态成果动态展示

从绿色生态城区整体情况层面、地块层面、建筑（项目）层面以及历史、现在、未来三个维度全面展示绿色生态建设经验、成果和效益，并与绿色生态城区评价标准、绿色建筑评价标准等规范与评价体系相融合，实现动态展示。

3.4 综合效益分析

3.4.1 生态效益

太湖新城严格按照节能标准，选用高能效的冷热源系统及设备、选用节能灯具及安排自然采光等节能措施，年节约标煤 1.14 万 t，减少 CO_2 排放 2.83 万 t。居住建筑采用太阳能热水器提供生活热水，年节约标煤 0.80 万 t，减少 CO_2 排放 1.98 万 t。太湖新城道路及景观照明合理选用高效 LED 灯，年节约标煤 0.03 万 t，减少 CO_2 排放 0.07 万 t。2030 年低碳模式下，苏州吴中太湖新城预计单位 GDP 碳排放量为 0.398tCO₂/（万元·年），满足到 2030 年苏州市万元 GDP 二氧化碳排放下降率（较 2010 年）达到 70% 的要求。通过太湖绿带、生态湿地绿带、天鹅港廊道等多条生态廊道及天鹅港和湿地公园构成的生态斑块，可有效降低城市热岛强度。通过污水再生系统规划及雨水回用系统规划，启动区再生水替代率达到 8% 以上。通过多层次公交网络规划，自行车与步行系统规划，绿色交通出行率达到 85%。

3.4.2 经济效益

太湖新城启动区用地功能采用混合开发模式，充分利用土地资源，减少交通和配套设施的开发成本。启动区建设秉承"先地下，后地上"的开发理念，先期铺设地下综合管廊，整合资源，节约建设成本。核心区地下空间规划将地下商业与交通功能一体化设计，并融合地上景观，节约土地资源，合理开发，将地上地下空间串联为一个整体连贯的城市公共活动中心。

3.4.3 社会效益

通过绿色生态规划建设，启动区明确绿色生态发展目标，提升项目生态环境品质，打造新城区建设样板项目；充分挖掘太湖新城绿色生态的品牌价值，提升整个区域的规划、建设、运营水平，促进招商引资的高端化及产业定位的高端化。随着启动区绿色生态建设的不断推进，经济和环境效益的日益显现，项目内企业、居民对绿色生态建设的参与度将不断提高，绿色生态意识不断巩固加强，形成绿色生态发展实践与理念良性互动的良好局面。

3.5 总结

苏州吴中太湖新城启动区凭借得天独厚的自然生态优势，以"绿地－湿地－水系"为骨架，构建稳定健康的启动区微自然生态系统；在规划建设中秉承绿色低碳理念，采用绿色技术措施推动建设一批技术集成创新显著的示范工程，在地下空间开发、综合管廊建设、能源高效利用、智慧管理等方面取得了一定成效，为新城的绿色生态实践起到了较好的示范作用。

4 北京大兴国际机场临空经济区（北京部分）

张聪达[1] 韦芳玲[1] 巩金超[2] 孙景[2] 周云柯[2]
1 北京新航城智慧生态技术研究院有限责任公司；
2 北京建筑技术发展有限责任公司

4.1 项目简介

北京大兴国际机场及临空经济区（以下简称"临空区"）涉及京冀两地，位于京津冀区域及北京中心城区、北京城市副中心、河北雄安新区的地理中心。临空区距离北京中心城区约 45km，距离北京城市副中心约 55km，距离河北雄安新区约 65km。如图 4.1 所示，临空区总面积约 150km²，其中北京市所属用地面积约 50km²，包括东侧礼贤片区、西侧榆垡片区两处城镇集中建设区。其中，礼贤片区东至京台高速西侧绿带、西至大兴机场高速东侧绿带、南至永兴河北侧绿带、北至大兴机场北线高速南侧绿带，面积约 24km²；榆垡片区东至京九铁路西侧路、西至京开高速东侧绿带—永兴河北路西段、南至永定河北侧绿带、北至大兴机场北线高速南侧绿带，面积约 26km²。

图 4.1 北京大兴国际机场临空经济区（北京部分）城市设计总平面图

《北京新机场临空经济区规划（2016—2020 年）》中提出临空区战略定位为"国际交往中心功能承载区、国家航空科技创新引领区、京津冀协同发展示范区"。临空区为落实"世界眼光、国际标准、中国特色、高点定位"的相关要求、落实"国际交往中心功能承载区"的战略定位、打造世界一流的营商环境，于 2019 年 9 月完成了 LEED for Cities 规划设计阶段认证，成为全球首个铂金级认证项目。

4.2 主要技术措施

4.2.1 控制性详细规划及综合指标体系

为落实《北京城市总体规划（2016 年—2035 年）》"打造以航空物流、科技创新、服务保障三大功能为主的国际化、高端化、服务化临空经济区"的整体要求，临空区围绕枢纽建设，壮大航空服务与高端临空产业，提升国际交往综合服务能力，构建以航空服务为基础，以知识密集型、资本密集型的高端临空产业集聚为目标，具有国际竞争优势的临空经济区。

在空间布局上，临空区统筹发展与保护，形成"一港两区三镇四廊"的空间结构。"一廊"指北京大兴国际机场；"两区"指礼贤片区和榆垡片区，其中，东侧礼贤片区重点落实航空物流等临空产业职能，西侧榆垡片区重点落实服务保障等综合服务职能；"三镇"指临空区外围 3 个特色城镇组团，着力培育特色产业功能；"四廊"是 4 条区域性生态廊道，包括永定河生态绿廊、京台生态绿廊、京九生态绿廊、临空区北部生态廊道。

为顺应国家战略发展趋势，明确临空区建设目标，同时为落实国家住房和城乡建设部关于开展城市体检的工作要求，临空区研究编制了综合指标体系，包括"产业与科技""资源与环境""信息与交通""社会与人文"四个一级指标、14 个重点目标、49 个二级指标，全面详细地勾画了临空区"创新高效、绿色低碳、智慧便捷、活力人文"四大发展愿景。临空区综合指标体系以及专项规划的制定，明确了临空区在绿色生态、低碳可持续方面的发展目标和技术路径。

4.2.2 绿色建筑整合设计

临空区编制了《临空经济区绿色建筑专项规划》。通过对临空区定位及发展现状的分析，结合国家和北京市绿色建筑发展相关政策要求，参考国内领先绿色生态示范区发展经验，制定出临空区星级规划的总目标，具体包括：新建建筑 100% 为绿色建筑，二星级建筑不低于 90%，三星级建筑不低于 35%；建设一个国际绿色建筑示范区，示范区内的三星级建筑比例达到 100%；建设一条绿色建筑示范带，示范带内建筑三星级以上比例达到 100%。

绿建专项规划的主要内容包括：1）设立临空经济区绿色建筑示范区与示范带；2）公共建筑星级提升；3）安置房星级提升；4）榆垡老城区绿色深化；5）其他地块星级提升五个方面。

4.2.3 交通与土地利用

临空区在规划初期编制了各类交通专项规划，包括《临空经济区道路网及交通场站设施规划方案》《临空经济区步行和非机动车交通系统研究》，根据临空区对外对内交通出行特点、交通需求预测，以及相关案例分析，提出临空区交通规划的总体目标：以北京大兴国际机场的规划建设为契机，探索"港城融合、港城一体"的交通与用地发展新模式，打造"区域协同、枢纽锚固、方便快捷、绿色低碳、品质智慧"的多模式综合交通系统，以此推动北京南部区域的建设和发展，以优质的新区建设达到疏解北京中心城区人口、形成区域协调发展典范的目的，并在专项规划中制定了交通指标体系，详见表4.1。

北京大兴国际机场临空经济区（北京部分）交通指标体系部分指标　　　　表 4.1

指标分类	指标项	指标推荐值			
		商务办公区	科技研发区	制造产业区	综合居住区
绿色出行	区内绿色交通分担率	≥75%			
交通设施	道路网密度 /（km/km²）	≥11			
	步行和自行车路网密 /（km/km²）	≥20	≥18	≥18	≥20
	公交专用道比例	≥20%			
	新能源汽车补给站点覆盖率	100%			
	清洁能源公交比例	100%			
服务水平	高峰时段建成区主干路平均速度	≥60km/h			
	公交站点覆盖率（300m 范围）	100%			
	住区（建筑）出入口与公交站点距离	≤500m			
	非机动车泊车点到建筑出入口距离	≤150m			

（1）混合开发和运输发展

临空区选取 8 个 TOD 开发的规划有轨电车站为中心，定义了 8 个半径为 800m 的紧凑型社区。各个紧凑社区用地均属于混合开发，内部功能互补，包括居住、商业、公共服务设施（包含学校等）、市政设施和开放空间。

按照交通专项规划，临空区公交站点 300m 覆盖率将达到 100%，符合 LEED for Cities 认证中"建筑步行 800m 可到达公交站点"的要求。临空区目前启动的榆垡安置房一期项目，其公交站点规划方案即满足 300m 覆盖率达到 100%（图 4.2）。

在多样化用途方面，根据《北京市居住公共服务设施配置指标》以及临空区指标体系中对一刻钟社区服务圈的要求，所有的居住区都将具备教育、医疗卫生、文化体育、商业服务、社区管理服务、社会福利、交通和市政公用八类设施。以礼贤片区安置房二期社区项目为例，居住和非居住建筑均可在 400m 范围内到达 10 种用途，如幼儿园、社区卫生服务中心、邮政所、便利店、菜市场、老年活动中心、社区文化设施等（图 4.3）。

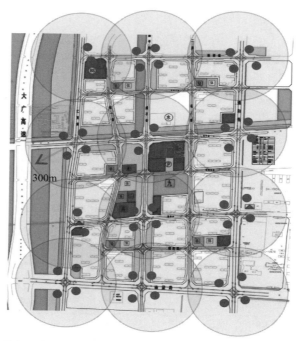

图 4.2   临空经济区榆垡安置房一期公交站点 300m 半径覆盖范围示意图

图例

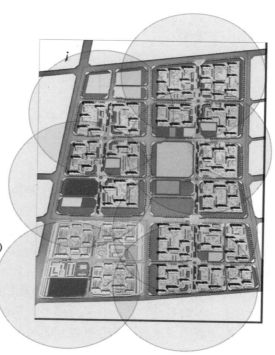

     中小学、托幼

     社区卫生服务中心

     邮政设施

     残疾人福利设施

     社区养老

     综合性商业金融服务

     便利店（80m² 菜市场）

     物业服务用房

     社区管理服务用房

     老年活动中心

     社区助残服务中心

图 4.3   临空经济区礼贤安置房二期公共服务设施分布图

（2）步行和自行车可达

临空区综合交通规划中的慢行交通系统规划依托城市主干路、次干路和支路划分了

一、二、三级慢行道，形成完整连续的慢行网络。

临空区所有的城市级道路都将设置人行道，且与机动车道形成有效隔离；所有的城市道路都将设置非机动车道，且次干路及以上等级的道路，都将设置物理隔离。对于设计时速超过30km/h的支路，临空区在进行道路网规划、慢行交通规划时，提出与自行车道实施物理隔离的要求。

（3）优质交通

在临空区综合交通规划中，绿色出行比例预估见表4.2。依据临空区规划目标，2030年绿色出行（步行、自行车交通出行和公共交通出行总和）占比不小于80%，临空区将在后期开展交通出行的统计工作，并通过各种措施提高绿色出行比例。

北京大兴国际机场临空经济区（北京部分）绿色出行方式预测表　　表4.2

方式	临空区出行方式比例
小汽车	28.9%
出租车	9.1%
公交	20.0%
地铁	27.8%
自行车	14.2%

关于公交站台设计，临空区按照北京市相关规范，站台设计包括候车亭、站牌、线路图（含时刻表）、座椅、排队及停车引导标识、废物箱、无障碍设施、电子站牌和照明设施。

4.2.4 能源和温室气体排放

该章节设置的目标是减少能源的过度使用，向零碳城市迈进。临空区通过制定供电、能源专项规划确保达到LEED for Cities认证要求。

为落实临空区低碳发展要求，临空区的综合能源规划以安全为核心，以能源利用方式转变和清洁低碳转型为主线，构建安全、稳定、轻捷、高效、多元互补、区域统筹的供电、供气、供热等保障系统，提高区域可再生能源的比重，推广天然气清洁能源高效利用。在专项规划中提出供能方案，包括规划本地区能源供应方式：常规能源供能、可再生能源供能及废弃资源能供能。

在电力保障方面，临空区开展了供电专项规划研究，预测了区域内供电负荷约1849MW，规划建设7座220kV变电站和27座110kV变电站，规划实现电力供应100%覆盖。区域内所有电缆100%铺设在地下或综合管廊中。其中，规划建设综合管廊长度70km，覆盖率约为30%。临空区还将通过优化配电线路及设备、提高检修及管理水平、配电自动化实时监测等措施，实现供电可靠性不低于99.999%。

在人均温室气体排放计算中，临空区根据规划情况，对建筑碳排放、交通碳排放、街道照明碳排放和再生水处理等碳排放进行了计算，人均碳排放为4.19t/年。

可再生能源利用方面，临空区预计总能耗为425939.22tce，其中，总电耗为243400.00tce，光伏部分的能源消耗量为32429.00tce。太阳能光伏发电占总电量的13.32%。

4.2.5 水效率

临空区《水资源综合利用专项研究》，提出其区域水资源高效利用、水资源优化配置，以实现水资源的可持续利用。

结合临空区区域水资源及其开发利用现状进行分析，评价区域地表、地下、河道、自来水厂及污水厂等水资源和水环境承载能力，预测区域未来建成区供需水量，提出临空经济区区域水资源合理配置；结合海绵城市低影响开发系统，提出适合临空经济区区域发展需要的水资源综合利用以及主要工程措施方案。缓解北京和临空经济区未来紧张的水资源问题，营造能够良性循环的人和自然和谐的生态环境。

专项研究构建了水资源指标体系，为临空区的市政供水、污水、再生水、雨水等专项规划提出控制性及引导性指标。

在水资源利用方面，临空区用水包括淡水和再生水，淡水水源将全部来自南水北调中线工程调水，再生水包括来自再生水厂的中水和收集的雨水。通过水平衡计算，临空区预计淡水需求量为 62025 万 L/ 年，再生水需求量为 32535 万 L/ 年。

在暴雨管理方面，按照海绵城市专项规划，临空区将通过分散式雨水收集利用设施促进雨水的回收利用，利用源头削减、过程控制、末端治理消除雨水面源污染对地表水环境的压力。按照临空区海绵城市专项指标分解结果，对开发后不同用地类型的综合径流控制率指标均提出了要求，通过建设 LID 设施，实现控制场地雨水径流量的目标。经计算，临空区开发前后雨水径流量变化小于 10%。

在废水管理方面，按照临空区控制性详细规划和再生水利用规划，再生水主要来自污水厂处理废水和雨水两部分。根据水平衡计算，预计临空区总需水量约为 94561.32 万 L/ 年，临空区再生水供应量约为 35789.17 万 L/ 年，其中利用雨水部分为 714.29 万 L/ 年，达标废水回用部分为 35074.88 万 L/ 年。废水利用量占总用水量的 37%。

4.2.6 材料与资源

临空区通过制定《临空经济区环境卫生专项规划》，以期对垃圾进行有效管理，提高资源回收利用率。

临空区环卫专项规划中提出，临空经济区固体废弃物管理应按照建设资源节约型和环境友好型社会要求，遵循减量化、资源化、无害化原则，以垃圾分类管理为核心，构建"技术合理、能力充足、环保达标"的固体废弃物管理体系，管理总体水平达到国际先进和国内领先，促进临空区的全面协调可持续发展。

如表 4.3，在生活垃圾产生量计算方面，临空区参考垃圾产生量预测相关标准与统计年报等资料，对生活垃圾产生量进行了分类预估。

北京大兴国际机场临空经济区（北京部分）生活垃圾产生量预测表　　　　表 4.3

垃圾分类	预计产生量 /（t/ 年）
餐厨垃圾	107537.74
可回收物	118080.65
电子垃圾	2969.35

垃圾分类	预计产生量 / (t/ 年)
有害垃圾	86.65
其他垃圾	191881.06
总计	420555.45

在生活垃圾分类收运处置方面，临空区将实现垃圾分类投放、收运、处理系统100%覆盖。首先临空区按照不同区域类型进行划分，分别规划生活垃圾分类投放模式。其次垃圾分类收运及转移中，食物垃圾将单独投放和收集，送至临空区外的餐厨垃圾处理厂；对纸、塑料、金属、玻璃等可回收物进行分类收集、分类运输；各类再生资源回收企业进行回收分拣后，将回收物送至再生资源处理企业；其他垃圾采用"垃圾分类收集站＋垃圾压缩车＋压缩转运站"的收运模式，送至临空经济区边界外的安定垃圾焚烧发电厂进行焚烧发电，焚烧后的垃圾残渣进行填埋；电子垃圾将单独收集，送至电子产品回收点，由具备相应处理资质的企业进行资源回收及无害化处理；有害垃圾单独投放收集后，按危险废弃物相关要求负责运输和处置。

在资源回收利用方面，临空区在施工建设中产生的建筑垃圾将统一运至大兴建筑垃圾资源化处理厂，建筑垃圾资源化处理率将达到90%。临空区分类收集的餐厨垃圾和厨余垃圾，将全部送至临空经济区外的有机垃圾处理中心100%进行资源化处理。临空区将结合垃圾综合处理中心建设两处回收中心，生活垃圾中的可回收物，包括包装、金属和电子废弃物将在此进行分拣处理。

4.2.7　产业规划

在产业经济方面，临空区产业规划总体定位是：以航空运输保障服务、航空物流为内核，以国际会展、国际总部、国际研发为主导，以高端医疗、文化交流、国际教育、未来产业为支撑，以"高端化、国际化、市场化、服务化"为引领，构建"2—3—4"产业体系，将临空区打造成为面向世界、面向未来的对外交往新门户和具有全球影响力的服务资源配置新中枢。产业类型包括三大战略新兴产业，即生命健康、新一代信息技术、智能制造，与两大基底产业：物流、会议会展、技术咨询培训等枢纽高端服务和航空保障。为吸引更多的国际高端人才，临空区也初步确定了几类措施，包括由龙头企业／产业园牵头，在对口高校、科研机构进行定期招聘；通过学术会议、定向委培等方式，吸引人才流入；为高端人才提供居住证绿色通道和租房补贴等人才引入政策，提供高质量、国际化幼儿教育、医疗生活配套、潮流文娱设施等。

4.3　实施效果

4.3.1　绿色建筑

临空区全部新建建筑均按照绿色建筑要求进行建设，截至2021年12月，临空区共有13个项目进行了绿色建筑认证，有1个项目进行了国际绿色建筑认证。

4.3.2 水系及水生态空间管理

水生态空间是国土空间的核心构成要素，临空区紧邻永定河，区域内部纵横分布永兴河、求贤渠等 14 条主要河道和沟渠。为落实控规中"构建高质量的绿色空间体系，林水相依的绿色生态景观，蓄排结合的防洪防涝体系，缤纷多样的滨水环境"的要求，改善河道生态功能退化、滨水空间品质欠佳的现状，临空区编制了《北京大兴国际机场临空经济区（北京部分）水系及水生态空间管控规划》（以下简称管控规划）。

（1）管控规划定位

管控规划明确水资源利用上限、水环境质量底线，以及水生态功能区、水生态环境敏感区和脆弱区的保护底线要求，约束和引导经济社会发展布局，是国土空间管控的基础前提。管控规划中提出水生态空间管控指标，落实水生态空间管控措施，制定水生态空间管控制度，为"多规合一"空间规划顺利开展提供有力的支撑，并且建立符合当地需求的生态文明建设目标评价考核内容，提供重要的技术支撑。

（2）管控规划主要内容

1）总体规划方案：一是针对自然河道，构建健康稳定的生态系统，恢复河流自然岸线，营造适宜的多样性生物群落，形成自然和人文景观统一的生态河道。二是针对滨水空间，构建蓝绿复合、富有活力的城市新绿廊，形成多元化公共空间，提升城市绿地综合服务功能。

2）防洪规划专篇：提出礼贤片区和榆垡片区河道为防洪排水兼风景观赏河道，河道按 50 年一遇标准治理，桥梁梁底高程高于 50 年洪水位 0.5m 以上，主要雨水管道出口顶高程高于 20 年洪水位。

3）水源保障方案：通过对临空区内河道水系需水量进行核算，提出利用再生水及蓄涝区水源进行生态补水的方案。

4）水质保障方案：实现"SS 控制率不低于 50%"的海绵城市控制目标，减少面源污染、初雨污染入河；通过小水面、长溪流的形式维持 0.2～0.3m/s 的流速，发挥水体最大自净能力，可实现"流水不腐"。

4.3.3 《LEED for Cities 实施框架》部分成果简述

1）公共建筑节能水平提升建议：通过研究国家和北京市相关节能要求、临空区综合指标体系相关要求，重点参考《绿色建筑评价标准》GB/T 50378—2019、《公共建筑节能设计标准》GB 50189—2015、北京市《公共建筑节能设计标准》DB 11/687—2015 和 LEED FOR CITIES 相关条款，针对建筑围护结构、冷热源系统、机电设备提出节能提升建议。

2）基于 SER 生态修复策略：结合临空区河流水系分布和生态修复现状，按照国际生态恢复学会（SER）对于恢复生态系统特征的要求，从特征物种保护、外来物种控制、生态功能群恢复、种群繁衍环境、生态功能维持、物质能量流动、消除生态危险源、恢复生态系统弹性和自维持能力 9 个方面，提出临空区水生生态系统恢复策略。

3）光污染防治建议：针对临空区道路照明设计，提出行人及非机动车道照明路面照度、亮度、灯具效能等目标参数要求以及光污染防治室外照明定性及定量要求。

4）施工水土侵蚀与污染防治技术要点：结合临空区施工现场调研分析结果，补充施工水土侵蚀与污染防治技术要点。

4.4 总结

临空区伴随着临空区安置房、临空经济区自贸创新服务中心等项目的相继落地，绿色生态建设初见成效。为抓住"三区"政策叠加的重大历史机遇、打造国家对外交往窗口的重要战略空间、推动区域高质量发展，临空区相继开展了高质量发展专题研究、指标体系研究及专项规划提升等工作，全力打造具有国际竞争优势的国际临空经济示范区，助力临空区在可持续发展道路上取得更多更新的突破。

5 上海市青浦区徐泾镇徐南路北侧
08-02 地块商品房项目

张然[1] 谢琳娜[1] 寇宏侨[1] 陈一傲[1] 邓月超[1] 于蓓[1]
1 中国建筑科学研究院有限公司

5.1 项目简介

上海市青浦区徐泾镇徐南路北侧 08-02 地块商品房项目位于上海市青浦区，东至诸光路，西至规划绿地，南至徐南路，北至方家塘路，由中国葛洲坝集团房地产开发有限公司投资建设，上海尤安建筑设计股份有限公司设计，中国建筑第二工程局有限公司施工，葛洲坝物业管理有限公司上海分公司运营，总占地面积 25266.60m²，总建筑面积 62306.08m²。建筑密度 21.60%，容积率 1.60，绿地率 35.07%，总绿地面积 8860.00m²。该项目在 2019 年 3 月获得中国绿色建筑设计评价标识与德国 DGNB 双认证，2019 年 10 月依据《绿色建筑评价标准》GB/T 50378—2019 获得首批绿色建筑标识三星级。

项目主要功能为住宅建筑，主要由1～3号、5～10号楼商品房构成，效果图如图 5.1 所示。

图 5.1 上海市青浦区徐泾镇徐南路北侧 08-02 地块商品房项目效果图

5.2 主要技术措施

项目采取人、建筑、环境协调发展的绿色设计理念，具有因地制宜、以人为本、资源节约、全生命周期应用的绿色特色。项目定位于绿色建筑三星级，在安全耐久、健康舒适、生活便利、资源节能和环境宜居方面采用适宜技术，优化设计，实现了高质量的建筑建设水平。

5.2.1 安全耐久

本项目在设计中充分考虑了人员安全防护、警示引导系统设计，为项目的安全使用提供保障。例如，住宅大堂入口的玻璃门设置安全防撞警示标志，景观道路、门厅台阶等存在高差或易湿滑路面设置醒目注意安全标识（如图5.2所示），住宅每户的户外阳台处设置有安全防护栏，防护栏杆高度距地（完成面）大于1100mm，并且栏杆受力杆件抗水平载荷大于1000N/m，保障了人员安全；单元入口处设置玻璃雨篷，防高空坠物；设置绿化区域作为防坠物缓冲区和隔离带（如图5.3所示）。

（a）防滑   （b）引导标识

图5.2 警示和引导标识系统

（a）安全防护栏   （b）绿化隔离带、缓冲区和玻璃雨篷

图5.3 人员安全防护措施

本项目为全装修交付，在室内设计中，对卫生间、厨房、公共走廊等处的面层采用了防滑材料。经检测，其静态摩擦系数COF（干态）、防滑值BPN（湿态）均满足标准要求。

本项目采用耐久性能好的建筑部品，并且合理设置设备和管道管井，在钢筋混凝土墙中，沿墙长度方向严禁任何设备管线埋设于墙中；设置公共强电、弱电、风、暖、水、电信管井，集中布置设备主管线。管材、管线及管件均采用耐久性能好的材料。采用耐久性好的外饰面材料、耐久性好的防水和密封材料，采用耐久性好且易维护的室内装饰装修材料。

5.2.2 健康舒适

为提高项目的居住品质，本项目户型多为二居至四居户型，南北向的建筑朝向，9.90m 的建筑间距，较好地实现了住宅的通风和采光，同时项目在空气品质、室内静音、全屋净水方面的技术应用，也为用户提供了较好的居住体验。

（1）地源热泵＋毛细管网系统

一直以来，辐射空调系统以其体感舒适，温湿度恒定而受到人们的喜爱。本项目采用细管平面辐射末端，夏季承担室内显热冷负荷，冬季承担室内热负荷，通过调节分集水器，可控制室内温度；独立新风系统，夏季承担室内潜热和新风冷负荷，冬季承担新风热负荷，控制室内湿度。

为保障室内的热环境、减少热损失，项目在围护结构的做法上也进行了优化，如围护结构热工性能高于上海市《居住建筑节能设计标准》DG J08—205—2011，设置可调节外遮阳，在建筑构造方面，在全部外窗上方设计了外挑 300mm 固定式遮阳板；外窗采用三层中空玻璃 Low-E 铝合金断桥窗；同时室内安装有浅色窗帘。这三者结合，可以起到较好的遮阳调节效果。通过计算，本项目可调节外遮阳措施的面积比例达到 55.49%。

（2）全置换新风系统

本项目采用户式新风系统，送风形式采用下送上回，形成空气有序循环，为室内提供持续、洁净、健康的空气。新风系统静化一体化的技术应用，新风过滤采用 G4＋静电除尘＋F9 亚高效，$PM_{2.5}$ 过滤效率大于 90%，也保证了室内的健康空气品质。通过测试，室内空气中的氨、甲醛、苯、总挥发性有机物、氡等污染物浓度低于现行《室内空气质量标准》GB/T 18883—2010 有关规定的 20%。

（3）卫生间和厨房独立回风

在各户型的卫生间和厨房设置排风口，排风口设于卫生间与厨房顶部。通过回风管道，将回到新风除湿机组的热回收风，在住宅屋顶集中排放到室外。这提高了通风换气效率，明显改善了室内空气品质。

卫生间和厨房都设置外门，避免油烟和污染物串通到其他空间，既满足了新风独立控制的需要，又避免了卫生间和厨房串味现象的发生。

（4）全屋净水系统

本项目采用户式净水设备和软水机全屋净水系统，有效去除水体悬浮物、颗粒物等，让业主饮用健康水。厨房采用净水器，净化水达直接饮用级别；制定水箱清洗制度，水箱每半年清洗一次。每次清洗完成后，工程部主管提取水质样品并在样品上标清送检单位与送检时间，送当地检验检疫机构检测。

（5）声环境

采用多种隔声降噪措施，项目与道路之间保持一定的间距，避免交通噪声对项目建筑产生显著影响；采用三层玻璃窗，其计权隔声量大于25dB（A），可有效降噪；在项目周边设置绿化带，通过绿化进行隔声降噪。

卫生间采用墙排式同层排水，保持建筑结构完整，改善传统下排水带来的水流噪声。排水管布置在本层内，有效减小排水噪声对下层空间的影响。卫生器具排水管道不穿楼板，上层地面积水渗漏概率低，有效地防止疾病的传播。

5.2.3 生活便利

（1）全龄友好设计

遵循"以人为本"的理念，打造健康舒适的高品质居住环境。本项目利用场地优势，通过目标人群的分析，结合出入口、交通流线，人流流线，通过细致人性的景观设计，合理布置了老年人活动场地、儿童活动场地、健身场地（图5.4、图5.5）。利用建筑小品的布置，形成了多个利于邻里交流交往的空间，利用配建的室内空间，合理设置了室内的健身房、游泳馆、桌球室，为不同年龄的业主提供了更多的户外运动和交往的条件。

图5.4　室外交流场地　　　　　　　　图5.5　室外健身场地

（2）智能服务系统

项目设置建筑能耗监测系统和智能化服务系统，为智能化物业服务和节约物业运营成本提供了条件。本项目为集中冷热源系统，集中设置的能耗监测系统会对住户的电力、水、燃油、燃气、供冷、供热等能耗数据进行采集，通过运行数据的收集分析，优化运行策略，实现节约能源，保障舒适。同时，每户设置智能服务平台，可实现智能家居控制、可视对讲、燃气探测、红外帘幕、紧急救助、智能门锁、物业服务呼叫等服务。可实现灯光场景一键调用、全区覆盖智能安防，搭配智慧社区平台APP，实现手机、平板多渠道操作，对环境数据实时掌握，满足业主的生活需求。

5.2.4 资源节约

（1）节能与能源利用

本项目采用二级能效的螺杆式热泵机组作为系统冷热源。空调末端采用温湿度独立调节空调系统，即毛细管平面辐射末端，夏季承担室内显热冷负荷，冬季承担室内热负荷，控制室内温度。独立新风系统承担室内潜热和新风冷负荷，冬季承担新风热负荷，控制室内湿度。采用14台新风除湿机组进行新风热回收，效率不低于65%。

（2）节水与水资源利用

本项目水源为城市自来水。建筑给水系统竖向分区入户支管水表前压力大于 0.2MPa 的住户设支管减压阀。阀后整定压力为 0.2MPa，且保证用水点最低压力不小于 0.1MPa。在节水方面，项目采用 1 级用水效率的节水型产品，绿化景观采用微喷灌。在非传统水源利用上，项目对屋面雨水和场地雨水进行了合理的收集和使用，主要用于绿化灌溉、道路浇洒、地库冲洗和水景补水。经计算，非传统水源利用率为 9.08%。

（3）节材与材料资源利用

本项目建筑造型要素简约。建筑采用装配式建造方式，PC 预制率达 30%。同时采用了土建与装修一体化技术，减少了大施工过程中的拆改浪费，采用 400MPa 的高强度钢筋比例达到 90.58%。在材料选用上，项目可再循环材料使用重量占所用建筑材料总重量的 16.10%。

5.2.5 环境宜居

本项目绿地率为 35.07%，采用多种方式降低热岛强度，如乔灌木的合理布置、场地内的步道遮阴等，遮阴措施的面积比例达到 60.24%。设置水体景观，其调蓄容积为 309.86m³。经计算，场地的径流总量控制率为 70.13%。此外，项目设置完善的引导标识系统。

5.2.6 提高与创新

（1）绿容率

场地乔木叶面积指数为 4，乔木遮阴面积为 12.56m²，场地乔木数为 1280 棵，场地灌木面积为 2981m²，草地面积为 5029.4m²，经计算，场地绿容率为 3.09。

（2）建筑信息模型（BIM）技术

项目在规划设计阶段采用了 BIM 技术。设计过程中，建筑、结构、机电各专业的设计在空间位置上产生冲突或图纸设计不完善、不协调引出的问题不少，通过使用 BIM 技术，在整个设计过程中，解决了各专业 57 个管线碰撞问题。

5.3 实施效果

在室外环境方面，通过采用地源热泵＋毛细管网系统、$PM_{2.5}$ 过滤效率大于 90% 的全置换新风系统、全屋净水系统、节能环保的装饰装修材料等技术措施，项目在提升居住者体验上获得了比较好的效果。通过室内环境评估测试，本项目冬季室内温度为 22℃，湿度 ≥ 35%；夏季室内温度为 26℃，湿度 ≤ 55%。经计算，室内 $PM_{2.5}$ 年均浓度不高于 25μg/m³，室内 PM_{10} 年均浓度不高于 50μg/m³。

在热湿环境方面，使用 CFD 仿真模拟软件，对各户型的主要功能房间进行模拟。主要功能房间均达到现行国家标准《民用建筑室内热湿环境评价标准》GB/T 50785—2012 规定的室内人工冷热源热湿环境整体评价 II 级要求，面积比例达到 100%。

在节能减排方面，采取的节能减碳措施包括使用节能产品、使用地源热泵系统、优化建筑结构、采购本地生产建筑材料、使用高强度钢筋和可再循环材料等。经计算，项目建筑全生命周期单位建筑面积碳排放量为 $1.67tCO_2e/m^2$。采取节能减碳措施后，本项目单位建筑面积碳排放量可减少 $3.41tCO_2e/m^2$。

5.4 增量成本分析

项目具有增量成本的技术措施主要包括采用节水灌溉、地下车库进行 CO 浓度监测、排风能量热回收、雨水回用等（如表 5.1 所示）。绿色建筑总增量成本为 609.8 万元，单位面积增量成本 97.87 元 /m^2。通过采用上述技术措施，可节约的运行费用为 18.07 万元 / 年。

增量成本统计

表 5.1

实现绿色建筑采取的措施	单价	标准建筑采用的常规技术和产品	单价	应用量 / 面积	增量成 / 万元
节水灌溉	10 元 /m^2	人工灌溉	2 元 /m^2	8860	7.1
CO 监测	2000 元 / 个	—	—	21	4.2
排风热回收	10 元 /m^3	—	—	90000	90
雨水系统	50 万元 / 套	—	—	1	50
节水器具	1200 元 / 套	普通卫生器具	600 元 / 套	600	36
毛细管网末端	30 元 /m^3	风机盘管	15 元 /m^3	90000	135
$PM_{2.5}$ 置换新风系统	300 万元 / 套	普通新风系统	220 万元 / 套	1	80
节能灯具	3.5 元 / 个	普通灯具	1 元 / 个	150000	37.5
全屋净水系统	3000 元 / 套	—	—	300	90
中置百叶遮阳	300 元 /m^2	普通遮阳	200 元 /m^2	8000	80
合计					609.8

5.5 总结

项目因地制宜采用了绿色理念，主要技术措施总结如下：

（1）雨水回收系统＋海绵城市设计。降低场地的雨水径流，遵循生态优先等原则，将自然途径与人工措施相结合，最大限度地实现雨水在城市区域的积存、渗透和净化，促进雨水资源的利用和生态环境保护。

（2）地源热泵系统＋毛细管网辐射系统＋全置换新风系统。在实现建筑节能的同时，提高业主居住的舒适性，营造健康宜居的生活环境。

（3）同层排水＋饮水处理。采用隐蔽式墙体安装方式，改善传统下排水带来的水流噪声。高端饮用水处理系统采用户式净水设备，有效去除水体悬浮物、颗粒物等，让业主饮用健康水源。

（4）隔声隔热系统＋Low-E 中空系统窗。窗户采用 Low-E 中空玻璃，内充惰性气体、断桥隔热、保温、超高隔声性能，既不影响室内的日照和采光，又可防止能量外泄，在实现隔声降噪的同时，有效减少运行能耗。

（5）智能家居＋高品质部品。营造高效、舒适、安全、便利、环保的居住环境，提供全方位的信息交互功能，帮助家庭与外部保持信息交流畅通，优化人们的生活方式，帮助人们有效安排时间，增强家居生活的安全性。

（6）工业化＋BIM应用。采用PC技术，建筑单体预制率超过30%。以建筑工程项目的各项相关信息数据作为模型的基础，建立建筑模型，通过数字信息仿真模拟建筑物所具有的真实信息。

（7）基于能耗管理平台的物业管理服务。物业单位可实现底层数据采集、项目数据整理、总部数据分析。

6 首钢老工业区改造西十冬奥广场项目

寇宏侨[1] 谢琳娜[1] 朱荣鑫[1] 张然[1] 陈一傲[1]
1 中国建筑科学研究院有限公司

6.1 项目简介

　　首钢老工业区改造西十冬奥广场项目位于北京市石景山区新首钢高端产业综合服务区工业主题园区的最北部，得名于基地所在地北侧的原京奉铁路西十货运支线，确定为2022年冬奥会的办公园区。项目由首钢集团有限公司投资建设，北京首钢国际工程技术有限公司和杭州中联筑境建筑设计有限公司设计，总建筑面积41453.92m²，2019年11月依据《既有建筑绿色改造评价标准》GB/T 51141—2015进行设计改造，获得既有建筑绿色改造三星级设计标识，并获得2020年全国绿色建筑创新奖一等奖。项目主要功能为办公、会议及餐饮，主要由N3-3转运站、N3-2转运站（含会议楼）、N1-2转运站、员工餐厅、主控室、联合泵站构成，转运站原使用功能为物料筛分及通廊支撑，向高炉输送源源不断的矿料用于炼铁，改造后功能为办公及会议使用；联合泵站在生产时主要为高炉提供冷却水，服务于炼铁工艺，改造后成为区域的新闻中心、展示中心及办公配套；空压机站及返矿仓在生产时主要用于空气加压，将物料吹入高炉，为高炉炼铁服务，改造后成为区域配套住宿和餐饮设施。效果图如图6.1所示。

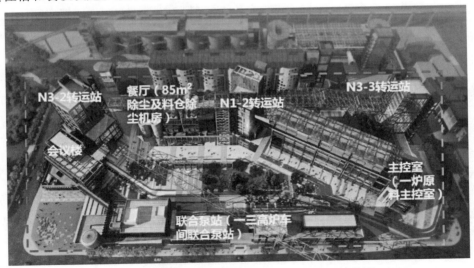

图6.1　首钢老工业区改造西十冬奥广场项目效果图

6.2 主要技术措施

6.2.1 安全耐久

（1）改造加固设计；应用消能减震设计理念，改造结构采取钢支撑混凝土框架结构体系，突破以往传统思维，尽量利用原有基础部分，以减少开挖量及地基处理范围。

设计把原有结构空间作为主要功能空间使用，把楼电梯间外置，这样既不打穿原有楼板，又通过加建补强了原结构刚度。同时，通过碳纤维、钢板和阻尼抗震撑等手段，对原有主体结构加固以适应新的功能需求，类似结构构件也作为建筑立面核心表现的元素。轻质的石英板材和穿孔铝板的使用，契合了改造建筑严控外墙材料容重的原则，避免给原有结构带来过大结构负荷。由此，建筑造型忠实呈现出了"保留"和"加建"的不同状态，表达了对既有工业建筑的尊重。

（2）围护结构安全耐久；围护结构符合建筑外墙防水、外墙外保温、屋面、幕墙、门窗工程技术规范。玻璃幕墙的气密性为4级，水密性为3级，抗风压性能不低于3级，外窗气密性能不低于7级，水密性3级，抗风压性能不低于2级；外窗全部采用断热型铝合金窗，室外通风百叶均采用横向防雨百叶，外窗安装牢固可靠，在砌体上安装时，严禁用射钉固定。为保障耐久性，选用材料除不锈钢外，还经过防腐处理，不允许与铝合金发生接触腐蚀。

（3）使用安全与防护；项目进行了安全防护的警示和引导标识系统设计，室外场地设置了通行和服务导向标识系统，包括园区总平面图和引导标识等。各建筑内部设置了服务和应急导向标识系统，包括楼层信息索引标识、区域引导标识、安全防护警示标识等。人流密集场所凡有台阶高差处，均设置防护措施及标识，机动车库基地出入口设置有减速安全设施和标识。为保障人员安全，项目采用钢化安全玻璃，玻璃幕墙的玻璃均采用中空安全玻璃。各建筑室内外均设置防滑措施，楼梯踏步设置了防滑条，室外场地采用毛面青石板，达到现行行业标准《建筑地面工程防滑技术规程》JGJ/T 311—2013规定的Ad/Aw级。

6.2.2 健康舒适

（1）室内环境优化；为保证办公区域的空气质量，项目采用室内空气净化系统，各单体建筑每层（或每个关键区域）设一台具有加热加湿功能段的全热回收热交换新风机，新风机入口管道上设$PM_{2.5}$过滤单元（即风管式微静电除尘设备）。经检测，新风设备出风口$PM_{2.5}$浓度不超过$25\mu g/m^3$。在所有吊顶式带盘管加湿段全热回收新风机的新风入口管道上，安装风道式电子除尘空气净化装置，有效去除室外新风中的浮尘、烟雾、花粉、纤维杂质等各种悬浮颗粒物；全面杀灭新风中吸附在可吸入颗粒物上的细菌、病毒等微生物。模块化电子除尘空气净化装置与新风机组联动控制，同步启停。通过上述改造，室内环境质量也得到了非常大的提升。经过相关检测，建筑室内甲醛测试浓度（mg/m^3）：$0.066 \leqslant 0.07$（标准限值的70%）。此外，在办公区域内设CO_2监测装置，可实现室内CO_2浓度监控系统与新风系统联动控制，防止人员密集区域CO_2浓度过高。

（2）采用隔声降噪措施；场地内无环境噪声污染。建筑内采用一系列降噪措施：所有通风机、新风换气机均采用高效、低转速、低噪声设备，所有设备均做消声、减振、隔振处理；水泵、风机采用减振措施；设备、机房等与隔声要求的房间相邻布置时，墙体、楼板、设备基础等均采取隔声减振措施；水、暖、电、气管线穿过楼板和墙体时，孔洞周边采用密封隔声措施。

（3）营造舒适室内环境：建筑采用被动式技术优化方案设计，改善室内自然采光和自然通风效果（图6.2，图6.3）。项目室内65%以上的功能空间具有很好的自然采光效果，室内通风换气次数可达2次/h，不仅减少了能源消耗，还改善了室内环境。室内设计温度为20～26℃，风速为0.2m/s，相对湿度为40%。室内平均热感觉指数 PMV 为 -0.40～0.25，预计不满意者的百分数 PPD：5%～7.6%，$LPD_1 < 10\%$，$LPD_2 < 10\%$；$LPD_3 < 5\%$。

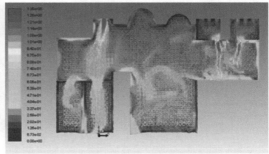

图6.2　室内自然通风模拟优化

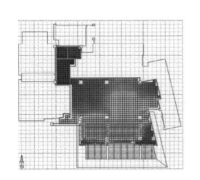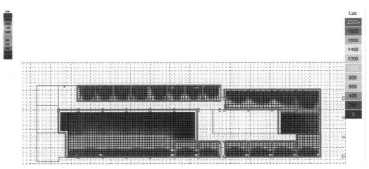

图6.3　室内自然采光模拟优化

6.2.3　生活便利

（1）出行与无障碍

地块北、西、南三侧设置6个人行出入口，场地内人行道与市政道路无高差，建筑出入口采用无障碍设计。项目设置地上三层的敞开式汽车库，各层及屋面均用于停车，共设计停车位483个，并配置139个充电柱，配套停车包含10个无障碍停车位，为冬奥组委提供停车服务。在地块西北侧出入口设置自行车停车棚，位置合理、方便出入，可遮阳防雨。

（2）接入智慧城市

为确保用户在改造后的空间载体内工作、生活的舒适度以及物业运营的高效率，在工程实施前的规划设计阶段，便同步启动了智慧化研究工作。采用"两中心、两张网、四平台和万物联N应用"的顶层设计，集成了智能照明、新风、空调、能源计量、安防监控、门禁一卡通等弱电智能化系统。通过物联网技术创新和自主研发，构建智慧建筑群控平台，形成冬奥区域智慧"小脑"（IOC），实现多系统一体化融合，满足对建筑群强弱电全局设备统一管控，并实现对楼宇各自动化系统集中监控，且对能源计量／计费、建筑空间以及楼宇内大型机电设备进行实时监控与统一调度。

项目全部配置了智能化系统，包括优服物业管理系统、智能卡应用系统、门禁系统、智能安防系统、移动通信室内信号全覆盖系统、用户电话交换系统、信息网络系统等，为用户提供了一个安全便捷的工作环境（图6.4，图6.5）。

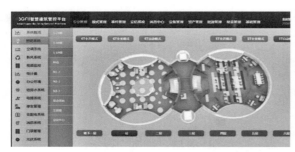 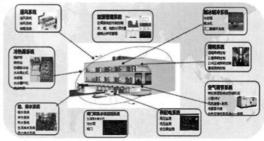

图6.4　智慧建筑管控平台应用界面（照明系统）　　图6.5　楼宇智能控制系统

（3）智能化电梯

项目共配置节能电梯26部。电梯监控自成系统，监视运行状态及故障状态，信号上传，建筑设备管理系统只监不控，BA预留通信接口。要求上传每部电梯的运行状态、故障、楼层等的信号。

6.2.4　资源节约

（1）工业遗存的挖掘

在谨慎保留原有建筑钢结构和混凝土结构的基础上，设计保留原有结构空间作为主要功能空间使用，交通和服务空间以钢框架外置。这样，建筑造型忠实呈现出了"保留"和"加建"的不同状态，表达了对既有工业建筑的尊重。

项目实现了建筑废弃物在首钢园区内的就地拆除、就地处理、就地利用。项目利用老厂区拆除的建筑垃圾生产再生建筑骨料生态透水砖，用于景观透水铺装，总面积约2万 m^2，再生骨料替代率达到70%；利用废弃建筑材料和设备设施进行艺术再加工，成为景观小品设施，留存工业记忆（图6.6，图6.7）。

（2）土地利用强度

改造前，场地共有37座建筑和构筑物，总建筑面积约3.5万 m^2，毛容积率约为0.44。为改善城市区域基础设施问题，总计留存各类建构筑物29座，建筑面积约3万 m^2，结合修缮加固及改扩建，更新后总计建筑面积达到10万 m^2，容积率为1.3。土地利用强度得到了较大提升。

（3）主、被动式技术构建新体系

项目通过加厚保温层、选择高性能三玻两腔外窗来提升围护结构热工性能，保证围护结构达到北京市现行《公共建筑节能设计标准》DB 11/687—2015 的要求。利用高效供暖和制冷系统、优化体形系数、引入自然通风、增强自然采光等措施，以最小的资源、能源消耗获得最大的舒适性。项目室内 65% 以上的功能空间具有很好的自然采光效果，室内通风换气次数可达 2 次 /h。经测算，项目单位建筑面积能耗达到 95.33kW·h/m²，低于北京市能耗的现行值建筑非供暖能耗如表 6.1 所示。

图 6.6　再生混凝土浇筑现场　　　　　　图 6.7　利用废弃建筑材料加工后的景观小品

建筑非供暖能耗　　　　　　　　　　　　　表 6.1

序号	建筑名称	耗电量 /（kW·h/a）	单位面积耗电量 /［kW·h/（m²·a）］
1	主控楼	137610	51.56
2	冬奥餐厅	399658	81.06
3	联合泵站	897975	71.01
4	N1-2 转运站	159426	35.22
5	N3-3 转运站	290233	42.39
6	N3-2 转运站及会议中心	232350	23.63
	合计	2117252	61.29

（4）可再生能源助力碳中和

利用停车设施车棚棚顶，布置分布式光伏发电装置，有效面积约为 876m²，可铺设光伏组件 384 块，共计装机容量为 101.76kWp（图 6.8）。光伏平均年发电量为 33.08 万 kW·h，满足项目 3% 的年用电需求，可节约标准煤约 191t，可减少二氧化碳排放约 511t。项目全生命周期单位面积的碳排放为 58.98kgCO₂/（m²·a）。

N3-3 与餐厅设太阳能生活热水系统，为餐厅提供生活热水。采用集中集热、集中供水方式太阳能热水系统，辅助加热天然气热水器。项目太阳能产生的热水占总用水量的 100%。

图 6.8　光伏发电布置情况

6.2.5　环境宜居

（1）对话自然景观

基地西侧石景山和南侧秀池水体为项目带来了强烈工业感，同时，在 150m 长的原有联合泵站构筑物改造中，打破"封闭大墙"，植入开放式景观廊道、主入口通廊和公共空间，让园区内外景观积极对话。园区设置了一个穿行于建筑之间和屋面的室外楼梯＋栈桥的步行系统，这让整个建筑群在保持工业遗存原真性的同时，叠加了园林化特质。整组建筑就是一个立体的工业园林，步移景异间，传递出一种中国特有的空间动态阅读方式。在建筑尺度的整合策略上，设计对巨大工业尺度和人体尺度进行了柔和的缝合，中尺度新建建筑的介入弥合了原有大与小尺度的差异，形成了丰富的有机整体。

（2）景观对话空间

在原有工业建筑"封闭大墙"中植入开放式景观廊道及公共空间，建构园区内外景观的积极对话关系，基地内被谨慎保留的大树也形成了石景山景区向园区内部绿色渗透的最佳软连接介质。

（3）海绵城市焕发新生机

通过增设透水铺装和绿地，提高项目的年径流总量控制率。绿化还起到固碳吸碳的作用，改善排放问题，降低热岛强度。

改造前场地未铺设透水铺装，绿地率仅为 5%，改造后透水砖面积为 13068m²，占总铺装面积的 70% 以上，绿地面积为 23305.86m²，绿地率为 30.10%。设有效容积 300m³ 的雨水调蓄池两座，采用 PP 模块蓄水池，南北各一套后续处理部分采用雨水地埋一体机，处理水量为 20m³/h。

（4）降低热岛效应

结合项目周边秀池，采取乔—灌—草复层绿化，用地面浅色硬质铺装、屋顶绿化、垂直绿化等方式降低项目的热岛效应（图 6.9）。

图 6.9　垂直绿化、屋顶绿化

（5）室外环境优化

本项目优化建筑形体，形成良好的室外风环境。项目场地风环境较好：冬季典型风速和风向条件下，建筑物周围人行区风速低于 5m/s，且室外风速放大系数小于 2；过渡季、夏季典型风速和风向条件下，场地内人活动区不出现涡旋或无风区（图 6.10，图 6.11）。

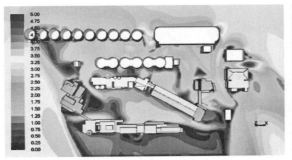

图 6.10　冬季室外人行区风速分布

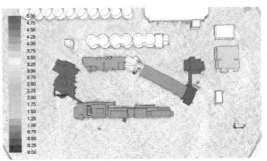

图 6.11　夏季室外人行区风速分布

6.3　实施效果

在安全耐久方面，在工业遗存价值挖掘和利用的基础上，项目通过一系列加固措施实现"旧瓶装新酒"，在设计中充分尊重原有建筑的发展历史，并充分利用既有建筑与材料，使新建部分与原有建筑协调、使原有建筑焕发新的光彩。

在健康舒适方面，采用隔声减噪措施并选用隔声性能良好的门窗，外墙的隔声值为 48dB（A），隔墙的隔声值为 47.5dB（A），楼板的隔声值为 51dB（A），门的隔声值为 32.3dB（A），外窗的隔声值为 37dB（A），楼板撞击声隔声值达到 63dB（A），达到低限标准限值和高要求标准限值的平均数值。通过引入自然通风，室内通风换气次数可达 2 次 /h；通过增强自然采光，室内 65% 以上的功能空间具有很好的自然采光效果。新风机入口管道上设置 $PM_{2.5}$ 过滤单元，$PM_{2.5}$ 过滤效率达到 90%，室内热湿环境满足现行国家标准《民用建筑室内热湿环境评价标准》GB/T 50785—2012 Ⅰ级的要求。

在生活便利方面，通过采用"两中心、两张网、四平台和万物联 N 应用"的顶层设计，实现了模式化管理，降低了 15% 的运维能耗，实现了建筑群综合运营管理能力、思路、手段的立体化与全面化提升，满足了冬奥组委高效运营和国际会议的需求。

在资源节约方面，外窗采用三玻两腔铝合金隔热窗（8mm ＋ 1.52Pvb ＋ 8mm ＋ 12A ＋

10mm），围护结构热工性能满足北京市现行地方标准《公共建筑节能设计标准》DB/11 687—2015 要求。通过对建筑垃圾的循环再利用，提升首钢园区的循环经济水平，改造后项目原结构构件利用比例为 100%。充分利用可再生能源，光伏平均满足项目 3% 的年用电需求，可节约标准煤约 191t，可减少 CO_2 排放约 511t。太阳能热水可再生能源利用率达到100%。项目单位面积的碳排放为 58.98kgCO_2/（$m^2 \cdot a$）。绿化灌溉采用喷灌的节水灌溉方式。循环冷却水系统采取加大集水盘的方式，避免冷却水泵停泵时冷却水溢出。非传统水源利用率为 63.09%，节水效率增量为 71.37%。

在环境宜居方面，通过增设透水铺装和绿地，提高项目的年径流总量控制率，改造后综合径流系数降幅为 30%。通过优化建筑形体，形成良好的室外风环境。采用复层绿化和立体绿化，有效降低城市热岛效应。

6.4　社会经济效益分析

项目应用了太阳能光伏、海绵城市、节水灌溉、复层绿化、高效冷热源机组、室内空气质量监控等绿色建筑技术，通过各项技术的综合利用，项目达到了《既有建筑绿色改造评价标准》GB/T 51141—2015 三星级的要求。在经济效益方面，节约成果显著。本项目建筑面积为 41453.92m^2，绿色技术总增量为 718.22 万元，单位面积增量成本173.26 元/m^2，增量成本统计见表 6.2。利用原有结构节约建设费用 2041 万元，节约运行费用 325.1 万元/年，其中太阳能光伏发电系统每年的发电量是 33.08 万 kW·h，每年可节约电费 19.85 万元；通过节水器具、节水灌溉等节水措施可实现年节约自来水用量约4000t，年节约水费 3.36 万元。

增量成本统计　　　　　　　　　　　　　　　　　　　　　表 6.2

实现绿色建筑采取的措施	单价	标准建筑采用的常规技术和产品	单价	应用量/面积	增量成本/万元
高效空调冷源系统	30 元/m^2	常规冷源系统	10 元/m^2	38627m^2	77.25
CO_2 浓度监控系统	3 万元/控制点	未采用	—	30 个控制点	90.00
可再生能源利用	1060 元/块	未采用	—	384 块	40.70
节水灌溉系统	100 元/m^2	人工漫灌	—	23504m^2	235.04
垂直绿化	80 元/m^2	未采用	—	5000m^2	40.00
透水铺装	180 元/m^2	未采用	—	13068m^2	235.22
合计					718.22

6.5　总结

项目因地制宜遵循"忠实保留、谨慎加建、绿色持久、以人为本"的绿色理念，采用了以下主要技术措施：（1）主、被动式技术构建新体系；（2）可再生能源助力碳中和；（3）智慧一体化赋能科技范；（4）海绵城市焕发新生机；（5）工业遗存挖掘新价值；（6）监测可感知营造优环境。

　　该项目通过专家评审的方式获得了既有建筑绿色改造三星级设计标识，以最小的资源、能源消耗获得最大的舒适性，重新以人作为本体梳理了建（构）筑物的空间尺度关系，根据"静态保留和动态更新相结合"的策略，提升了首钢园区的循环经济水平。在充分尊重工业遗存的同时赓续了创新基因，将工业遗存变成崭新的办公园区，赋予建筑第二次生命，为城市提供"绿色发展密码"。西十冬奥广场是首钢北区落地实施的第一个项目，也是北京市政府支持首钢转型积极导入的核心功能，实现了对工业遗址的复兴。

7 杭州国际中心

谢琳娜[1]　张然[1]　寿东[2]　赵宁思[2]　胡安[1]　曾璐瑶[1]

1　中国建筑科学研究院有限公司；2　杭州鲁能城置地有限公司

7.1　项目简介

杭州国际中心（图 7.1）位于钱塘江西岸江干区的钱江新城核心区，毗邻杭州来福士中心及杭州万象城，东邻富春路，西接民心路，南靠丹桂街，北至江锦路。其中规划地铁四号线沿富春路经过此地块，并在项目基地东南侧设置两个地铁出入口。项目基地面积 30333m²，总建筑面积约 41.60 万 m²，其中地上建筑面积 30.33 万 m²，地下建筑面积约 11.26 万 m²，容积率 10.0，主塔楼建筑高度 298.98m，功能为办公；副塔楼 279.80m，包含办公、服务式公寓、高端公寓；裙房三层，主要功能为商业。办公区域总面积约 19.2 万 m²，服务式公寓约 6 万 m²，高端公寓约 2 万 m²，地上地下商业共计约 4 万 m²。

图 7.1　杭州国际中心

项目设计受到竹子自然体量的启发，双塔楼的造型表现为竖向起伏，采用曲面玻璃立面分区。在塔楼南北立面的窗间墙区域采用横向条肋进行遮阳，同时强调了塔楼的有机语言。一条蜿蜒的水平带状通道构成了裙楼商业的主要动线，与钱塘江的轮廓形成呼应。四个区片的商业裙房之间通过流线形玻璃大雨棚连接，在夏季能遮挡30%的太阳辐射，冬季能遮挡空气流动遇到塔楼后下行的北风，大大提高了商业街区内的人体舒适度。

本项目地下室共4层，包含商业、停车、卸货区及设备。在场地东北侧及商业室外露天主街入口处设两个下沉广场，地下二层设置与地铁站相接的通道，并可通过下沉广场内的扶梯，将人流引至地上地下商业、两栋塔楼和地面广场。在主塔楼南侧设置的观光门厅，可将人流结合商业引导至位于299m高空的天际观光层（图7.2）。

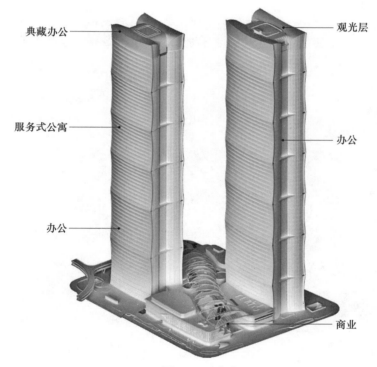

图7.2 功能分区

本项目为超高层建筑，主塔楼与副塔楼采用带加强层的钢管混凝土柱钢框架＋核心筒的结构形式，裙房采用钢筋混凝土框架—剪力墙的结构形式。工程投资为150亿元。开发与建设周期为四年零三个月。本项目解决了超高层建筑的风荷载影响、结构安全耐久可靠性、垂直交通设计、消防、供电安全性和稳定性等多项主要技术问题。设计兼顾城市尺度和环境文脉。两座塔楼东临钱塘江，远眺西湖，南北面向钱江新城；以其独特的地理位置，结合标志性的建筑形式，保证了杭州国际中心将成为未来几十年中杭州的重要地标和极具吸引力的目的地。2021年1月依据《绿色建筑评价标准》GB/T 50378—2014获得二星级绿色建筑设计标识，2021年6月依据《健康建筑评价标准》T/ASC 02—2016获得三星级健康建筑设计标识。

7.2 主要技术措施

7.2.1 节地与室外环境

项目选址于杭州市钱江新城核心区域（图7.3）。根据项目建设用地规划许可证，项目用地性质为商务用地（B2）为主，兼容商业用地（B1）、变电站（U12）；根据杭州市钱江新城单元（JG13）控制性详细规划法定图则，本项目规划为B1/B2/U12（商业设施用地/商务设施用地/供电用地）。因此，本项目符合相关用地规划。项目不在浙江省生态保护红线区内，且项目建设不占用生态红线。用地属缓坡地形，水源丰富，地下水蕴藏量大，水质较好，交通便捷，地理环境优越，选址基本合理。该建筑工程的基础范围土壤氡浓度不大于5000Bq/m³，符合《民用建筑工程室内环境污染控制规范》GB 50325—2020的相关要求。根据环评报告，项目建筑场地选址无洪灾、泥石流，建筑场地安全范围内无电磁辐射危害和火、爆、有毒物质等危险源。

图7.3 项目总图

项目运营期主要噪声源来自道路交通噪声和设备噪声。应急柴油发电机、锅炉房、风机、水泵等设在地下设备间，对设备采取相应防震、隔声、消声等措施降低设备噪声。通过在出入口和建筑周围加强绿化、设置禁止鸣笛等措施，将车辆噪声的影响降到最小，满足《声环境质量标准》中2/4a类噪声标准要求。项目为公共建筑，采用玻璃幕墙，可见光反射比不大于0.2。对建筑的室外风环境模拟分析结果显示，夏季、过渡季来流风向为SSW风，项目红线内流场较为流畅，建筑区域之间的人行区整体风速约为0.36～4.30m/s，申报项目建筑区域内最大风速分布在4.30m/s左右，小于5m/s，风速放大系数为1.60，小于2；冬季时，来流风向为NNW，项目红线内整个项目室外流场基本流畅，项目建筑区域之间的人行区整体风速在 0.33～4.66m/s 之间，均小于 5m/s，风速放大系数为 1.81。室外场地风环境整体满足人员舒适度要求（图 7.4，图 7.5）。

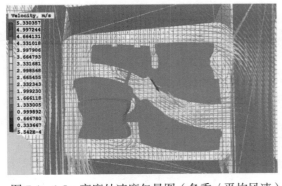 

图 7.4　1.5m 高度处速度矢量图（冬季／平均风速）　　　　图 7.5　迎风面视角风压

项目主要人行出入口 500m 范围内，有江锦路民心路口公交站、民心路江锦路口公交站、富春路丹桂街口公交站、市民中心北大门公交站、富春路民心路口公交站，途经公交车有 105 路、106 路、114 路、156 路、264 路、320 路、71 路、84 路等。地块东侧富春路上设置有轨道交通 4 号线江锦路站，其中有两个出入口直接设置于地块红线内，另外，地铁 2 号线在庆春路／钱江路口设置有钱江路站（距离项目地块约 600m），与 4 号线形成换乘。且本项目地下二层连接轨道交通 4 号线江锦路站，项目地块利用轨道交通出行非常便捷。

项目设置有非机动车停车位 3900 个，停车设施处于建筑主要出入口及地下室，位置合理，方便出入。非机动车停车位处设置有非机动车停车棚，可遮阳防雨。本项目设置机动车停车位 2300 个，其中地面机动车停车位 4 个，地下停车位 2296 个；园区内地面停车位设置合理，不挤占步行空间及活动场所。本项目兼容会议、商业、餐饮、交往空间、休息空间等公共服务功能，健身、地下停车场等配套辅助设施设备共同使用、资源共享，且场地内的餐饮店、咖啡吧、商铺等公共空间向社会公众开放。本项目绿地面积为 4571.6m²，用地面积为 30338m²，项目绿地率为 15.07%。在景观设计中，选用乔木、灌木、地被相结合设计方式构成复层绿化，选用适应杭州气候和土壤条件的本地植物，具有维护少、耐候性强、病虫害少、对人体无害等优点。

本项目室外设置下凹式绿地 1467m²，下凹深度 10cm，下凹绿地的调蓄容积为 146.7m³，另在地下四层设置钢筋混凝土雨水蓄水池，有效容积 590m³，实际设置的雨水调蓄设施的总容积为 736.7m³（杭州市年径流总量控制率 75% 对应的日降雨量为 21.1mm，场地累计一天内的降雨量为 640.0m³），达到年径流总量控制率 75% 的要求。

雨水调蓄水池收集裙房硬化屋面及绿化屋面雨水，雨水通过出户管上设置的电磁阀及雨量计控制初期弃流，通过电磁阀的开闭将初期雨水（3～5mm）弃流排至室外，弃流雨水排至室外污水管网。地下四层设置雨水处理机房，内设石英砂过滤及消毒设施，处理后雨水进入净水池，再通过变频供水泵加压供给。整个地块通过绿化屋面、调蓄水池、透水铺装、地面及地下室顶板覆土绿化等措施，将 SS 去除率控制在 50% 以上。

7.2.2 节能与能源利用

项目处于夏热冬冷地区，经围护结构权衡计算，全年空调耗电量满足《公共建筑节能设计标准》GB 50189—2015 的规定。外窗和玻璃幕墙的气密性能均满足标准要求。

项目有装修要求的场所视装修要求而定，一般场所采用 LED 灯，LED 灯采用一体式堂灯。长时间停留的场所光源显色指数 $Ra \geq 80$；同类光源的色容差不大于 5SDCM。此外，LED 光源尚应满足以下条件：特殊显色指数 $R9$ 应大于零；色温不高于 4000K。走廊、门厅、大堂、地下停车场所等大空间均采用智能照明控制系统，楼梯间采用节能自熄开关。

本项目两台及以上电梯组成设置处，选用具有节能运行模式及群控功能的控制系统，自动扶梯、自动人行道具有节能拖动和启停等节能控制措施。本项目所采用的三相配电变压器满足现行国家标准《三相配电变压器能效限定值及能效等级》GB 20052—2020 的节能评价值要求，水泵、风机等设备及其他电气装置满足相关现行国家标准的节能评价值要求。

本项目空调均采用高能效比设备，供暖空调系统的冷、热源机组能效均优于现行国家标准《公共建筑节能设计标准》GB 50189—2015 的规定以及现行有关国家标准能效限定值的要求。大空间采用全空气低速风变频送风系统，集中设置空调机房，集中回风，风机根据回风温度变频运行；小空间采用风机盘管＋新风的空气－水系统。全空气系统可实现全新风工况运行。本项目设有中央空调自控系统，空调水系统一级泵根据供回水压差变频控制，变频调节速率须依据冷水机组技术要求确定。控制原理采用模糊控制策略，以确保对大滞后、非线性系统控制的可行性，达到最大的节能效率。

7.2.3 节水与水利用

本工程生活给水水源取自市政自来水。从富春路和江锦路市政给水管上各引一根 DN300 及 DN200 给水管至本地块，经水表计量后在地块内形成环网，供本工程生活、室内外消防用水，室外生活、消防给水分开设置。市政水压按 0.20MPa 设计。本工程根据不同用水部门及功能，采用分质、分区供水系统。

本工程地下四层至地上一层生活用水由市政水压直接供水，裙房二层至裙房屋面生活用水由设置于地下二层商业水泵房内的商业变频加压水泵加压供水。主、副塔楼生活给水均采用分区供水系统，其中主塔楼共分 12 个给水分区，副塔楼共分 10 个给水分区。为避免超压出流现象，在支管处设置了减压阀，以保证室内卫生器具用水点处压力不大于 0.20MPa。

室外排水采用雨、污分流。雨水采用有组织排水，塔楼屋面均采用有组织半有压流排水，雨水斗均采用国标 87 型甲型钢制短管雨水斗，裙房屋面采用虹吸（压力流）排水，雨水斗采用专用不锈钢虹吸雨水斗。雨水设计重现期为 10 年，并设溢流管排水设施，其排水能力按 100 年雨水量校核。汽车坡道出入口处、下沉庭院雨水设计重现期为 100 年。雨水经室内外雨水管道汇集后就近排入周边市政雨水管。雨水量按杭州市暴雨强度公式计算；场地排水设计重现期为 5 年，地面集水时间为 15min。本项目设置有雨水回收系统，雨水回收后用于室外绿化浇灌、道路浇洒、地下车库冲洗等。

室内排水塔楼采用雨、污、废分流制，裙房、地下室、卫生间排水按合流方式设计。服务式公寓内采用同层排水系统。室外排水采用雨、污分流，污、废合流制，项目污废合流经化粪池预处理后，送至市政污水管网。商业餐饮厨房热水由租户自理，采用燃气或电热水器制取。服务式公寓采用分散热水供应系统。项目采用节水型卫生洁具和水暖器具，洁具用水效率等级均达到国家标准 2 级或以上。

本项目按使用用途及付费或管理单元，设置分级计量水表，做到用水有量。项目区域入口处设给水总水表，计量该区域总用水量。各单体建筑给水起始端设入户二级水表，计量办公、商业、酒店式公寓等建筑用水量；室外设绿化灌溉、道路浇洒等二级水表计量雨水用水量。商铺、办公、酒店式公寓等设置三级计量水表，计量各区域用水量。

本项目灌溉系统采用喷灌及滴灌，且在采用节水灌溉系统的基础上，设置雨天关闭装置，节约灌溉用水量。

本项目公共浴室采用带恒温控制和温度显示功能的冷热水混合淋浴器；道路冲洗及车库冲洗均采用节水高压水枪。

7.2.4 节材与材料资源利用

建筑立面设计简约大方，未使用大量装饰性构件，每栋楼装饰性构件比例均在 5‰ 以下。本项目现浇混凝土全部采用预拌混凝土，建筑砂浆全部采用预拌砂浆。

本项目主要受力钢材均采用高强度钢，400MPa 级及以上受力普通钢筋用量为 30475.00t；钢筋总量为 30927.22t；400MPa 级及以上受力普通钢筋用量的比例为 98.54%。主塔楼及副塔楼除核心筒外的梁、柱、楼板均为钢结构，采用 Q345 及以上的高强度钢使用比例为 99.32%。采用的可再利用及可再循环材料主要包括砌块、钢材、木材、玻璃、铝合金型材等，主要使用位置为非承重墙、结构用钢、建筑门窗、窗框等部位，重量为 84557.54t，本项目建筑材料总重量为 727786.52t，可再利用及可再循环材料的总量占所有建筑材料总重量的比例达到 11.62%。

本项目于设计阶段，充分考虑公共部位采用土建装修一体化工程。

7.2.5 室内环境质量

本项目设备机房四周采用吸声材料、隔声门窗。主要功能房间围护结构隔声构造主要为钢筋混凝土或蒸压加气混凝土砌块结构层。经计算，主要功能房间的外墙、隔墙、楼板的隔声性能满足现行国家标准《民用建筑隔声设计规范》GB 50118—2010 中的低限要求。楼板的撞击声隔声性能达到现行国家标准《民用建筑隔声设计规范》GB 50118—2010 中的低标准限值和高标准限值的平均值要求。项目采用新进低噪声设备代替高噪声传统老设备；所有固定设备均安装在加有减振垫的基础上，水泵进出水管处用橡胶软接头，风机进风口加装消声器，风机风管之间用帆布连接；机房四周用吸声材料、隔声门窗，经距离衰减后交通噪声对本项目室内环境的影响较低。经计算，可知本项目公寓最不利房间背景噪声昼间为 38.62dB（< 40dB）。室内背景噪声达到现行国家标准《民用建筑隔声设计规范》GB 50118—2010 高标准限值要求。

经模拟分析，本项目主要功能房间采光系数满足现行国家标准《建筑采光设计标准》GB 50033—2013 要求的面积比例为 99.52%，主要功能房间有合理的控制眩光措施，经模拟计算，主要房间的统一眩光值均满足标准要求，能通过外窗看到室外自然景观，无明显视线干扰。

本项目人员密集场所、办公、公寓楼层设 CO_2 监控系统，监测仪距地面 0.9m 到 1.8m。CO_2 浓度超过设定值 10% 以上会发出警报。根据 CO_2 浓度控制新风机组转速，改变新风量，同时控制排风机转速，改变排风量。服务式公寓部分设置空气质量监测装置。每层电梯厅设置一个空气质量监测仪，安装高度为 1.2～1.8m；监测间隔为每小时一次并进行记录，监测室内污染物包括二氧化碳、$PM_{2.5}$ 值、甲醛、一氧化碳或 VOCs 含量。同时设置显示屏，对以上监测数据和空间的温、湿度数据要求进行显示。

本项目在地下车库设置 CO 浓度监测装置并与排风设备联动。平时排风根据监测 CO 浓度联动风机启停，CO 的短时间接触容许浓度上限为 30mg/m³。

7.3 实施效果

本项充分利用土地，场地容积率达到 10.0，大幅度提高了土地集约利用效率。选用高耐久和可再循环建筑材料，延长建筑寿命，提高建材利用率，为减少碳排放做出贡献。优化建筑布局和建筑形体，有效改善场地风环境，为市民营造一个舒适的开放休闲空间。设置海绵城市设施，留滞和调蓄雨水，场地年径流总量控制率达到 75%，SS 去除率控制在50% 以上。

通过采用高效节能设备，强化外围护结构，提高建筑节能率。根据不同功能区分区、不同高差，设置空调水系统，降低整体空调能耗。照明控制系统按需进行自动调节，注重以人为本的景观设计等适宜且效果明显的多项技术。

采用高效节水器具，提高项目用水效率，再取水末端设置净水装置，保证用水安全。

采用高耐久性建筑材料，提升可再循环和可再利用建材应用比例，应用效果良好。

在室内环境方面，设置室内空气质量检测系统，根据监测结果控制建筑新风供应，在节能的同时保障室内环境。

7.4 社会经济效益分析

本项目应用了围护结构节能、能耗监测、海绵城市、节水灌溉、屋顶绿化、高效冷热源机组、新风 $PM_{2.5}$ 过滤、室内空气质量在线监测等绿色建筑技术，通过各项技术的综合利用，项目达到了《绿色建筑评价标准》GB/T 50378—2014 二星级、《健康建筑评价标准》T/ACS 02—2016 的三星级标准要求。

在经济效益方面，节约成果显著。本项目建筑面积为 41.60 万 m²，绿色技术总增量为1379.6 万元，单位面积增量成本 33 元/m²，增量成本统计见表 7.1。

增量成本统计　　　　　　　　　　　　　　　表 7.1

实现绿色建筑 采取的措施	单价	标准建筑采用的 常规技术和产品	单价	应用量／面积	增量成本／万元
CO_2 浓度监控系统	2 万元／控制点	无	—	260 个控制点	520
CO 浓度监控系统	25000 元／块	无	—	76 块	38
二级节水器具	3000 套／套	三级节水器具	2000 套／块	约 5500 套	550
雨水回用系统	140 万元	无	—	—	140
室内健身器材	3000/ 台	无	0	82	24.6
艺术雕塑、艺术装饰品	35000/ 个	无	0	10	35
医学救援设施	15000/ 套	无	0	6	9
专用健身跑道	180/m²	无	0	3500m²	63
合计					1379.6

7.5　总结

本项目在设计过程中综合考虑了建筑的节地、节能、节水、节材、室内环境等指标，符合绿色建筑的相关要求；采用零甲醛管控装修、照明控制系统按需进行自动调节、注重以人为本的景观设计等适宜且效果明显的多项技术，达到健康建筑的相关要求；应用先进的计算机模拟技术，对建筑能耗、通风环境、采光情况进行模拟，优化建筑场地布局，提高人员活动区域舒适度。本项目对于超高层绿色建筑应用有示范和推广意义。

8　新建北京至雄安新区城际铁路
雄安站站房及相关工程

杨金鹏[1]　王陈栋[1]　王喆[1]　曹建伟[1]　吴中洋[1]　王秋晨[1]
1　中国建筑设计研究院有限公司

8.1　项目简介

　　新建北京至雄安新区城际铁路雄安站站房及相关工程位于河北省保定市雄安县城区东北部，由中国国家铁路集团有限公司投资建设，由中国建筑设计研究院有限公司与中国铁路设计集团有限公司、法国 AREP 建筑设计咨询公司、北京市政院工程设计研究总院组成设计联合体，承担该工程的设计工作。雄安高速铁路有限公司、中国铁路北京局集团有限公司运营。本工程总占地面积 26.245 万 m^2，房屋总建筑面积 47.52 万 m^2，其中京雄站房 9.92 万 m^2，预留的津雄站房 5.08 万 m^2，市政配套规模约为 17.66 万 m^2，城市轨道交通规模约为 6.05 万 m^2，地下空间为 8.81 万 m^2。2020 年 12 月依据河北省《绿色建筑评价标准》 DB 13（J）/T 113—2015 获得绿色建筑三星级设计标识。

　　雄安站综合交通枢纽主要包含国铁站房工程、市政配套工程、城市轨道交通工程及地下空间工程（图 8.1，图 8.2）。建筑主体共 5 层，其中地上 3 层，地下 2 层。地下一层中间区域为预留空间、北侧设备用房，南侧为 K1 线快速路地下落客区及近期开通的地下商业开发空间，东侧为地铁 M1 线预留空间。地下二层为地铁 M1 线预留车站及区间。一层中间区域为地面候车厅、轨道交通换乘厅，南北两侧为市政停车场、城市通廊；二层为站台层，车场自西向东分别布置京雄城际、京港（台）车场、津雄城际车场，总规模为 11 台 19 线；三层为高架候车厅。

图 8.1　雄安站枢纽全貌实景图

图 8.2　雄安站剖轴测图

8.2　主要技术措施

新建北京至雄安新区城际铁路雄安站站房及相关工程项目采用"畅通融合、绿色温馨、经济艺术、智能便捷"的设计理念，主要绿色技术措施包括被动式节能技术、智能照明、高效节水器具、室内空气质量监控、能耗监控系统、建筑保温结构一体化、非传统水源利用、光伏发电及 BIM 技术等。

8.2.1　节地与室外环境

雄安站处于昝岗组团，规划设计结合藤蔓城市理念，以现有村镇聚落为起点，发展为多个城市组团，每个组团具有不同的职能和清晰的边界，村落之间的田野整合为城市组团间的绿廊，雄安站成为新兴城市组团核心。

充分实践"站城一体化"理念，设有地下空间 11.74 万 m²，采用立体候车布局，打造多进多出的进出站流线格局，并通过地面和地下空间的连通和融合，打破车站对城市功能的割裂，形成对车站城市空间有效衔接和融合，促进车站与城市配套的紧密衔接；项目站内布局为一层和三层候车，二层是高铁线的结构，利用地面层和站台层之间的空间设置出站夹层，实现旅客"进出分层，到发分离"，提高换乘效率（图 8.3）。

高架候车厅　地铁 M1 线　地面候车厅　地下开发　站台　出站厅　夹层　地面交通场站

图 8.3　雄安站剖面图

（1）公共交通优先

项目落实雄安新区公共交通引领政策，构建公共交通优先的绿色交通。地上、地下立体交通布局，充分利用桥下候车优势，二层为铁路站台层、预留轨道交通 R1、R2 线，地下设有公交、出租区域、预留地铁线，使旅客在站内实现与公交、出租车等交通工具换乘，减少步行距离，形成人车分流、高效有序的站区交通（图 8.4）。

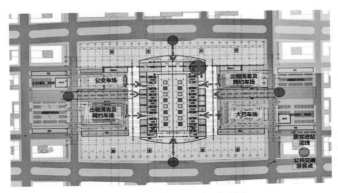

图 8.4　公共交通配套示意图

（2）室外环境优化

项目在设计过程中通过模拟技术手段对室外风进行优化设计，使得项目在过渡季、夏季典型风速和风向条件下，建筑立面具有良好的室内外表面风压差，有利于室内自然通风，同时有效控制冬季场地风速（图8.5，图8.6）。

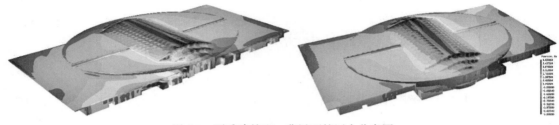

图 8.5　夏季建筑迎、背风面的压力分布图

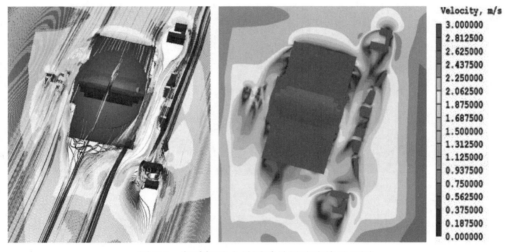

图 8.6　冬季场地人员活动处风速流线及云图

往来车辆噪声是交通建筑最主要的噪声源，项目在站台层采用装配式吸声墙板、增设轨道隔振垫等措施降低列车通行时产生的噪声，改善站台空间声环境。

站台吸声墙板设玻璃丝绵夹层，表面有孔眼。利用多孔吸声材料让噪声声波沿孔隙深入离心玻璃棉内部，然后与材料发生摩擦作用，从而将声能转化为热能，消灭噪声。

项目设置太阳辐射反射系数不低于 0.4 的道路路面、建筑屋面面积约 11.3 万 m²，约占道路路面及建筑屋面总面积的 77.1%，改善场地热环境，满足标准要求。

（3）海绵设计

结合场地功能布局，设置海绵雨水基础设施，合理规划地表及屋面雨水径流。项目将场地划分为 4 个大排水分区、19 个子排水分区，并利用桥墩间的空间设置下凹式绿地，道路采用透水沥青道路，广场采用透水铺装，硬质铺装地面中透水铺装面积的比例达到61%，下凹式绿地占场地绿地面积的比例 100%，实现场地年径流总量控制率 88%。

项目在合理设置绿化小品的基础上，在承轨层站台端设置屋顶绿化，面积约 8400m²，达到屋顶可绿化面积比例为 63.5%。

8.2.2 节能与能源利用

（1）围护结构节能

项目外墙主要采用复合保温砌块自保温体系（外墙保温与结构一体化）技术，外窗、幕墙采用 8mm ＋ 12A ＋ 8mm ＋ 12A ＋ 8mm 钢化中空双银 Low-E 玻璃，天窗采用 6HS ＋ 1.52pvb ＋ 6HSLow-E ＋ 12A ＋ 8TPmm 半钢化中空超白玻璃，围护结构热工性能（屋顶、外墙、外窗、幕墙、屋顶透明部分传热系数；外窗、幕墙、屋顶透明部分太阳得热系数）均比标准要求提高 10%。

（2）空调系统节能

本项目候车厅、进站厅、售票厅等主要功能空间采用全空气分层空调系统，分层空调系统可有效降低过渡空间能耗。冷水机组采用变频离心式冷水机组，其制冷性能系数比标准要求提高 12%。多联机综合制冷性能系数提高 16%。房间空气调节器满足国家标准规定的 1 级要求。空调水系统、风系统均采用变频技术。空调冷源的部分负荷性能系数满足标准要求。新风系统采用全热回收新风机组，热回收效率不低于 60%。建筑空调系统能耗降低 9.82%。

（3）智慧管理系统

雄安站设有多套智慧系统，可以通过大数据云计算、人工智能物联网技术，把业务与技术深度融合，让数据与服务器资源共享，形成统一的指挥平台。

智慧管理系统可以对全站所有设备、电表、水表，自动扶梯、电梯等进行实时监控，保证设备的安全高效运行，为旅客提供更便捷的服务。智慧管理系统实现了对电耗、水耗、冷热源等能耗的计量与远传，有效监测建筑能耗，进行数据挖掘和分析管理，降低建筑总体能耗。智慧管理系统还能自动调节站内的光线、温度、湿度，以节约空调与照明能耗。

（4）可再生能源利用

本项目在椭圆形屋顶部分设置分布式光伏发电系统。该技术突破了以往在建筑屋顶局部使用的方式，以"光伏建筑一体化"的方式，成了建筑屋顶和外幕墙系统的重要组成。系统并网采用"自发自用，余量上网"的模式。

本项目的光伏发电系统由光伏组件、组串式逆变器、升压变、10kV 开关柜等设备及电缆组成。安装总面积约 4.2 万 m^2，总容量约 6MWp。固定式安装光伏发电区域首年发电量为 643.3 万 kW·h。根据光伏组件电池组件 25 年衰减率，计算得出 25 年平均年发电量约 580 万 kW·h。

光伏组件排布方式也突破固有的满布阵列形式，兼顾建筑形象，采用渐变的排列方式，与屋面构造系统有机结合。组件串联方案通过不断优化，适应分组数量的变化，满足配电系统的要求。

8.2.3 节水与水资源利用

合理利用非传统水源，中水由城市再生水管网供应。中水主要用途为卫生间大小便器冲洗、地面冲洗、车库冲洗、绿地浇灌等。全年用水量非传统水源总量约 43 万 t，非传统水源利用率为 27.83%。采用中水进行冷却水补水，冷却水补水水质满足标准要求的同时实现非传统水源的补水比例达到 61.0%。

洁具的五金配件符合《节水型生活用水器具》CJ/T 164—2014、《非接触式给水器具》CJ/T 194—2014 的规定。卫生器具的用水效率均为国家现行有关卫生器具用水等级标准规定的 1 级。道路、广场、车辆冲洗采用节水型高压水枪。

本项目设置综合监控及能耗管理系统，实现能耗数据动态监测、能耗功能分析、报表统计、措施建议及图形展示功能，并通过机电设备监控系统（BAS）实现被控设备的运行参数控制。对给排水系统采用涉及冷冻水泵、冷却水泵、冷却塔、污水提升装置、隔油器、自耦式潜污泵的远程监控。

8.2.4　节材与材料资源利用

雄安站上部高架层及雨棚屋盖采用钢结构，钢结构总体为框架结构体系，总用钢量约 13.1 万 t。雨棚屋盖平面呈椭圆形，总尺寸为 450m×360m。为了降低结构温度应力，需要将建筑划分为若干个结构单元。结合顺轨方向 15m 宽光谷，屋盖钢结构设置 1 道顺轨道方向的抗震缝。考虑到屋盖建筑效果及防水功能，在垂直轨道方向设置 2 道结构缝，将屋盖划分成 6 个结构单元，其中最大区块尺寸为 174m×190m。由于屋盖支承于下部多个混凝土结构单元，屋盖结构对下部各混凝土结构单元之间的变形差异应具有良好的适应性，合理的单元划分大大提高了结构的安全性及经济性。

一层的候车大厅和城市通廊大面积采用清水混凝土工艺，应用面积达约 10 万 m^2，其直观色彩接近混凝土本身，后期不需要再次装饰，有效起到节约材料资源的作用。

本项目高架层及雨棚屋盖区域采用钢结构，立面及屋顶采用大面积玻璃幕墙，建筑可再循环材料使用重量约 76.6 万 t，占所有建筑材料总重量的比例为 13.5%。

本项目大量采用高强建筑结构材料。混凝土结构中 400MPa 级及以上受力普通钢筋占钢筋总用量的比例为 99.9%。混凝土承重结构中采用强度等级在 C50（或以上）混凝土占承重结构中混凝土总量的比例为 72.5%。钢结构中 Q345 及以上高强钢材用量的比例为 100%。

8.2.5　室内环境质量

项目设计过程中，进行了候车厅的吸声处理声学专项研究，以控制建筑内外噪声源，使候车大厅内背景噪声达到标准要求；控制建筑振动源，使候车大厅不受振动影响；控制候车厅内各个界面的吸声量，使候车厅内混响时间满足规范要求；充分考虑候车厅内界面的扩散、吸声设计，为候车厅提供较为均匀、理想的声场环境的目的。施工过程中，结合吸声声学专项研究采取了相应措施，包括吸声吊顶以及微穿孔铝板、穿孔铝板背衬玻璃丝绵、消声加厚百叶、超薄饰面型防护吸声涂料等。

项目公共候车区设置与全空气空调机组新风阀联动的 CO_2 浓度测点监测装置，根据室内 CO_2 浓度情况，自动调节全空气空调机组的新风比例。结合综合监控及能耗管理系统的需求，设置光照度传感器，颗粒物浓度（PM_{10}、$PM_{2.5}$）、温度、湿度等传感器用于站房内空气质量环境监测，颗粒物（PM_{10}、$PM_{2.5}$）浓度超标可实现报警。

项目首层、夹层东、西、南向外窗局部采用内凹处理，形成固定的外遮阳；精装修过程中，部分外窗内部设置高反射率遮阳帘；二、三层东、西、南向局部外窗（透明幕墙）利用大屋顶作为固定的外遮阳；屋顶局部天窗采用太阳能光伏组件作为固定外遮阳，采光顶设置可调节外遮阳。有阳光直射的外窗和幕墙透明部分面积约为 5 万 m^2，其中有可控遮阳调节措施的面积为 2.5 万 m^2，可调节遮阳面积比例为 50.2%。

利用京雄和津雄两个车场分设的客观条件，将站房主体结构自然分为两部分，其间约 15m 宽的"光廊"从地面至屋顶上下贯通，将阳光和景观引入室内，有效改善线下候车厅的自然采光和通风环境。从光廊中穿过的天桥连通南北两侧的交通场站，为旅客提供了便捷的换乘条件。

在天桥两侧布置的有机种植绿墙和休息平台，将线性单调的步行通廊打造成极具生态示范意义的"绿谷"空间。在实施中根据北方气候条件选择一些耐候性较强的植物种类，配置可循环灌溉系统和光照系统，为植物生长提供条件，同时也降低后期的维护成本（图 8.7，图 8.8）。

项目幕墙总面积约 2.9 万 m^2，幕墙可开启面积约 0.33 万 m^2，幕墙可开启面积比例达到 10.3%。依据建筑平面图及立面图，结合建筑室外风模拟情况，对项目室内自然通风情况进行模拟分析，结果显示在过渡季室内自然通风状况良好，通风换气次数不小于 2 次 /h 的面积比例达到 92.03%（图 8.9）。

图 8.7 "绿谷"步行空间

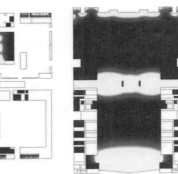

图 8.8 首层室内自然采光分析图

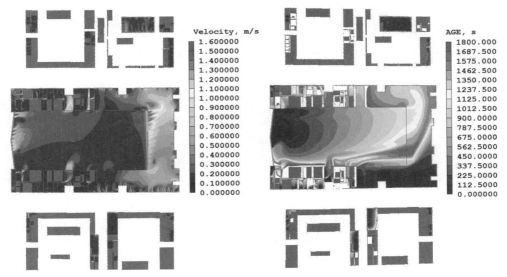

图 8.9 首层室内自然通风分析图

8.3 实施效果

项目在节地与室外环境方面，对室外风环境进行优化设计，保证在冬季的主导风向和风速下场地风速小于 5m/s，过渡季、夏季有利于室内自然通风；通过透水铺装、屋顶绿化及下凹式绿地的设置，场地年径流总量控制率达到 88% 以上。

在节能与能源利用方面，与标准要求相比，项目围护结构热工性能提高 10%、冷水机组制冷性能系数比提高 12%、多联机综合制冷性能系数提高 16%，建筑空调系统能耗降低 9.82%。项目太阳能光伏板安装面积约为 42000m^2，总装机容量约 6MW。预计每年可节约用煤 1800t，减少 CO_2 排放 4500t。

在节水与水资源利用方面，项目采用中水进行冲厕、地面冲洗、车库冲洗、绿地浇灌等，年可节约自来水用水量约 43.3 万 t。

在节材与材料资源利用方面，项目通过有限元分析对钢结构进行优化设计，高架屋盖区域的大跨箱型梁主要通过内部设置加劲肋的方式减小腹板壁厚，以此减少钢材用量。雨棚区域框架柱采用异型方钢管柱。为了减少用钢量，将雨棚区域框架柱设计为分段变厚度异型柱，用钢量减少约 16%；采用清水混凝土工艺，在雄安站展开运用面积达 10 万 m^2。清水混凝土的应用省去了涂料、饰面等化工产品，有利于环保。

在室内环境方面，本项目空气处理机组和新风机组设置初效过滤段＋双极电子净化段，使得 $PM_{2.5}$ 浓度达到国家相关卫生标准要求。$PM_{2.5}$ 过滤效率不低于 90%。项目设计过程中，进行了候车厅的吸声处理声学专项研究，达到了规范规定的混响时间要求，并获得良好的语言清晰度。通过建筑顶部"光谷"的设计，改善了候车大厅内部自然采光效果，采光面积达标比例达到 52.6%。

经过计算，本项目采用高效的机组、高效节能水泵、风机、节能灯具、可循环利用建筑材料等减排措施后，比未采取任何节能减排措施时，每年单位面积 CO_2 减少排放 97.4kgCO_2/m^2，碳排放量降低 39.1%。

从表 8.1 可知，本项目采用高效的机组、高效节能水泵、风灯具等措施，全年可减少 9069t 的碳排放。

<table>
<tr><td colspan="4" align="center">减碳统计表</td><td align="right">表 8.1</td></tr>
<tr><td>名称</td><td>全年电耗 / 万 kW・h</td><td>光伏发电量 / 万 kW・h</td><td>碳排放因子 / [kg CO_2/(kW・h)]</td><td>CO_2 排放量 /t</td></tr>
<tr><td>参考建筑</td><td>5346</td><td>0</td><td>0.714</td><td>38173</td></tr>
<tr><td>设计建筑</td><td>4659</td><td>583</td><td>0.714</td><td>29104</td></tr>
<tr><td>CO_2 减少排放量 /t</td><td colspan="4" align="center">9069</td></tr>
</table>

另外，本项目采用全专业 BIM 正向辅助设计，涉及建筑、结构、暖通、给水排水、电力、通信、信息、装修、标识、幕墙、桥梁等专业。从初步设计阶段开始，共制定了 4 项 BIM 标准，注重从设计到施工、运营的全生命周期 BIM 应用。开展了基于 BIM 的清水混凝土设计及施工深化、站房虚拟样板间、施工现场倾斜摄影、智能放样机器人、施工进度模拟、管线综合、互动式施工交底等多项技术研究。

8.4 社会经济效益分析

项目应用了太阳能光伏发电、中水利用、节水灌溉系统、空气污染物监测系统、高效冷热源设备、高效输配系统、高效围护结构、高效照明灯具及节水器具、清水混凝土、钢结构等绿色建筑技术，通过各项技术的综合利用，达到了《绿色建筑评价标准》DB 13（J）/T 113—2015 三星级的要求。

本项目总用地面积 251425m²，建筑总面积 578037m²。总投资 399351 万元，绿色技术总增量成本 5191.1 万元，单位面积增量成本 89.8 元 /m²，可节约的运行费用约 405.0 万元 / 年，增量成本见表 8.2。

增量成本统计 表 8.2

实现绿色建筑采取的措施	单价	标准建筑采用的常规技术和产品	单价	应用量/面积	增量成本/万元
高性能围护结构	155 元 /m²	满足《公共建筑节能设计标准》DB13（J）81—2016	125 元 /m²	460630m²	1381.9
室内空气质量监测系统	150 万元 / 套	未采用	—	1 套	150.0
高效空调冷、热源机组	30 元 /m²	常规冷热源系统	10 元 /m²	460630m²	921.3
高效输配系统	8 元 /m²	常规输配系统	3 元 /m²	460630m²	230.3
能耗监控系统	300 万元 / 套	未采用	—	1 套	300.0
屋顶绿化	500 元 /m²	未采用	—	8409m²	420.5
高效节水器具	5500 元 / 套	三级节水器具	3400 元 / 套	500 套	80.0
透水铺装	70 元 /m²	硬质铺装	20 元 /m²	33000m²	165.0
节能电气和设备	30 元 /m²	普通电气和设备	15 元 /m²	578037m²	867.1
高效照明灯具	20 元 /m²	普通灯具	10 元 /m²	578037m²	578.0
节水灌溉系统	100 元 /m²	人工漫灌	—	9700m²	97.0
合计					5191.1

8.5 总结

项目因地制宜采用了全寿命周期内绿色客站设计理念，主要技术措施总结如下：

（1）采用太阳能光伏发电，降低自身电力需求并减少温室气体排放。

（2）采用高性能围护结构、高性能冷热源机组及高效输配系统，降低建筑空调系统能耗。

（3）采用节水灌溉系统、高效节水器具、中水利用措施，降低自来水需求量。

（4）设置室内空气监控系统，保持室内健康舒适的空气质量。

（5）进行专项声学设计、室内自然通风及自然采光专项研究，维持室内良好的声、光、热湿环境。

（6）采用透水铺装、下凹式绿地、屋顶绿化技术，达到场地年径流总量控制率88%

并涵养地下水。

（7）采用清水混凝土工艺，减少表面修饰，节约大量材料资源。

（8）全国首个站城一体化交换中心——雄安站 CEC 城市换乘中心。车站与城市空间紧密融合，城市功能与枢纽功能互联互通。

（9）公共交通优先。形成多进多出的进出站流线格局，同时旅客可自由选择地面候车、高架候车等不同候车模式，提高枢纽的换乘效率。

（10）站台层采用装配式吸声墙板，有效降低了列车通行时产生的噪声。

（11）BIM 技术在设计和施工过程中的应用，解决一系列技术难题。

（12）设置智慧管理平台，实时监控站内设备设施。

该项目通过专家评审的方式获得了绿色建筑三星级设计标识，达到了保护环境、资源节约、减少污染、为建筑使用者及广大旅客提供绿色、温馨、健康、舒适、高效使用空间的目的。

9 海口市民游客中心

王陈栋[1] 曹建伟[1] 林波[1]

1 中国建筑设计研究院有限公司

9.1 项目简介

海口市民游客中心项目位于海南省海口市滨海公园内,由海南华侨城市民游客中心建设管理有限公司投资建设并负责运营,中国建筑设计研究院有限公司设计,总占地面积 3.92 万 m^2,总建筑面积 2.98 万 m^2。2018 年 11 月依据《绿色建筑评价标准》GB/T 50378—2014 获得绿色建筑标识二星级,并获得 2020 年全国绿色建筑创新奖二等奖。项目主要功能为 12345 热线、城市管家、城市警察、智慧城市等,侧重于城市特色文化、城市规划、城市旅游发展、特色旅游资源、旅游推广等展示,项目效果图如图 9.1 所示。

图 9.1 海口市民游客中心效果图

9.2 主要技术措施

海口市民游客中心项目采取"因地制宜、被动优先、市民体验"的设计原则,具有被动式节能技术、装配式木结构体系、适合海南气候特色的绿色建材、结合环境的建筑形体生成策略、室内空气质量监控、雨水收集再利用、太阳能光伏、太阳能光热等绿色特色。

9.2.1 节地与室外环境

（1）结合环境的建筑形体生成策略

通过新建建筑，整合城市及沿湖空间，达到城市修补的目的。最大限度地保留公园内部的山体景观，建筑沿山体布置，减少土方量，形成跟山契合、与水环抱的建筑姿态。木结构以其独特的表现力，形成高低错落的屋顶，与朝西布置的实体建筑共同起到遮阳作用，同时沿主导风向形成若干通风廊道，结合景观水系，提高通风效果，有效降低室内空气温度。东侧建筑减小体量，嵌入山体，内部形成富有海口特色的骑楼空间（图9.2）。

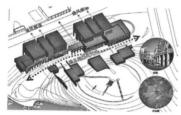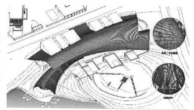

图9.2 建筑形体形成过程示意图

（2）空间开放共享

海口市民游客中心项目选址于滨海公园内。滨海公园毗邻世纪公园和万绿园，三园为海口市天然"绿肺"，为广大市民的休闲娱乐提供了优越的场地，对促进人民身体健康、提高生活品质起到积极作用。

本项目在设计过程中保持原有的地形，减少挖掘作业，减少土方开挖量。项目不设置实体围墙，和公园内其他建筑融为一体，保持公园空间的开放性，方便广大市民及游客参观。

（3）室外环境优化

海口属于夏热冬暖地区，春季较温暖，夏季较长且炎热，秋季较短，冬季气温普遍在15℃以上。海口全年约有4000h温度位于15～25℃之间，46.6%的时间处于较舒适状态，在这种情况下，室外自然通风显得尤为重要。本项目优化建筑形体，引导室外风自然流经建筑外部，形成良好的室外风环境。另外考虑到夏季太阳辐射充足，为降低太阳辐射对室外环境的影响，本项目利用木屋面对太阳辐射进行有效遮挡，提高室外人员舒适感（图9.3，图9.4）。

图9.3 室外导风示意图　　　　图9.4 木屋面遮阳系统

（4）降低热岛效应

结合项目周边景观湖，采取乔—灌—草复层绿化，地面浅色硬质铺装和屋顶绿化等方式降低项目的热岛效应（图9.5，图9.6）。

图9.5　中心景观湖与地面铺装实景图　　　　图9.6　屋顶花园

9.2.2　节能与能源利用

一年内，海口地区有46.6%的时间室外处于较舒适状态，因此本项目设置大量半室外空间，利用自然通风及木屋面遮阳形成舒适的人员活动区域，大量减少空调房间，相应减少空调系统能耗。另外，本项目侧重提高围护结构热工性能，围护结构透明部分太阳得热系数在满足《海南省公共建筑节能设计标准》DBJ 46—03—2017要求的基础之上再提高5%。采用的分体空调能效满足二级能效等级的要求；所采用的多联机，其制冷综合性能系数比标准要求提高8%。通过上述措施进一步降低空调房间能耗（图9.7）。

图9.7　半室外空间

在大空间用房、走廊、楼梯间及其前室、消防电梯间及其前室、主要出入口等场所，设置智能照明系统，信号线采用485总线；每个灯与主机联动，随时监测每个照明灯具工作状态；控制主机设在消防控制室；可达到节能、有效地延长灯具的寿命、美化照明环境和方便管理维护等目的。

海口处于中国太阳能资源区划的Ⅰ类区，属于"很丰富带"。全年日照可达到2000h以上，全年总辐射约4858MJ/m²，太阳能资源丰富。本项目光伏发电系统布置于混凝土屋顶，电站设计容量为 91.8kW，光伏组件采用固定倾斜角 12°，安装在 6 座混凝土闲置屋顶上，共安装 340 块 270Wp 多晶硅组件，安装并网计量表 1 台、33kW 逆变器 3 台、100kW 配交流配电柜 1 台。供电系统设计容量为 2415.2kW，由太阳能光伏系统提供的电量占项目总电量的比例为 3.8%。另在混凝土屋顶布置太阳能光热系统，以解决厨房、淋浴等热水需求。

9.2.3　节水与水资源利用

海口全年降雨量达到 1690mm，在全国城市中属于非常丰沛的地区，且雨热同期，具备雨水综合利用的有利条件。

海口市民游客中心毗邻景观湖（图 9.8），湖水面积约 2.6 万 m²，水系面积大。本项目结合景观建设和周边环境改造，充分利用景观湖进行调蓄，利用蓄水池收集的雨水作为新增景观（如瀑布）的循环用水，提高公园范围的径流量控制率。雨水经过雨水花园、下凹绿地、透水地面进行渗透，通过生态草渠、砾石槽等边收集边处理，通过湿塘湿地、人工湿地进行雨水初处理后排入景观湖，保证水质安全，建设海绵公园；同时，同步开展生态修复，采用水生态修复工艺，与微生物、鱼、蚌等构建起生态群落，提高地表水质标准，实现了 1.5m 以内清澈见底，方便市民临水、亲水。

图 9.8　海口市民游客中心与景观湖情况

本项目采用节水卫生器具（图 9.9）。卫生器具水效率等级达到节水器具规定的 2 级（《水嘴用水效率限定值及用水效率等级》GB 25501—2010、《坐便器用水效率限定值及用水效率等级》GB 25502—2010、《小便器用水效率限定值及用水效率等级》GB 28377—2012、《淋浴器用水效率限定值及用水效率等级》GB 28378—2012、《便器冲洗阀用水效率限定值及用水效率等级》GB 28379—2010 等）。

本项目绿化灌溉采用微喷灌系统，并设置土壤湿度感应器及雨天自动关闭装置，以节约绿化灌溉用水量。

图 9.9　高效节水洁具实景图

9.2.4　节材与材料资源利用

项目就地选用极富海南地域特色的火山石作为建筑室内外主要立面材料之一，在地面景观铺装中，使用密度较高的玄武石与之形成呼应。火山石与传统石材相比具有更低的放射性。运用当地传统铺贴工艺，在展示海口地域文化的同时，节约了材料运输成本，实现了建筑材料的绿色应用（图 9.10）。

屋面结构体系是国内木结构工程中最大最复杂的弧形木梁屋面结构，使用的胶合木双拼弧梁的长度最长达到 58.8m，是国内最长的弧形木梁。在设计过程中通过数字化控制，保证生产、安装的精度，避免材料浪费，确保施工安装准确无误。木结构屋面施工采用装配式方法，工厂预拼装，现场吊装，避免现场湿作业。这得益于数字化控制及预制装配体系，完成效果及质量得到了很好的控制（图 9.11，图 9.12）。

图 9.10　火山石立面与玄武石铺装实景图

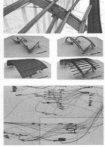

图 9.11　木结构工厂预拼装实景图及参数化设计过程　　图 9.12　木屋面现场拼装实景图

除木屋面外，本项目还大量采用可循环钢材、玻璃、铝合金型材及石膏制品。可再循环材料使用重量占所有建筑材料总重量的比例为11.36%。

9.2.5 室内环境质量

在空间布局上，结合内部使用功能对局部公共空间进行必要的封闭，保留多样化的檐下半室外活动空间，为市民举办丰富多彩的文化交流活动提供不同类型的使用空间，拉近建筑与市民的距离（图9.13）。

东西走向的内街与南北走向的入口大堂交叉，流线形成丁字路口状态。使用骑楼立面，在路口转角延续及地面铺装的方向引导强化丁字路口的感受，模拟真实街巷的路面形态（图9.14）。

图9.13 市民活动

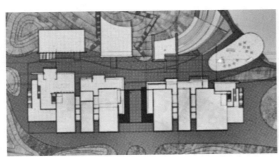 

图9.14 丁字路口

骑楼街巷多为经营场所。接待功能的外延设置绿岛及休息平台满足游客通行、休息的需要，同时兼顾展示功能。开敞式设计及灵活隔断可满足室内空间功能灵活多变的需求，提高室内空间利用效率。

本项目室内主要功能空间在自然通风状态下换气次数不小于2次/h的面积达到8038.6m²，达标面积比例可达99%。良好的室内自然通风有助于提高室内工作人员舒适度，提高工作效率，降低空调能耗（图9.15）。

通过下沉庭院的设置，本项目地下一层空间采光系数0.5%以上的面积达到32.5%以上，大大节省了地下空间照明能耗。

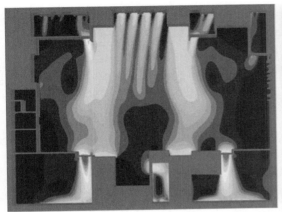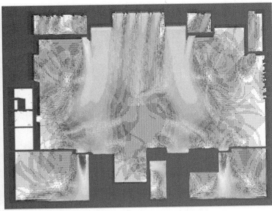

图 9.15　室内自然通风优化分析图

　　将水景引入建筑内部，不仅满足了游客亲近水系的需求，还能依靠夏季水体的蒸发为建筑使用者及参观者带来丝丝清凉；充分利用原有地形，建筑部分墙体埋入土内，充分利用土壤热容大、温度恒定的特点，使建筑室内温度较恒定，降低建筑空调能耗（图 9.16，图 9.17）。

图 9.16　跌瀑水景实景图　　　　　　　　图 9.17　地形利用实景图

　　本项目在地下车库内车道处设置 CO 探测器，当 CO 浓度超过 $30mg/m^3$ 时进行报警并启动排风系统；在展厅、报告厅及多功能厅设置 CO_2 探测器，当 CO_2 浓度超过设定值时进行报警并自动开启新风系统。

9.3　实施效果

　　项目在节地与室外环境方面：海口市民游客中心项目选址于滨海公园内，周边公共交通便捷，配套设施齐全，为广大市民的休闲娱乐提供了优越的场地，对促进人民身体健康、提高生活品质起到积极作用；结合环境的建筑形体生成策略，最大限度地保留了公园内部的山体景观，建筑沿山体布置，减少土方量；优化室外自然通风，结合室外复层绿化、屋顶绿化及高反射率场地铺装材料，降低热岛效应，增强室外活动空间舒适感。

在节能与能源利用方面，本项目围护结构透明部分太阳得热系数在满足《海南省公共建筑节能设计标准》DB J46—03—2017 要求的基础之上再提高 5%；分体空调能效满足二级能效，多联机制冷综合性能系数提高 8%，直膨式空调机组能效比提高 6%，可有效降低夏季空调能耗；屋顶设置太阳能光伏与光热系统，在满足建筑热水需求的同时节约建筑耗电量，光伏系统年发电量约 12.5 万 kW·h，占项目年总电量的比例约为 3.8%。

在节水与水资源利用方面，充分利用景观湖进行调蓄，提高公园范围的径流量控制率。利用蓄水池收集的屋面与道路雨水作为新增景观的循环用水、室外绿化用水、道路冲洗用水及洗车用水，每年可节约自来水用水量约 8500t。

在节材与材料资源利用方面，项目就地选用极富海南地域特色的火山石作为建筑室内外主要立面材料之一，在地面景观铺装中使用密度较高的玄武石，在展示海口地域文化的同时，节约材料运输成本，实现建筑材料的绿色应用；屋面采用装配式木结构体系，木结构屋面施工采用装配式方法，工厂预拼装，现场吊装，避免现场湿作业，节约建筑材料并保护环境。

在室内环境方面，本项目采用灵动的室内空间，结合内部使用功能对局部公共空间进行必要的封闭，保留多样化的檐下半室外活动空间；东侧建筑减小体量，嵌入山体，内部形成富有海口特色的骑楼空间，骑楼街巷，多为经营性场所，满足游客通行和休息的需要，同时兼顾展示功能；将水景引入建筑内部，不仅满足游客亲近水系的需求，还能提升夏季室内舒适感；充分利用原有地形，建筑部分墙体埋入土内，充分利用土壤热容大、温度恒定的特点，使建筑室内温度较恒定，降低建筑空调能耗。

9.4 社会经济效益分析

项目应用了太阳能光伏、太阳能光热、雨水收集利用、节水灌溉系统、室内空气质量监控、高效冷源设备、装配式木结构、绿色建材等绿色建筑技术，通过各项技术的综合利用，项目达到了《绿色建筑评价标准》GB/T 50378—2014 二星级的要求。

本项目总用地面积 3.92 万 m²，建筑总面积 2.98 万 m²。总投资 43218.4 万元，绿色技术总增量成本 321.8 万元，单位面积增量成本 82.1 元 /m²，本项目可节约的运行费用约 35.2 万元 / 年，增量成本见表 9.1。

增量成本统计 表 9.1

实现绿建采取的措施	单价	标准建筑采用的常规技术和产品	单价	应用量（面积）	增量成本 / 万元
高效空调冷源系统	30 元 /m²	常规冷源系统	10 元 /m²	29800m²	59.6
CO₂ 浓度监控系统	3 万元 / 控制点	未采用	—	10 个控制点	30.0
CO 浓度监控系统	3 万元 / 控制点	未采用	—	3 个控制点	10.0
可再生能源利用	2500 元 / 块	未采用	—	340 块	85.0
节水灌溉系统	100 元 /m²	人工漫灌	—	13717m²	137.2
合计					321.8

9.5   总结

项目采取"因地制宜、被动优先、市民体验"的设计原则，主要技术措施总结如下：

（1）采用太阳能光伏发电，降低自身电力需求并减少温室气体排放。

（2）采用高性能围护结构、高性能冷源机组，降低建筑空调系统能耗。

（3）采用节水灌溉系统、高效节水器具，降低对自来水需求量。

（4）充分利用景观湖进行调蓄，提高公园范围的径流量控制率。

（5）设置室内空气监控系统，保持室内健康舒适的空气质量。

（6）收集屋面与道路雨水，净化处理后作为新增景观的循环用水、室外绿化用水、道路冲洗用水及洗车用水。

（7）选用极富海南地域特色的火山石作为建筑室内外主要立面材料之一，节约材料运输成本，实现建筑材料的绿色应用。

（8）屋面采用装配式木结构体系。

（9）采用富有海口特色的骑楼空间。

该项目通过专家评审后获得了绿色建筑二星级标识，营造出人与自然、人与室内环境、资源与环境的和谐共生和发展，打造了一个真正绿色、开放、可循环利用的新式公共建筑，并成了海口市新的城市名片，树立了世界亚热带绿色公共建筑标杆、我国夏热冬暖地区绿色建筑范例、海南国际旅游岛绿色建筑应用读本、海口滨江花园城市绿色建筑展示平台。

10　国家高山滑雪中心

王陈栋[1]　王芳芳[1]　伊文婷[1]
1　中国建筑设计研究院有限公司

10.1　项目简介

国家高山滑雪中心项目位于北京市延庆区张山营镇小海坨山（北京 2022 年冬奥会及冬残奥会延庆赛区北区），由北京北控京奥建设有限公司投资建设，中国建筑设计研究院有限公司设计，北京国家高山滑雪有限公司运营，总用地面积约 432 万 m^2，场馆总建筑面积约 4.55 万 m^2，2018 年 7 月依据《绿色雪上运动场馆评价标准》DB 11/T 1606—2018 进行设计建造，并于 2021 年 3 月获得绿色建筑标识三星级。

项目建设共计 7 条雪道，全长约 21km，服务于北京 2022 年冬奥会及冬残奥会，举行了超级大回转、大回转、回转、滑降、全能以及团体赛等共计 11 个项目（图 10.1）。

图 10.1　国家高山滑雪中心效果图

10.2　主要技术措施

高山滑雪中心作为"冬奥会皇冠上的明珠"，采取绿色办奥理念，在地形复杂、气候多变、市政条件缺失、山地环境生态严控的要求下打造国际一流的高山滑雪中心、国家级雪上训练基地，推动大众冰雪运动。从生态环境、资源节约、健康与人文、管理与创新角度出发，实施绿色建筑技术，给国内外山地滑雪场馆的建设提供了绿色、生态、可持续发展的典范工程示范案例。

10.2.1 生态环境

项目建设因地制宜，明确场地建设的特殊性，协调工程建设和山地环境场地的关系，实现高山滑雪中心工程建设生态环境友好可持续目标。采用的绿色技术主要如下：

1）利用表土资源，受扰动土地中具备剥离条件的表土全部剥离和利用（图 10.2）；

2）占用林地的用地部分通过国家林业局审核，按照相关规定缴纳森林植被恢复费，开展场地生态恢复（图 10.3）；

图 10.2　国家高山滑雪中心表土剥离现场图

建筑周边植被修复效果图　　　　　雪道及雪道边坡修复效果图　　　　　技术道路修复效果图

植被修复选用植物种类效果图

图 10.3　生态修复效果图

3）制定了森林生态系统经营技术方案、雪道植被恢复与维持技术方案、亚高山草甸保护与恢复技术方案和裸露边坡生态修复技术方案，同时对场馆周边山体切削坡面采用了生态护坡措施；

4）在建设前开展了野生动植物资源现状调查和潜在影响评估，在建设用地范围内划定了各类动植物保护区，对需要保护的动植物有针对性地制定了不同的保护方案包括但并不限于迁地保护、就地保护、生态系统可持续监测等；

5）场地内产生的垃圾100%分类收集，贮存运输设施有防渗措施，防止存储过程渗漏造成土壤及地下水污染。生活污废水100%由延庆赛区污水处理站处理，主要水质指标基本达到地表水Ⅲ类标准（图10.4，图10.5）；

图 10.4　施工分类垃圾箱现场图　　　图 10.5　生活分类垃圾箱现场图

6）制定了降低噪声、大气保护、水环境保护、固废物管理措施及相关环境事件应急预案，如所有设备设施都选择低噪声设备，采用隔声、吸声、消声、隔振处理等技术，对用水集中的区域和工艺点进行专项计量考核、水质检测与卫生保障措施，固废处理绿色设施、垃圾产生全过程管理、无害化处理和回收利用，100%合格处置等。

10.2.2　资源节约

项目处于远郊，几乎没有市政配套条件，建设前开展对场地能源的需求和当地资源条件的相符性评估，在此基础上从水资源、能源资源、材料资源的节约角度出发，充分利用非传统水源、可再生能源、山林材料，实现资源高效节约，这是《绿色雪上运动场馆评价标准》DB 11/T 1606—2018 的要点之一。采用的绿色技术主要如下：

1）场馆建筑在采用钢框架结构体系基础上，采用废弃资源再利用、临时设施就地取材，如用来修筑阶梯树池、护坡、边坡基础、人工挖孔桩挡墙等处的毛石，取材自施工现场的天然石片，相互凿嵌垒砌而成有机整体，动物保护站、人行步道、部分小楹则采用伐移树木的废弃截枝进行建设等；

2）围护结构热工性能比北京市现行地方标准《公共建筑节能设计标准》DB 11/687 提高 10% 以上；

3）采用变流量多联式空调机组，其综合性能 IPLV 在北京市现行地方标准《公共建筑节能设计标准》DB 11/687 的基础上提高 150% 以上；

4）各类房间或场所的照明功率密度值达到现行国家标准《建筑照明设计标准》

GB 50034—2013 规定的目标值；

5）设有回风箱式纳米触媒精华杀菌器和风管式电子除尘净化杀菌器，每个回风口均带有过滤网；设医疗及无障碍人性化设施等；

6）用水器具的用水效率等级达到一级；

7）根据山地场馆季节性用水特征采用非传统水源，塘坝和蓄水池再回用于赛区内绿化、场地浇洒等，塘坝和蓄水池有防渗措施，生活污废水100%处理；

8）根据用能量大、季节性强、保障性要求高等冬奥场馆的用能特点，能源采用张家口地区可再生能源（于2019年投入运行的张北柔性直流电网试验示范工程，采用柔性直流电网新技术，将张家口地区可再生能源输送至北京冬奥场馆，再通过绿电交易平台，建立跨区域绿电交易机制）；

9）采用高性能全自动造雪系统，泵房采用变频器、电动阀门等节水措施及外网自动隔离阀门井等节水措施；

10）采用卫生陶瓷绿色建材，绿色建材用量占同类材料用量比例达到100%。

10.2.3 健康人文

1）为当地村落（西大庄科村和阎家坪村）提供工作岗位，按村落457人核算，预计提供岗位人数不少于50%。

2）在场地内布置防风隔离带，防风隔离带位于C1雪道山顶段，距离雪道北侧边缘5m，长度360m，立柱250m×250m采用胶合木材料，防风板采用25mm厚松木板（图10.6）。

图10.6 防风隔离带现场图

3）按照北京2022年冬奥会和冬残奥会对无障碍设施的建设要求，主要包括无障碍卫生间、无障碍电梯、索道等。其中轿厢式缆车可供轮椅使用，轿椅式缆车满足下肢残疾运动员带滑雪器使用，并建设了专供冬残奥会使用的拖牵索道（图10.7）。

4）公共活动区、公共卫生间、出入口、看台、走廊、楼梯采用强化复合木地板、地毯毯面、防滑型质陶瓷砖地面、耐磨环氧防滑地面、防滑石材等，公共活动区、走廊、楼梯墙面无尖锐突出物，设有观众取暖区（含观众饮水站）/轮椅和婴儿车存放/母婴室，并设置水池、座椅、插座和加热设备等。

5）设有运动员医疗站和观众医疗站，赛时每个医疗站配备来自北京120急救中心的两辆救护车。在高山滑雪的竞技、竞速赛道上，每隔三四百米设立一个赛道医疗站（FOP医疗站）（图10.8，图10.9）。

图 10.7　无障碍设施现场图

<table>
<tr><td align="center">图 10.8　直升机医疗救援实战演练现场图</td><td align="center">图 10.9　赛道旁医疗救护人员现场图</td></tr>
</table>

10.2.4　管理创新

1）采用 BIM 和 GIS 深度融合，从宏观尺度和微观尺度，三维形式表达，开创信息共享模式；

2）采用智慧工地一体化管控平台，实现能源管理、能源计量的数字化、网络化、可视化，智能处理和动态管控（图 10.10）。

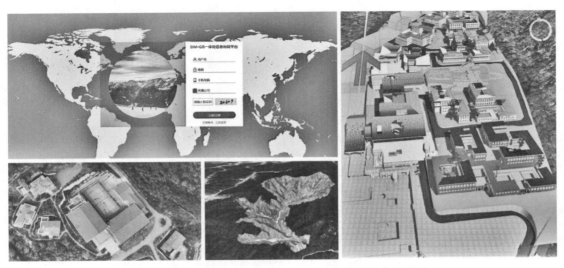

图 10.10　建筑模型 BIM 与 GIS 一体化协同技术示意图

3）兼顾赛后使用功能，计划赛后滑雪季承担 FIS 世界高山滑雪竞标赛、世界杯、

IBSF/FLI 世锦赛等高水平国际冰雪赛事，举办冰雪艺术节，开办滑雪学校、溜冰场、大众雪橇、山顶餐厅、雪地温泉等，赛后非滑雪季中间平台改造为冬奥名人堂和特色餐厅，竞技结束区改造为高山滑雪集散中心服务区，山顶出发区改造为冬奥纪念馆和山顶餐厅、山顶极限运动出发区、露营基地、景观平台等服务观光旅游的设施（图 10.11，图 10.12）。

图 10.11　赛区（含高山滑雪中心）遗产计划示意图（滑雪季）示意图　　图 10.12　赛区（含高山滑雪中心）遗产计划示意图（非滑雪季）示意图

10.3　实施效果

在生态环境方面，雪道和建筑布局及尺度充分考虑对山地生态环境的影响，在满足比赛需求的前提下，控制规模，顺应自然条件，与山林融为一体，减少环境资源利用，降低对山地环境的生态扰动；在建设活动中可利用表土资源全部剥离利用，节约表土资源；场地生态恢复和相关的保护措施减少对山地环境动植物资源的影响，保证森林资源可持续发展；建设活动中产生的噪声污染、污废水、废弃污染物等向赛区外达标零排放，减少对山地环境的污染。

在资源节约方面，场馆建筑采用低能耗结构体系，围护结构热工性能、空调机组性能系数比相应的标准均有较大幅度的提高，建筑能耗比北京市现行地方标准《公共建筑节能设计标准》DB 11/687 降低约 22%；用水器具的用水效率等级达到最高等级，非传统水源利用率 100%；废弃石材及木材资源再利用约 30 万 m^3；实现 100% 清洁能源供电，每年节约标准煤约 490 万 t，减排 CO_2 约 1280 万 t。

在健康人文方面，提供了就业岗位，提高了当地经济生活水平；防风隔离带保证场地内活动区域和滑雪道的风场有利于观众和运动员的活动，避免冬季风的不利影响；专用冬奥会的无障碍设施、公共服务设施及医疗服务保障冬奥会所有不同类型人员的防护和安全，提高健康舒适性。

在管理创新方面，BIM、GIS 融合和信息共享模式实现了各方协调作业，围绕整个工程建设生命周期，将一切环节串起来，形成闭合环，为智慧冬奥赛区数字化管理提供各种应用；采用智慧工地一体化管控平台精细化管理，对收集的所有数据进行大数据分析，及时反映数据规律并为综合决策和统筹协调提供可靠、准确、及时的综合信息保障；赛后滑雪季依托高水平竞赛场馆，打造国际顶级雪上赛场和训练基地，承担高水平国际冰雪赛事，建设大众冰雪设施，开办各类冰雪运动，赛后非滑雪季依托自然资源，建设高质量服务配套设施，运营徒步登山、滑索、攀岩、探险、拓展训练基地、缆车观光等活动，打造京津冀休闲旅游目的地。

10.4 社会经济效益分析

项目应用了绿色建筑技术，提高了雪上绿色运动场馆建筑建设效率。项目绿色技术总增量成本约 31850 万元／年，单位面积增量成本约 73.7 元／m^2，预计可节约的运行费用 259.2 万元／年，增量成本统计见表 10.1。

增量成本统计 表 10.1

实现绿色建筑采取的措施	单价	标准建筑采用的常规技术和产品	单价	应用量（面积）	增量成本／万元
生态恢复	300 元／m^2	未采用	—	40 万 m^2	12000
生态补偿	273 元／m^2	未采用	—	40 万 m^2	10917
高效冷热源系统	30 元／m^2	常规冷热源系统	10 元／m^2	3.9 万 m^2	78
绿色电力	0.7 元／度	未采用	—	4.55 万 m^2	28
节水器具	2000 元／套	常规用水器具	1000 元／套	25 套	25
建筑能效监管系统	500 万元／套	未采用	—	1 套	500
节能造雪系统	2000 万元／套	常规造雪系统	1000 万元／套	1 套	1000
空气净化装置	0.4 元／m^2	未采用	—	4.55 万 m^2	2
可循环／绿色建材	1660 元／m^2	常规建材	1000 元／m^2	4.55 万 m^2	3000
污水处理系统	2000 万元／套	未采用	—	1 套	2000
垃圾处理系统	2000 万元／套	未采用	—	1 套	2000
BIM 技术	300 万元	未采用	—	4.55 万 m^2	300
合计					31850

10.5 总结

本项目在为冬奥会服务、满足国际赛事要求的同时，因地制宜实践《绿色雪上运动场馆评价标准》DB 11/T 1606—2018，主要技术措施总结如下：

（1）生态低扰动布局，100% 利用具有剥离条件的表土资源，制定多种生态恢复和补偿方案，降低对山地环境的生态系统影响，建设自然山林场馆群。

（2）根据山地场馆季节性用能用水特征和山地资源条件特征进行资源节约利用，非传统水源利用率 100%，场馆建筑 100% 采用清洁能源，废弃石材等山地材料再利用。

（3）控制优化场馆能耗和环境质量，采用低能耗结构体系、围护结构节能、节能照明、绿色建材等绿色技术，建筑能耗比标准要求降低约22%。

（4）建设考虑人性化，设置符合奥运标准的无障碍和及医疗设施，提高人员舒适度，保障"绿色办奥"的安全和顺利进行，体现高度的人文关怀和奥运精神。

（5）利用信息智慧技术手段，BIM、GIS 深度融合及智慧工地一体化管控平台，确保建设质量和工期，兼顾赛后使用功能，场馆建筑后续进行可持续改造和使用，打造国际顶级雪上赛场、训练基地及休闲旅游场地，推广全民冰雪运动。

第五篇　借鉴与标准国际化

1 中外典型绿色生态城区评价标准系统化比较研究

杜海龙[1] 李迅[2] 李冰[3]

1 山东建筑大学建筑城规学院；2 中国城市规划设计研究院；
3 中国生态城市研究院有限公司

1.1 引言

转变发展方式，建设绿色、低碳、生态城市，应对气候变化，已经成为全球共识。未来的城市化不仅是城市发展问题，更是国家间竞争与发展的角力场。在绿色、低碳、生态及可持续的城市化竞赛中，开发建设和运营管理之外，标准体系的建设才是这场竞争的制高点。标准的引领是发展模式、文化观念、价值理念的输出，是高质量发展的航标，是国家核心竞争力的体现。开展中外绿色生态城区评价标准的系统比较，有利于完善我国绿色生态城市标准体系，有利于指导我国绿色生态城区实践，有利于我国碳达峰和碳中和目标的实现，有利于在国际竞争中引领全球治理，并为全球城市绿色生态低碳化发展提供中国智慧。

1.2 比较方法设计

学界已有很多关于我国绿色生态城区标准与国际上一些应用多年的绿色建筑或生态社区标准的比较，但大多局限于内容和评价体系的比较，对更深层次的产生背景、理论支撑、驱动力及保障体系少有涉及。这些深层次比较研究更有助于了解标准背后的根源及对我国城镇化发展的适用性，特别是标准如何应用和落实的保障体系，有助于探索适合我国的新型城镇化模式。

全面系统的标准间比较研究，从以下四个象限进行：宏观环境、评价体系、机制保障、模式特征（图1.1）。其中，"宏观环境""评价体系"与评价标准的内容密切相关，故采用先纵向介绍、后横向比较的方式；而"机制保障""模式特征"与标准颁布国家的体制机制相关，具有强烈的国家环境特征，故采用跳出标准、横向论述、汇总比较的方式。宏观环境主要比较标准产生的背景、目标准则、理论支撑和驱动力；评价体系主要比较标准的适用范围、体系结构、评价指标、评价方法、特征及局限；机制保障主要比较标准发布国家在城区建设方面的管理体制、城市财政与城建融资、城市治理；模式特征主要比较各国既有城市化道路的模式逻辑特征和各自绿色生态城区发展的基础与挑战。本文将以宏观环境比较和评价体系比较为例进行介绍。

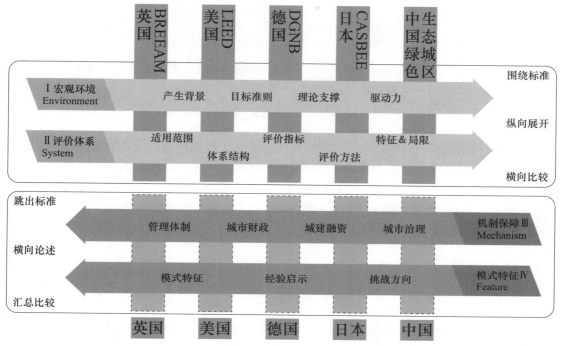

图 1.1　绿色生态城区评价标准的 ESMF 比较矩阵

1.3　宏观环境比较

1.3.1　产生背景

英国是世界上最早完成工业化的国家，也是率先提出可持续发展理念的地区。英国在1990 年制定的 BREEAM 是世界首个绿色建筑评价标准。1994 年英国发布《可持续发展国家战略》，国家和地方的可持续发展战略落实工作聚焦在社区层面。之后，英国建筑研究院 BRE 基于 BREEAM 标准的全球化推广需求，在国家"可持续社区"指导文件基础上又推出了 BREEAM Communities 评价标准。

德国是工业化强国，其建筑节能、被动式设计和可再生能源利用在欧洲国家中发展最早，并在可持续发展方面始终处于引领地位。但正是出于对自己严格完备的工业标准的自信，以及十分健全的城市建设法制管理，在很长一段时间里，德国忽视了国际化评价标准和认知体系所蕴含的文化和价值观的传播意义，故德国直到 2007 年才推出绿色建筑和生态可持续城市方面的专用标准 DGNB。

美国的可持续发展理念突出问题导向，以解决能源危机、遏制大城市蔓延、无序发展，其新城市主义及精明增长理论一直指导着城市规划实践。1998 年，LEED 标准的产生伴随着民众觉醒与产业转型，在建筑界领域形成共识。LEED ND 是全球第一个国际化的中微观尺度开发建设绿色生态评估系统。2018年，美国绿色建筑委员会USGBC又结合市场对城区这类大尺度空间项目的需求，快速响应开发了LEED-Cities and Communities评价标准。LEED标准体系随着USGBC市场化运营与全球化战略已广泛应用于世界各地。

日本CASBEE标准是在吸收BREEAM、LEED经验的基础上于2002年形成，直接原因是应对日本国土狭小、资源匮乏、灾害频发的客观问题，希望通过城市治理解决城市病，在已建立的城市发展体系基础上规范绿色建筑及生态城区发展。这一举措也是积极响应日本的国家政策引导，关注全球环境和气候变化，承担减排国际责任的宏观战略。

中国绿色生态城区评价标准产生的时期，正是中国高速城市化以及城市发展方式的转型阶段。在宏观可持续发展与生态文明建设国家战略引领下，从建筑节能到绿色建筑规模化推广的一系列激励政策、标准和规范相继产生。2017年，在绿色建筑标准的基础上颁布了《绿色生态城区评价标准》GB/T 51255，是绿色生态理念从绿色建筑走向生态城区的重要体现。

1.3.2　目标准则

英国BREEAM标准旨在共同建设一个更美好的世界，实现社会、环境、经济的效益最大化。在标准具体内容上，希望确保质量、措施量化、灵活使用、科学经济、协调共生、通用适宜，特别强调标准应该专业可靠、独立公正、统筹兼顾、包容协调。

美国LEED标准的目标是为所有生命体提供健康繁衍和持续活力，具体体现在标准准则上则是促进和谐、建立底线、引领模式、社会公平、主动预防、开放包容及公开透明。

德国DGNB标准旨在促进建筑业和房地产业的可持续发展，希望能引领提高全世界的建筑质量和生活质量，具体原则包括以人为本、五大保护、循环经济、关注品质、可持续性、包容适宜、持续创新。

日本CASBEE标准的目标是建设低碳社会，实现人民生活稳定和健康发展。具体的准则包括以人文本、自然共生、循环紧凑、舒适健康、创新活力等。

中国绿色生态城区评价标准的目标是绿色、低碳、生态、高质量城镇化，提倡生态文明建设和可持续发展。准则包括以人为本、公平共享，四化同步、城乡统筹，优化布局、集约高效，生态文明、绿色低碳，文化传承、彰显特色，市场主导、政府引导，统筹规划、因地制宜、有序实施。

由上可见，不同标准在目标和准则层面虽然关注的角度各有差异，针对本国的具体问题方面互有侧重，但绿色、生态、可持续的价值观相对统一。

1.3.3　理论支撑

对国内外各标准的比较研究发现，任何标准规范的产生和发展都离不开整个城市化发展中产生的各种理论和思潮的指引，甚至往往这些标准可以看作城镇化发展主导思潮的具体体现，承载着理论向实践转化的重要步骤。

英国BREEAM Communities标准的理论支撑主要包括可持续发展、生态学、全生命周期 LCA 理论以及可持续建筑环境守则。美国 LEED-ND、LEED-Cities and Communities 标准产生的同时，新城市主义和精明增长理论盛行，很多具体条款可以体现上述理论的规划原则。除此之外，城市生态学、循环经济、可持续发展也提供了一定支撑。德国 DGNB UD 标准的理论支撑主要有可持续发展、全生命周期 LCA 理论、城市社会学等。

不同于欧美，中国和日本的标准体现了东方特色的理论思潮。日本 CASBEE UD 标准主要的理论支撑是低碳经济与低碳社会，也吸收了可持续发展、生态承载力和全生命周期 LCA 理论。中国绿色生态城区评价标准的指导思想可以追溯到古代山水城市"天人合一、道法自然"的哲学内涵，也融合了人工—自然复合生态学的理论，因为我国城市化问题错综复杂，我们的城市化发展通过广泛吸收和采纳了世界上各种相关理论，为中国特色的新型城镇化思想提供理论支撑。

1.3.4 驱动力

驱动力是标准产生的直接原因和内生动力。应对全球气候变化和可持续发展的现实压力，以及国家政策的主导引领是英国绿色建筑和 BREEAM Communities 产生的根本动因。在城市化过程中产生的城市病和持续发展面对的现实压力是美国 LEED-ND、LEED-Cities and Communities 诞生的原动力，美国各级政府颁布的各项政策和法案成为助推力，紧紧围绕市场化运作的基本思路，将绿色建筑、绿色邻里、绿色城市及社区的开发建设始终作为市场化经济发展的一部分，构建涵盖城市化可持续发展的"产业生态网络"，是 LEED 标准体系能够在全球获得广泛推广应用的持续驱动力。

德国 DGNB UD 出台之际，除了同样应对气候变化的外在压力，国家发展与竞争所面临的人口老龄化、社会撕裂、难民问题、能源危机、国家治理和科技创新诸多挑战以及强烈的民族危机感等内部压力，都是德国绿色生态城区和可持续发展国家战略提出的动机。同样，日本低碳社会国家战略和政府行政主导下应对全球气候变化，以及人口减少与老龄化、传统城市中心衰败、城市蔓延、能源危机等现实挑战都是日本 CASBEE UD 产生的动力。

中国正处在工业化、信息化、城镇化和农业现代化的关键时期，生态文明建设已经上升到国家战略，这样的背景下为应对城市化发展过程中的现实问题，规范各地城区建设的绿色生态化道路，绿色生态城区评价标准应运而生。

1.4 评价体系比较

通过对英、美、德、日和中国 5 国 6 项标准评价体系的全面比较，具体展开以下几个方面介绍：

1.4.1 适用范围

英、美、德、日 4 国均处在城市化的后期或已完成城市化，它们评价标准的适用尺度和规模都比我国小。英国 BREEAM Communities 适用于社区及以上规模。美国 LEED ND 适用于邻里单元（小于社区）且设置下限不少于 2 个住宅建筑，上限不超过 1500 英亩

（6.07km²）。美国的 LEED Cities and Communities 标准中的城区指具有行政管辖边界，而社区即城市化建设区，包括区县和开发单元、私人开发或拥有的城市建设区。德国 DGNB UD 适用于城区和商务区，下限 2hm²，至少 2 个地块多幢建筑，其中住宅比例介于 10% 到 90% 之间。日本 CASBEE UD 适用于邻里或街区开发单元。中国绿色生态城区评价标准适用于各类城市建设区，一般为 3km² 以上，规模相对较大，详见表 1.1。

国内外绿色生态城区评价标准比较（评价体系—适用范围及规模）　　　　表 1.1

项目	适用范围	规模限制	当前版本
英国 BREEAM Communities	社区及以上规模	下限：未设 上限：未设	SD202-1.2 （2012 年）
美国 LEED ND	社区或小于社区（邻里单元）	下限：不少于 2 个住宅建筑 上限：不超过 1500 英亩（6.07km²）	V4 （2018 年）
美国 LEED Cities and Communities	城区：具有行政管辖边界 社区：城市化建设区，包括区县和开发单元、私人开发或拥有的城市建设区	下限：未设 上限：未设	V4.1 （2021 年）
德国 DGNB UD	城区和商务区	下限：2hm²，至少 2 个地块多幢建筑，10% ≤住宅比例≤ 90% 上限：未设	国际通用版 （2020 年）
日本 CASBEE UD	社区或街区开发单元	下限：未设	通用版 （2014 年，主要日本境内）
中国 绿色生态城区 评价标准	城区：城市建设区	上限：未设	首发版 （2017 年，中国境内）

1.4.2　体系结构

英、美、德、日 4 国与我国所面临的政治、经济和社会环境以及城市化阶段不同。虽然可持续发展、生态学、低碳化、全生命周期理论是指导各国解决当前问题的理论方法，但可持续发展的"社会、经济、环境"三大支柱是英、美、德、日 4 国评价体系的核心结构，而我国标准的评价体系结构侧重城市功能，见表 1.2。

国内外绿色生态城区评价标准比较（评价体系—体系结构）　　　　表 1.2

项目	一级系统	特色系统	侧重方向
英国 BREEAM Communities	城市功能＋可持续发展 1）统筹治理； 2）社会和经济福利； 3）资源和能源； 4）土地利用和生态； 5）交通和运输； 6）创新策略	统筹治理——强调公众参与	经济和社会福利，资源与能源；城市化后更关注居民福祉、社会问题和资源能源

项目	一级系统	特色系统	侧重方向
美国 LEED ND	新城市主义＋精明增长 1）精明选址及周边联接； 2）邻里模式和规划设计； 3）绿色基础设施与建筑； 4）创新策略和设计过程； 5）区域优先	区域优先——鼓励因地适宜的措施	规划阶段强调"精明选址及周边联接"和"绿色基础设施与建筑"的顶层设计 建成阶段关注"邻里模式和设计"中宜人街道、紧凑开发、共享空间、人际关系和社区活力
美国 LEED Cities and Communities	延续 LEED ND 理念＋城市生态学、循环经济、可持续发展，结构上以城市功能体系为主 1）过程协同； 2）自然与生态； 3）交通与土地利用； 4）用水效率； 5）能源与温室气体排放； 6）材料与资源； 7）生活质量； 8）创新策略； 9）区域优先	过程协同——强调统筹跨学科、跨准则的规划设计，制定绿色建筑政策，鼓励 LEED 绿建认证 生活质量——关注城区的复杂社会性和经济影响力	受城市现实问题影响，重点关注"能源与温室气体排放""交通与土地利用" 对于建成城区，注重实际效果以及居民生活质量的改善（生活质量子系统）
德国 DGNB UD	主要围绕可持续发展 1）环境质量； 2）经济质量； 3）社会文化和功能质量； 4）技术质量； 5）过程质量	技术质量——关注基础设施和交通 过程质量——设计质量＋质量保证，顶层设计与持续质保	评价重点为基础设施及公共空间同时关注社会公平与和谐，工业发展与信息化
日本 CASBEE UD	可持续发展下的二维评价 1）环境质量 Q_{UD} ● 环境质量 Q_1 ● 社会质量 Q_2 ● 经济质量 Q_3 2）环境负荷 L_{UD} ● 交通领域减排 ● 建筑领域减排 ● 绿化领域碳吸收	环境负荷 L_{UD}——从"交通领域"CO_2 排放、"建筑领域"CO_2 排放、"绿化领域"CO_2 吸收三方面计算环境负荷	社会质量，关注城市化后期集中凸显的社会公平公正问题 安全保障，2011 年福岛核事故后，城市安全与保障问题再次得到高度重视
中国 绿色生态城区 评价标准	主要围绕城市功能 1）土地利用； 2）生态环境； 3）绿色建筑； 4）资源与碳排放； 5）绿色交通； 6）信息化管理； 7）产业与经济； 8）人文； 9）技术创新	绿色建筑——规模化推广 材料和固废资源——将固废定义为资源 信息化管理——作为新"四化"之一	规划阶段强调土地、生态环境、建筑和资源的顶层设计 运营阶段关注产业与经济、绿色交通、信息化管理、碳排放

1.4.3 评价侧重

表 1.2 罗列了本次比较 5 国评价标准的评价体系侧重方向，可知英、美、德、日 4 国

都强调公众参与、绿色生态的价值观和生活方式的转变，而各自的侧重方向如下：英国BREEAM Communities 评价内容关注经济发展和社会福利、资源与能源以及城市化后期的公平正义等社会问题；美国 LEED ND 和 LEED Cities and Communities 在新城市主义、精明增长、循环经济等理论思想指导下，关注能源、碳排放、绿色交通、土地集约、空间功能业态的复合与紧凑、生活质量、公共健康、社交便利、人际关系和社区活力；德国DGNB UD 体现出认真严谨的性格和文化特征，在强调社会、经济、环境三大质量之外，还包括技术质量和过程质量，关注基础设施及公共空间，社会公平与融合，工业发展与信息化；日本 CASBEE UD 侧重社会质量，关注城市化后集中凸显的社会公平公正问题。CASBEE 评价体系早期十分强调低碳化，体现出日本希望在气候变化等全球性问题中通过积极参与和担当提升国家地位。2011 年福岛核事故后低碳减排目标被弱化，城市安全与保障问题再次得到高度重视。

中国绿色生态城区评价标准具有发挥指导实践和作为工作手册的强烈诉求，内容是 5个国家中最全面的，在规划阶段强调土地利用、生态环境、建筑和资源的顶层设计，而运营阶段关注产业与经济、绿色交通、信息化管理和碳排放。

1.4.4　特色指标

表 1.3 给出了本次比较 5 国评价标准的高权重（分值）和特色评价指标，在特色指标设置上，英国 BREEAM Communities 提倡开展经济发展的 SWOT 分析，制定经济发展专项规划和实施方案，鼓励通过针对性的技能培训提升本地就业。

美国 LEED ND 鼓励填空开发和城市更新，复兴衰败的旧城区，强调提供多样可负担的住房条件，促进社会公平和邻里和睦。美国 LEED Cities and Communities 要求关注应对自然灾害和极端事件的韧性策略，从空气质量、食品安全、积极生活方式三方面提升公共健康，关注居民教育、公平、繁荣、健康与安全等方面的生活质量表现。

德国 DGNB UD 注重全生命周期评价、财政绩效评估、人口增长、购买力和就业，倡导用企业化和经营思维指导城区开发、城市营销、资产保值升值，强调健全社会和功能组织，提升社会融合质量，建设智能基础设施，提升城市信息化管理和国家信息化发展战略。

日本 CASBEE UD 提倡采取措施预防犯罪，强调城市风貌和垂直绿化，契合高强度土地利用，希望通过绿化吸收碳排放；关注人口增长，鼓励完善配套服务和提供就业机会吸引人；强调区域综合开发、招商与投资管理、振兴经济。

中国绿色生态城区评价标准强调产业结构优化，鼓励提升第三产业、高新技术产业或战略新兴产业；推动新建建筑工业化，从源头提升建筑领域的可持续；将垃圾视作资源，推进生活垃圾和建筑废物的资源化利用。

1.4.5　评价方法

英国 BREEAM、美国 LEED、德国 DGNB 和我国的评价标准都采用了综合指标评价方法，其中 LEED 为提升评价的便利性，采用了直接得分汇总的计分方式；BREEAM、DGNB 和我国的评价标准都采用了加权计分；日本 CASBEE 特别的是，其在综合指标评分的基础上定义"环境质量"与"环境负荷"的比值为"环境效率"，从而上升为二维复合评价。本次参与比较研究的 5 个国家标准中，德国 DGNB 和日本 CASBEE 都提供了直观可视化的结果表达。

1.4.6 特征及局限

英国 BREEAM Communities 提供了分区的权重设置，提升了评价的因地制宜性。此外，其评价工作可以与常规设计工作流程分步对照，提升了评价操作的便利，但目前只针对规划设计阶段评价。

美国 LEED ND 和 LEED Cities and Communities 在评价体系、指标条款、评价方法等各方面的内容和设计都仅仅围绕可操作、简便、灵活、实用和市场化推广的需求；如其评价得分的计算只需要做加法，不需要加权算分；LEED 评价体系直接将绿色可持续发展相关产业的全链条、全领域都纳入其中，以市场化思维构建了涵盖城市化可持续发展的"产业生态网络"；但 LEED 足够灵活、不够全面和均衡，推崇技术，忽略合理性与实际效果。

德国 DGNB UD 充分运用德国全产业链和全生命周期数据库，评价内容和方法明确细致、全面量化、高度严谨，兼顾综合性、整体性，但评价的可操作性和推广应用都不理想。

日本 CASBEE UD 将环境质量与环境负荷整合在一起采取二维评价，评价内容逐级分解、全面均衡；环境负荷及环境效率的结果需要经过复杂数学计算转换，理想化假定的封闭计算空间存在争议，可操作性和推广应用性较差。

我国评价标准体系结构清晰，评价内容全面，契合当前城市化问题的复杂性、多样性、综合性，但在价值导向、战略目标、前瞻性问题预防方面有待完善（表 1.3）。

国内外绿色生态城区评价标准比较（评价体系—关键与特色指标条款）　　表 1.3

项目	关键指标（高权重）	特色指标
英国 BREEAM Communities	● GO02- 咨询和参与 ● SE01- 经济影响 ● SE17- 培训和技能 ● RE01- 能源战略 ● RE04- 可持续建筑	1) SE01- 经济影响，强调开展经济发展 SWOT 分析，制定经济发展专项规划和实施方案 2) SE-17 培训和技能，通过针对性的技能培训提升本地就业
美国 LEED ND	● 步行街道 ● 优先选址 ● 丰富便捷的交通 ● 住房类型及可负担能力 ● 紧凑开发 ● 已认证的绿色建筑	1) 优先选址，强调填空开发或是城市更新，复兴衰败地区 2) 住房类型及可负担能力，提供多样可负担住房条件，促进社会公平和邻里和睦 3) 已认证的绿色建筑，目的为捆绑销售推广 LEED
美国 LEED Cities and Communities	● 能源与温室气体排放管理 ● 可再生能源应用 ● 韧性策略 ● 紧凑混合 TOD 开发 ● 公共健康 ● 生活质量表现 ● 绿色建筑政策与认证	1) 韧性策略，对气候变化风险、自然和人为灾害以及极端事件制定应对策略 2) 公共健康，从空气质量、食品安全、可实现的积极生活方式三方面提升公共健康和福祉 3) 生活质量表现，关注居民的教育、公平、繁荣、健康与安全质量

项目	关键指标（高权重）	特色指标
德国 DGNB UD	● ECO1.1 生命周期成本 ● ECO2.3 土地高效利用 ● TEC2.1 能源基础设施 ● TEC3.1 机动车交通 ● TEC3.2 步行及骑行	1）生命周期影响评估，测算全生命周期 GWP、ODP、AP、POCD、EUP 5 个指标 2）地方经济影响，评估财政绩效、人口增长、购买力和就业 3）价值稳定，用企业化和经营的思想指导城区和商务区开发，城市营销、资产保值升值 4）健全社会和功能组合，通过完善面向社会结构和功能环境的设计，提升社会融合质量，增加城市多样丰富功能 5）智能基础设施、持续监测两个条款，目标提升城市信息化管理和国家信息化发展战略
日本 CASBEE UD	30 条评价指标的权重总体保持均匀分布，仅从结构设计体现以下指标略高： ● 2.2.1 防灾 ● 2.2.2 交通安全 ● 2.2.3 预防犯罪	1）预防犯罪，采用的是措施预防，如夜间照明、安防监控、安保巡逻，不同于 LEED 只关注犯罪率 2）城市风貌，强调城市风貌和垂直绿化，契合高强度土地利用，绿化吸收碳排放，风貌影响城市活力 3）物流交通，通过合理化和协调配送方式完善物流交通管理 4）人口潜力，关注人口增长，鼓励通过完善区域配套服务和提供就业机会"抢人" 5）经济振兴活动，强调通过设立招商与投资管理机构，以及区域综合开发建设与城市营销，振兴经济
中国 绿色生态城区评价标准	● 公共设施便利性、均衡性 ● 第三产业、高新技术产业或战略新兴产业发展 ● 绿色建筑比例及绿色化运营 ● 绿色交通出行体系 ● 环境监测、水务管理信息化 ● 新建建筑工业化建设 ● 公共安全系统	1）产业结构优化，鼓励提升第三产业、高新技术产业或战略新兴产业增加值占地区生产总值比重 2）新建建筑工业化建设，从源头提升建筑领域的可持续 3）生活垃圾和建筑废物的资源化利用

1.5　总结

　　比较英国、美国、德国、日本及中国的绿色生态城区评价标准可以发现，各国标准的诞生具有时代的特征也有各自宏观环境的特性，英、美、德、日均处在城市化的后期，故它们评价标准的适用尺度和规模都比我国小。同样，因我国当前仍具备快速城镇化和大规模城镇化的阶段特征，我国评价标准所要引导解决的问题更加全面和综合，而英、美、德、日则更加具体和聚焦。

　　可持续发展、生态学、低碳化、全生命周期理论是指导各国解决当前问题的理论方法，我国的绿色生态城区评价模型和评价体系结构的建立，还可进一步在围绕城市功能的基础上融入生态学和系统论学的思想与工具。

　　我国评价标准在指标条款上对居民生活质量，城市公共服务水平，科技创新与经济发展质量，城市开发建设的过程管理，城市经营与治理，城市建设技术的适宜性等方面的关注和引导性还可进一步补充和完善。

　　评价方法方面，我国当前评价标准的适应性、灵活性还可进一步提高，评价结果的呈现和解读还可提高直观性和可视化。

参考文献：

［1］杜海龙，李迅，李冰. 中外绿色生态城区评价标准比较研究［J］. 城市发展研究，2018，25（6）：156-160.

［2］洪亮平，胡方. 英国可持续发展战略编制体系及实施策略［J］. 新建筑，2006（3）：14-17.

［3］杨敏行，白钰，曾辉. 中国生态住区评价体系优化策略 基于LEED-ND体系、BREEAM-Communities体系的对比研究［J］. 城市发展研究，2011，18（12）：27-31.

［4］刘春青，杨锋，杨洁，等. 德国城市可持续发展与标准化［J］. 标准科学，2016（8）：88-94.

［5］吴畏，石敬琳. 德国可持续发展模式［J］. 德国研究，2017，32（2）：4-24，124.

［6］孙仕祺. 日本城市化经验及其对浙江省的启示［D］. 杭州：浙江工商大学［硕士学位论文］，2013：10-29，52-60.

［7］曾珠. 日本城市可持续发展的经验及启示［J］. 理论导刊，2014（2）：109-112.

［8］陆小成. 世界城市行政体制改革：经验比较与模式选择［J］. 城市观察，2017（2）：139-149.

［9］杨馥源，陈剩勇，张丙宣. 城市政府改革与城市治理：发达国家的经验与启示［J］. 浙江社会科学，2010（8）：19-23，126.

［10］李庆飞. 国外城市管理模式比较［D］. 济南：山东大学，2006：15-46.

［11］冷熙亮. 国外城市管理体制的发展趋势及其启示［J］. 城市问题，2001（1）：48-50.

［12］Christian Schlosser，栾凤云. 德国的城市财政管理体系［J］. 人类居住，2007（2）：21-22.

［13］唱新. 日本的城市财政管理及其特点［J］. 日本学刊，1991（3）：54-64.

［14］张德勇，杨之刚. 应对城市化：中国城市公共财政对策［J］. 中国城市经济，2006（2）：55-61.

［15］毛腾飞. 中国城市基础设施建设投融资模式创新研究［D］. 长沙：中南大学，2006：29-58，131-137.

［16］陈婉莉. 城市治理现代化的政府工具研究［D］. 厦门：厦门大学，2018：14-57.

［17］赵燕菁. 从城市管理走向城市经营［J］. 城市规划，2002（11）：7-15.

2　中国绿色建筑的国际化发展

刘恒[1]　李轶楠[1]
1　中国建筑设计研究院有限公司 绿色建筑设计研究院

2.1　国际绿色建筑的起源与发展脉络回顾

从 20 世纪两次能源危机开始，世界各主要国家开始意识到能源、资源节约与环境保护的重要性。1990 年，英国建筑研究院（BRE Group）发布了全球第一个绿色建筑评价标准——BREEAM。1993 年，美国绿色建筑协会（USGBC）成立，并在英国 BREEAM 的基础上，编制了 LEED 评价标准，并于 1998 年在首次 USGBC 峰会上发布。2007 年，德国可持续建筑委员会编制了 DGNB 评价标准体系，从环保、经济、舒适角度出发，对建筑或建筑群的绿色性能进行评价。除上述国家外，日本（CASBEE）、法国（HQE）、澳大利亚（NABERS）、加拿大（GB Tools）、新加坡（Green Mark）等世界主要国家也均发布了适应其国情的绿色建筑标准体系。

总体上看，国际发达国家和地区对于绿色建筑的关注起步较早，内容各有特点，并且一直处于持续改进的过程中。随着国际绿色建筑的不断发展，国际绿色建筑体系也逐渐丰富和完善。2014 年，美国发布了 WELL 标准，并于 2015 年引入中国。该标准在认证指标上与 LEED 有 17% 的重叠，但更加强调建筑与居住者的健康之间的关系。其中超过 100 项指标涉及空气、水、营养、光线、健康、舒适等。此外，基于绿色建筑理念的其他标准（例如德国的被动房 Passive House 标准、欧洲国家的主动式建筑 Active House 标准）等也逐渐丰富，随着碳排放在国际社会内的提出与强化，融合低碳、健康、绿色的标准——美国 Living Building Challenge 标准也逐渐被提出。国际绿色建筑标准呈现出"百花齐放、百家争鸣"的态势。

2.2　国际绿色建筑体系的借鉴与发展

国内绿色建筑起步相对较晚，最早可追溯到 21 世纪初期。在 20 世纪 80 年代建筑节能要求的基础上，我国参照 LEED 标准编制了《中国生态住宅技术评估手册》。2006 年，我国第一版《绿色建筑评价标准》GB/T 50378—2006 发布，从节能、节地、节水、节材、环境保护五个方面，对建筑的绿色化建设提出了要求。2019 年，该标准进行了第三次修订，现行的绿色建筑评价标准对技术体系进行了丰富，并拓展了绿色建筑的维度，从安全耐久、健康舒适、生活便利、资源节约、环境宜居五个方面，对建筑的绿色性能进行综合评价。

同时，伴随着诸多国际绿色建筑标准的提出，我国也相应以国家标准、地方标准或团体标准的方式，颁布了《绿色商店建筑评价标准》GB/T 51100—2015、《绿色校园评价标准》GB/T 51356—2019、《近零能耗建筑技术标准》GB/T 51350—2019、《健康建筑评价标准》T/ASC 02—2021 等一系列标准。

2.3 我国绿色建筑的实践与挑战

纵观各国绿色建筑评价体系，其均是在一定的框架下（或以 LEED 为借鉴，或以 BREEAM 为借鉴），基于各自国家的主要建筑规模，采用不同的方式对建筑的绿色性能进行评价。如何综合考虑各国的主要建筑类型及规模的差异、地域性要素的差异，并结合我国实际情况、工程建设的复杂性、评价维度的复杂性，对国际绿色建筑标准进行分析与借鉴，是国际绿色建筑评价标准在我国本土化发展过程中所面临和需解决的重要问题。

回顾过去的 15 年间，《绿色建筑评价标准》的发布、修订与实施有效促进了我国绿色建筑的发展。截至 2020 年底，全国累计绿色建筑面积达到了 66.45 亿 m^2。然而，绿色建筑的实际效果仍然尚未达到预期，其在全生命周期内的经济、社会、环境效益仍然不够明显，高资源消耗与低品质供给的问题亟须解决。

从地域复杂性看，我国绿色建筑体系仍然面临着国标的普适性与地域、环境等要素的特殊性之间的矛盾。评价体系在综合了我国复杂的气候条件、千差万别的自然条件和人文地理等现状的基础上，建立了全国统一的标准框架结构和技术原则。然而，在面对评审对象的特殊地域条件时，仍难以特别给出针对性的解释说明及变通性的调整。评价过程只能依赖评审专家的专业水平，无法在同一尺度下，科学、真实地反映评审对象之于当地的绿色性能和特点。此外，我国地方标准也普遍趋同。各地绿色建筑评价标准中，虽然大部分均结合当地的情况，对评价标准中的条文进行了调整，但其中涉及地域性的指标则相对较少。另外，我国的建筑气候区划与行政区划的相关性较弱，部分省市覆盖 2～3 个气候区。采用地方性的统一标准，而缺乏针对不同气候与地理条件的特殊考虑，也是目前标准体系中存在的重要问题。

从实践及研究角度看，现有绿色建筑的设计实施过程往往缺乏与设计同步的正向设计体系与系统。绿色建筑很容易变成诸多技术选择的罗列。同时，绿色建筑领域的研究或偏向于价值观的理论论述，无法形成较为通用的技术建议，或偏向于单项技术及技术集成的适应性分析而缺乏系统性框架。从宏观绿色理念到微观绿色建筑技术应用的系统性、稳定联系尚未建立，导致绿色建筑策略选择及设计过程因涉及多维度、多要素而被片段化，顾此失彼。复杂的绿色建筑建筑设计实现过程使得绿色建筑设计咨询脱离设计主体过程而变成独立、平行的工作，绿色建筑实际效果往往达不到预期。从设计的正向的逻辑出发，我国绿色建筑全生命周期设计与评估体系尚不完善，总体存在的问题有：缺乏绿色建筑设计系统性框架与组织体系，缺乏绿色建筑全生命周期、全要素综合平衡方法，缺乏绿色建筑设计系统化协作平台，缺乏绿色设计系统化评估方法与工具体系，缺乏绿色设计统筹建筑全周期方法及技术路径。

2.4 我国新时代高质量绿色建筑的创新发展

回顾绿色建筑的发展历程，从 20 世纪 70 年代能源危机开始萌发，到 20 世纪 90 年第一部标准的提出，从 2006 年国标发布到大量评而不绿的困惑，我国绿色建筑的发展一直处于不断探索的过程中。2015 年 10 月 29 日，习近平同志在党的十八届五中全会第二次全体会议上的讲话鲜明提出了创新、协调、绿色、开放、共享的发展理念。2016 年，《中共中央　国务院关于进一步加强城市规划建设管理工作的若干意见》发布，提出了"适用、经济、绿色、美观"建筑新八字方针，突出强调了建筑使用功能以及绿色性能，防止片面追求建筑外观形象。2017 年到 2019 年，多元并举、文化回归、绿色发展成为行业共识，绿色建筑的发展迎来了新的高潮。2020 年的疫情让我们反思与自然的关系，碳达峰与碳中和将带来社会格局的巨大变化。"绿色"已经成为这个时代的主旋律。

十三五期间，一系列国家级研究项目的实施，标志着我国绿色建筑发展正在经历从技术性能提升到建筑性能提升的深刻转变。"地域气候适应型绿色公共建筑设计新方法与示范""目标和效果导向的绿色建筑设计新方法及工具""基于多元文化的西部地域绿色建筑模式与技术体系""经济发达地区传承中华建筑文脉的绿色建筑体系"等国家重点研发计划项目的实施，为我国具有本土特色的绿色建筑观的进一步形成奠定了坚实的基础，以往绿色建筑标准或研究中所缺失的地域性、系统性、与自然和谐共生的综合考量，正逐渐得到完善。如何将绿色建筑与生态文明的核心理念落实到实际的项目过程中，实现从建筑本体出发的正向绿色体系，形成"设计—评价"的协调同步，针对不同的环境复杂性对地域差异、人性关怀、建筑寿命、建筑低碳、智慧运行进行综合考虑。

2020 年 5 月，由中国建设科技集团编制的新时代高质量《绿色建筑设计导则》发布。该《导则》在借鉴既有诸多国际标准的基础上，基于大量的项目实践，提出了与高品质绿色建筑、现行绿色建筑评价标准体系相协调的"本土化、人性化、智慧化、长寿化、低碳化"的五大设计原则，建立了以设计的正向逻辑为核心，覆盖场地、布局、形态、空间、功能、围护、材料、能源、建造、使用等各个方面要素，重构了既有的绿色设计体系，提出了"以方法检索为主线，以多元评估为过程反馈"的设计方法体系，实现了"理论、体系、要素、实践"的多维度创新。"坚持从整体到局部、从空间到措施的设计时序""由地域条件入手，从被动优先到主动优化的绿色方法""从多元平衡的角度推进绿色设计""以全生命期作为考量范畴挖掘绿色建筑创作的可能性""贯彻始终的经济性原则""创造有地域文化精神的绿色美学，破解千城一面的难题"等正逐渐成为新时代绿色建筑的普适性理念。

未来国际绿色建筑的发展仍然需要各种创新与发展：

（1）理论价值观的进一步明晰。结合各国的实际情况，发展新时代高质量绿色建筑的核心价值观、绿色理念，必须以绿色生态作为核心价值展开创作，强调建筑与环境相协调、与需求相适应、与科技相融合。

（2）绿色方法的更新创新。建立以建筑师主导全专业协同的正向整合设计模式，形成绿色设计实施路径，实现绿色设计体系的重新构建。基于正向设计逻辑，从宏观到微观逐层落实，更加充分、更有逻辑性地对各项绿色建筑技术进行综合、平衡，将简单的技术堆砌转变为基于模拟、数值分析等数值化分析策略与方法的技术选择，从根本上转变技术堆砌的现实，真正提高建筑实际的"绿色化"水平。

（3）绿色要素权重发掘的实践创新。重新梳理基于地域气候全专业、各阶段的绿色设计要素，尤其在场地、形态、空间、行为等方面具有显著的突破意义，实现绿色设计要素创新。我国很多地区，完全有条件通过建筑师前期建筑方案布局和功能合理组织、建筑布局优化及采用被动措施等方式实现经济舒适绿色、接近零能耗节能，不必采取增加投资和能耗的一些技术措施。强化被动式理念在设计前期的介入与表达，真正实现绿色建筑的"绿色设计"。

（4）项目示范应用的评估反馈。以实践为基础，实现科学研究与设计实践互相依托、不断完善的实施应用创新。以项目为案例进行汇总，分析并对其绿色性能加以判断，为设计的有效应用提供示范。

倡导绿色建筑应当是基于完整设计链条的一种设计价值取向，从项目的前期策划、方案设计到深化施工图设计，直至后期运维、拆解、消纳等环节，都应当体现设计者对于生态气候环境的尊重、人与建筑自然关系的关注。

2.5　总结及展望

回顾国内外绿色建筑发展及标准提升历程，国际绿色建筑标准体系为绿色建筑的定义、评价确定了维度，建立了体系。然而，各国的气候、地理、建筑类型等要素的差异，使得既有的国际标准体系在我国本土落地的过程中存在一定的局限性。同时，我国本土气候、地理等要素的差异与绿色建筑本身涉及多维度、多要素的复杂性，也使得我国的绿色建筑标准体系面临着普适性与本土化之间的矛盾。

我国五大发展理念与建筑新八字方针的提出，为新时代高质量绿色建筑的发展指明了方向。如何在绿色建筑评价标准逐步完善的同时，引导从全生命周期出发、多要素综合考量，在技术发展支撑的基础上，实现高品质绿色建筑设计是当前标准体系进一步完善所面临的挑战。

中国正在大力挖掘传统文化中的绿色基因，加入到世界绿色发展的体系中来，需要广泛调动起建筑师的绿色创作热情，以设计的正向逻辑展开绿色全过程，以理论、体系、要素、实践的多元创新探索新的绿色发展道路。我们国家也需要在现有的研究、标准和实践的基础上，建立一套适用于我国现实环境条件的绿色体系，并在全生命周期各个环节上引导建筑从业者积极探索绿色建筑设计方法与手段，促成一批真正意义上的新时代高质量绿色建筑的落地。

从对国际绿色建筑的引入借鉴，到我国绿色建筑的不断发展、理念的不断革新、项目的不断验证实践，我国的绿色建筑也必将反过来以其生态核心、本土特色和地域性的拓展，影响世界绿色建筑的发展和创新。

3 国内外绿色建筑的发展现状与趋势

黄俊鹏[1]　朱安博[1]　郭胜[1]　李丹[2]
1　友绿（北京）数字科技有限责任公司；
2　北京柠檬树绿色建筑科技有限公司

3.1　绿色已经成为我国城乡建设的底色

3.1.1　各省市绿色建筑覆盖率目标普遍超过 70%

2019 年 8 月 1 日《绿色建筑评价标准》GB/T 50378—2019（以下简称"新国标"）开始实施，原《绿色建筑评价标准》GB/T 50378—2014 同时废止[1]。

2020 年 7 月 15 日，住房和城乡建设部联合七部委发布《绿色建筑创建行动方案》，提出到 2022 年我国实现 70% 绿色建筑覆盖率[2]。随后 31 省市自治区中的绝大部分省市陆续开展行动，提出了各自的绿色建筑创建行动方案，详见表 3.1。其中，各省市承诺到 2022 年，绿色建筑占城镇新建建筑的比例均在 50% 以上：北京、上海、浙江、江苏、广东和江西六省市为 100%，河北、新疆等 22 省市承诺的目标均在 70% 以上，仅陕西、西藏和贵州等省份承诺的目标低于 70%。

各省市 2022 年绿色建筑覆盖率目标　　　　　　　　　　表 3.1

省份	2022 绿色建筑覆盖率目标	省份	2022 绿色建筑覆盖率目标
江西	100%（2025 年）	天津	80%
上海	100%	福建	75%
江苏	100%	宁夏	70%
贵州	100%	甘肃	70%
北京	100%	云南	70%
浙江	100%	安徽	70%
广东	100%	湖北	70%
河北	92%	山西	70%
新疆生产建设兵团	85%	湖南	70%
山东	80%	黑龙江	70%

省份	2022 绿色建筑覆盖率目标	省份	2022 绿色建筑覆盖率目标
重庆	70%	青海	70%
河南	70%	广西	70%
四川	70%	陕西	60%
辽宁	70%	西藏	60%
吉林	70%	内蒙古	60%
海南	70%		

根据各省市发布的《绿色建筑创建行动方案》和新国标制定的规则，可以判断在"十四五"末期，绿色建筑在我国城镇新建建筑中将实现 100% 覆盖，绿色已经成为我国城乡建设的底色。

3.1.2 绿色建筑数量大幅增加

如图 3.1 所示，我国绿色建筑认证面积主要受政策因素推动。"十二五"期间（2011～2015 年），我国绿色建筑标识项目数量合计为 3867 个；在"十三五"政策发布后，我国绿色建筑发展整体步入了一个新的台阶，进入全面、高速发展阶段。"十三五"期间（2016～2020 年），仅前四年的绿色建筑标识项目数量就达到了 14478 个，约为"十二五"期间项目数量的 4 倍。

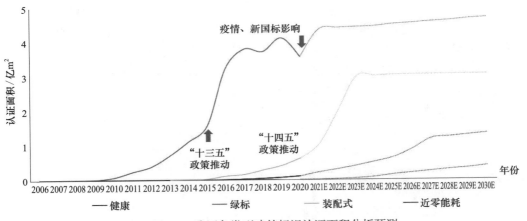

图 3.1 我国各类型建筑标识认证面积分析预测

据住房与城乡建设部标准定额司一级巡视员倪江波在"2021 中国房地产业碳达峰发展高峰论坛"上的发言，截至 2020 年底，我国获得国家绿色建筑标识的项目累计达到 2.47 万个，建筑面积超过 25.69 亿 m^2。2020 年新建绿色建筑占城镇新建民用建筑比例达 77%。

而按照各省市公布的绿色建筑面积累加，全国绿色建筑面积累计为 59.84 亿 m^2（含地标和完成施工图审查面积。据各地公布的绿色建筑创建方案、绿色建筑或建筑业"十四五"发展规划中的数据汇总得出），详见图 3.2。其中江苏省是我国绿色建筑面积最多的省份，累计绿色建筑面积 8 亿 m^2；其次为广东、浙江和山东。

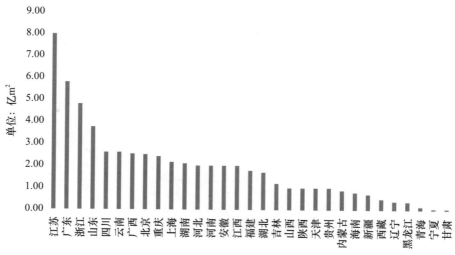

图 3.2　2006～2020 年各省市累计绿色建筑实施面积统计[3]

　　根据友绿智库《中国绿色建筑市场发展报告 2020》研究数据，有 76% 的受访者认为我国绿色建筑发展取得的巨大成就应归功于强制一星政策，即各级政府对绿色建筑一星级在施工图中强制要求，67% 的受访者认为是绿色建筑财政激励政策的功劳。

3.1.3　我国绿色建筑认证市场以国标为主

　　在过去 12 年，从各个绿色建筑认证体系历年认证项目数量所占市场份额来看，LEED 认证在 2010 年之前短暂领先，后来逐步被中国本土的绿色建筑评价标识超越。此后，随着国家大力推动绿色建筑评价标识的各种激励政策出台，国标的市场份额逐年提高，在 2016～2017 年达到了 91.4%。自 2018 年开始，LEED 认证的市场份额又有逐年回升的趋势。此外，随着 BRE、AH 国际联盟加大在中国市场的推广力度，BREEAM、AH 主动式建筑认证的市场份额也在快速增长（图 3.3）。

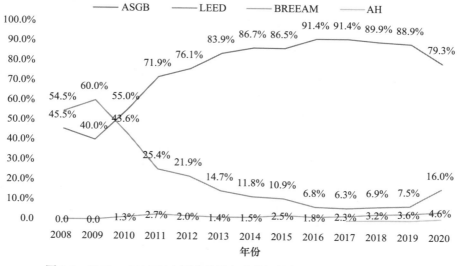

图 3.3　2008～2020 年中国内地绿色建筑评价标识市场份额发展趋势

272

3.2　中国将成为全球最大的绿色建筑市场

3.2.1　国际市场上活跃的主流绿色建筑标识体系

从 1990 年英国发布世界首个绿色建筑标准开始，世界主流大国或经济体均建立了自己本国的绿色建筑评估体系。据友绿智库统计，截至 2020 年 12 月，35 个国家或机构共颁布了 50 个绿色建筑标准。美国、加拿大、俄罗斯等国都有至少 3 个以上绿色建筑标准同时在市场上运作。而欧盟各国在欧盟统一的建筑节能指令下，也都开发了各自的绿色建筑评级体系以及相应的市场运营机制。

如图 3.4 所示，在获得认证标识的绿色建筑项目数量上，英国 BREEAM、法国 HQE、美国 LEED 是全球获得认证数量最多的绿色建筑评价标识。中国紧随其后，排在第四位。其次是澳大利亚的 NABERS、美国 GPR、德国 DGNB、日本 CASBEE 等评估体系。

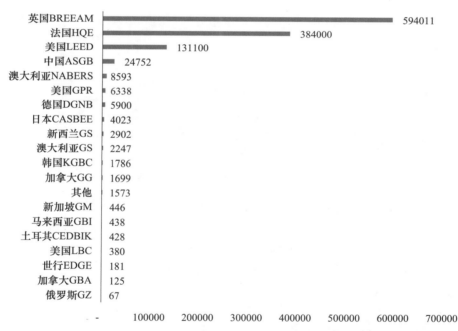

图 3.4　中国与主要发达国家 / 机构累计绿色建筑认证项目数量对比（截至 2020 年底）

我国绿色建筑认证标识数相对发达国家个数较少，主要是因为我国绿色建筑标识认证体系发展较晚。此外，中国绿色建筑评价标识的数量也远低于获得绿色建筑认证的建筑物数量，究其原因在于中国房地产开发的特点，即开发商在申报绿色建筑评价标识时，通常将项目边界内数个甚至数十个建筑物（多数为住宅）打包在一起申报，从而造成了中国绿色建筑认证标识的数量远低于实际绿色建筑的数量。

本文以市场上主流的四大国际绿色建筑标识体系为例，与我国绿色建筑评价标识进行对比。

（1）美国 LEED，全球应用最广泛的绿色建筑标识

1993 年，美国绿色建筑委员会（USGBC）成立，该组织以整合建筑业的绿色化机构、推动绿色建筑产业化可持续发展、引导绿色建筑的市场机制、推广并教育建筑业主、建筑师、工程师的绿色实践为宗旨，致力于推动绿色建筑的发展。1998 年，美国绿色建筑委员会启动了能源与环境设计先锋奖（Leadership in Energy & Environmental，简称 LEED）的试点计划，LEED v1.0 应运而生[4]。

LEED 是目前世界上使用最广泛的绿色建筑评级系统之一，已经在 167 个国家得到应用，是全球国际化程度最高的绿色建筑评级体系和全球公认的可持续发展成就与领导力的象征。截至 2020 年 12 月 31 日，获得 LEED 认证的项目总共有 131100 个，总面积超过 108 亿 m^2。其中，美国本土的项目占比达到 77%。

过去 20 年，中国大陆地区累计注册 LEED 认证项目 5388 个，其中 2607 个通过认证。面向既有建筑节能改造的 LEED—EB 评估体系注册项目占比 5.9%，占认证项目的 7%。在全部注册项目中，申报后未能通过认证（Denied）的占 0.1%（图 3.5）。

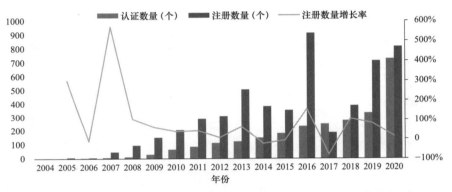

图 3.5　中国大陆地区 LEED 认证项目增长趋势（截至 2020 年底）

（2）英国 BREEAM，全球第一个绿色建筑评价体系

英国是发展绿色建筑较早的国家，经过 1960～1970 年的理论酝酿期和 1980～2000 年的实践探索期，形成了目前较为成熟的绿色建筑体系。

BREEAM 是由 BRE 于 1990 年发起的，是世界上第一个也是全球广泛使用的绿色建筑评估方法。BREEAM 通过设计、规范、施工和运营阶段，为建筑物的环境性能设定了标准，并且可以应用于新的开发或翻新计划。目前 BRE 在全球已经颁发超过 60 万张 BREEAM 证书，注册的建筑超过 230 万，覆盖 93 个国家[5]，是全球认证项目最多的绿色建筑评级体系。

英国 BRE 从 2012 年开始在中国市场发力，在过去的几年里也取得了很好的成绩。由图 3.6 可知，过去几年，BREEAM 认证项目数量保持了 30% 左右的增长率。BREEAM 认证项目主要分布在中国经济发达的长三角地区，其中上海拥有数量最多的 BREEAM 认证项目（图 3.6）。

（3）德国 DGNB，以建筑节能为主的被动房技术体系

德国一直以来比较注重建筑节能，其被动房技术体系和评级体系发展成熟。但在绿色建筑方面，相对于其他西方发达国家起步较晚。2009 年德国可持续建筑委员会开发了

图 3.6　中国大陆地区 BREEAM 认证项目增长趋势（截至 2020 年底）

DGNB 系统，为评估可持续建筑和城区提供了规划和优化工具。

　　DGNB 在德国新建建筑中占有 80% 以上的市场份额，在整个商业房地产市场中所占的份额超过 60%。截至 2019 年 12 月 31 日，DGNB 已认证了 5900 多个项目，应用到全世界 30 个国家／地区。

　　DGNB 目前在中国有 32 个项目。中国葛洲坝地产是申报 DGNB 最多的房地产开发企业，目前有 14 个项目获得 DGNB 认证（金级和银级各 7 项），建筑面积 112 万 m^2。

　　（4）法国 HQE，欧洲三大绿色建筑评价体系之一

　　HQE（High Environmental Quality，高环境质量评价体系）是法国的建筑和城市规划项目环境性能评价标准。源于 HQE 协会自 1996 年以来实施的一项倡议，于 2002 年开发[6]，国际版本 2012 年发布实施。

　　HQE 目前已在 26 个国家得到应用，包括法国、德国、中国、意大利、西班牙、比利时、俄罗斯、加拿大等。HQE 涵盖了建筑（新建）维护、建筑运营、城市规划，其中以住宅建筑认证为最多。目前 HQE 共有 695092 套集体和个人住房获得认证，认证建筑面积超过 5380 万 m^2。

　　HQE 因其区域适应性强，受到越来越多业主和开发商的青睐。在中国市场，HQE 在 2019 年开始受到关注，并在中国城市科学研究会的推动下，成为与中国国家绿色建筑标准双认证的选择之一。2020 年 11 月，西海岸·创新科技城体验中心通过 HQE 审核员审查和专家委员会评审，获得我国首个 HQE 认证标识，并达到最高星级卓越级（Exceptional）的技术要求。

3.2.2　我国绿色建筑评价标识的国际化影响力较低

　　以绿色建筑评级体系应用的国家数量来衡量各个绿色建筑评估体系的国际化程度（影响力），美国 LEED、英国 BREEAM、德国 DGNB、丹麦 AH、世界银行国际金融公司推出的 EDGE 是目前在全球应用最广的前五大绿色建筑评级体系或标准。中国绿色建筑评价标识虽然项目数量位居第四，但应用的国家或地区却非常少（图 3.7），基本所有项目均来自我国本土，国际化影响力很低。

　　如图 3.8 所示，在我国，市场主流的绿色建筑标识包括美国 LEED、英国 BREEAM 及本土化中国 ASGB 标识，其中美国 LEED 标识个数占我国绿色建筑认证标识市场的

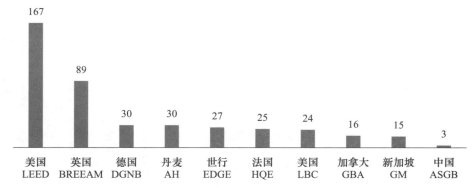

图 3.7　中国与主要发达国家／机构绿色建筑评级体系应用国家数量对比（截至 2020 年底）

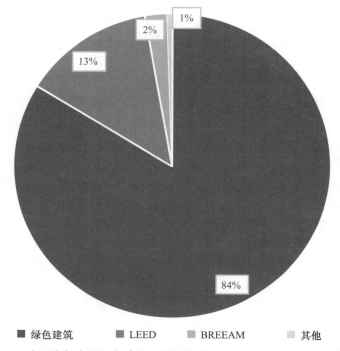

■ 绿色建筑　■ LEED　■ BREEAM　■ 其他

图 3.8　中国市场主流绿色建筑标识累计项目数对比（截至 2020 年底）

约 13%（图 3.8）。

　　整体来看，我国本土化中国 ASGB 绿色建筑标识受政策推动，市场广阔，但认证项目基本均来自国内，国际化影响力及认可度相对较低。

3.3　全球绿色建筑市场趋势

3.3.1　以碳中和为发展目标的绿色建筑发展

　　根据联合国政府间气候变化专门委员会（Intergovernmental Panel on Climate Change，简称 IPCC）报告，为实现全球碳减排目标，需要在土地、能源、建筑、交通和城市领域实现"快速而深远的"可持续过渡。全球气候变化是当今世界以及今后长时期内人类所面临的最严峻的环境与发展挑战,建筑是节能减排、应对气候变化最重要的领域之一[7]。

根据 IEA 统计数据,2019 年全球建筑部门碳排放达 100 亿 t,占全球碳排放的近40%,其中直接排放 30 亿 t,间接排放达 70 亿 t。根据国际能源署(IEA)和联合国环境规划署(UNEP)发布的《2019 年全球建筑和建筑业状况报告》[8],2017 年至 2018 年,全球建筑行业的排放量增长了 2%,达到历史最高水平。更令人担忧的是,到 2060 年,全球人口有望达到 100 亿,其中三分之二的人口将生活在城市中。要容纳这些城市人口,全球需新增 2300 亿 m² 建筑面积,需将现有建筑存量翻倍。巨大的建筑需求,加上城镇化进程的不断发展,意味着建筑行业实现净零排放面临严峻压力。

2015 年 12 月的联合国气候变化大会首次提出,到 2050 年使建筑物达到碳中和的发展目标。发展绿色建筑是各国建筑行业实现碳中和的主要途径,而超低能耗建筑、近零能耗建筑、零能耗建筑则是建筑业实现碳中和的重要节点。

3.3.2 低能耗建筑向超低能耗建筑、零能耗建筑、产能建筑发展

国际上建筑节能技术进步非常快,已从低能耗建筑向超低能耗建筑、零能耗建筑、产能建筑发展。零能耗建筑是指年供暖、热水能源需求及辅助电力需求基本由建筑内部得热和可再生能源供应。产能房是指年能源生产大于能源消耗,多余的电力输给公共电网或用于电动汽车充电。

截至 2020 年末,北美地区共有 3339 个零能耗项目,涉及 6177 个用户单元。美国2009 年 10 月发布了"在环境、能源、经济效益的联邦领先措施"[9],要求自 2020 年起,所有计划新建或租赁的联邦建筑须以建筑物达到零能耗为导向进行设计,使建筑物可在 2030 年达到净零能耗。联邦政府资产的购买或租赁需将零能耗作为考核指标之一。到2040 年 50% 的商业建筑达到零能耗;2050 年所有美国商业建筑达到净零能耗。

2007 年 3 月,欧盟国家与政府首脑会议提出了三个"20%"的节能减排目标[10],即在 2020 年以前将温室气体的排放量在 1990 年水平上降低 20%,2020 年前将一次能源消耗降低 20%,2020 年前可再生能源的应用比例提高 20%。2010 年 6 月 18 日,欧盟出台了《建筑能效 2010 指令》EPBD2010[11],该指令规定,成员国从 2020 年 12 月 31 日起,所有的新建建筑都是近零能耗建筑;2018 年 12 月 31 日起,政府使用或拥有的新建建筑均为零能耗建筑。

在中国,2020 年 7 月 15 日,住房和城乡建设部等七部委发布关于印发绿色建筑创建行动方案的通知。"行动方案"鼓励各地因地制宜,提高政府投资公益性建筑和大型公共建筑绿色等级,推动超低能耗建筑、近零能耗建筑发展,推广可再生能源应用和再生水利用。截至 2020 年末,全国各地推出的超低能耗建筑相关政策已有 130 多条。

在 2060 碳中和的大目标下,超低能耗建筑、近零能耗建筑及其相关产业在未来几年的发展将进入加速期。根据 Polaris Market Research 发布的一项新研究,到 2026 年,全球净零能耗建筑市场预计将超过 960.08 亿美元[12]。

3.3.3　通过推广绿色建材，助推绿色建筑发展

绿色建材是指采用清洁生产技术、少用天然资源和能源、大量使用工业或城市固态废物生产的无毒害、无污染、无放射性、有利于环境保护和人体健康的建筑材料。绿色建材不是指单独的建材产品，而是对建材"健康、环保、安全"品性的评价。绿色建材注重建材对人体健康和环保所造成的影响及安全防火性能。

绿色建材的应用是全球范围内的大趋势，只不过世界各国推动绿色建材的方式各不一样。在欧美等发达国家倾向于采用市场规则推动绿色建材的应用，尤其是通过产品的环境信息声明、健康信息声明等自愿性手段。

环保产品声明（EPD）是基于特定产品的生命周期评估（LCA）。EPD 详细介绍了产品的生命周期影响及其对环境的影响，同时考虑了再循环成分、使用寿命、水和土壤污染、潜在全球变暖、臭氧消耗和烟雾产生等因素。随着碳目标在建筑领域发挥越来越重要的影响，对环境产品声明的需求正在快速增长。根据欧盟新的 RE 2020 规定，新建筑的生命周期碳排放限额将很快在包括法国、瑞典、芬兰和英国在内的许多国家成为强制性要求。

我国的绿色建材产品占建材产品的比重不到 10%，而欧美发达国家的建材产品达到"绿色"标准的已超过 90%[13]。虽然绿色建材市场潜在需求巨大，社会各方都积极呼唤建材工业要走绿色建材的发展道路，但我国绿色建材的发展却并不理想。制约我国绿色建材快速发展的一个重要原因是缺乏具有公信力的、科学的绿色建材评价制度以及相应的激励政策。

按照《绿色建材评价技术导则（试行）》，现阶段我国绿色建材主要包括七类产品：围护结构及混凝土、门窗幕墙及装饰装修、防水密封及建筑涂料、给排水及水处理设备、暖通空调及太阳能利用与照明以及其他设备类（包括：设备隔振降噪装置、控制与计量设备、机械式停车设备）。据工信部统计，我国已有 22 家认证机构获得绿色产品（建材类）和绿色建材产品认证资格，6 个绿色产品认证领域合计 184 种产品获得中国绿色产品（建材类）认证证书，认证领域涵盖卫生陶瓷、建筑玻璃、绝热材料、防水密封材料、陶瓷砖（板）、木塑制品，绿色建材产品认证工作取得积极成效。

据友绿智库的研究，全球绿色建筑材料市场在 2020 年估计为 2380 亿美元，预计到 2025 年将达到 4254 亿美元。预计保温隔热材料的复合年增长率为 4.6%，达到 711 亿美元。2020 年美国的绿色建材市场估计为 646 亿美元。中国作为全球第二大经济体，预计到 2025 年，市场规模将达到 848 亿美元；在 2020 年至 2025 年的分析期间，复合年增长率为 11%。其他值得注意的地理市场包括日本和加拿大，将在 2020~2025 年期间分别增长 6.1% 和 7.1%。在欧洲，德国预计将以 6.6% 的复合年增长率增长[14]。

参考文献：

［1］中华人民共和国住房和城乡建设部. 住房和城乡建设部关于发布国家标准《绿色建筑评价标准》的公告［EB/OL］. 2019-05-30［2022-04-24］. https://www.mohurd.gov.cn/gongkai/fdzdgknr/tzgg/201905/20190530_240717.html.

［2］中华人民共和国住房和城乡建设部等. 住房和城乡建设部 国家发展改革委 教育部 工业和信息化部

人民银行 国管局 银保监会 关于印发绿色建筑创建行动方案的通知［EB/OL］. 2020-07-15［2022-04-24］. https://www.mohurd.gov.cn/gongkai/fdzdgknr/tzgg/202007/20200724_246492.html.

［3］中国房地产业协会，友绿智库. 中国绿色建筑市场发展报告2021［M］. 北京：中国建筑工业出版社，2022.

［4］LEED. The History of LEED [EB/OL]. [2022-04-22]. https://www.usgbc.org/about/mission-vision.

［5］BREEAM. What is BREEAM [EB/OL]. [2022-04-22]. https://www.breeam.com/?cn-reloaded=1.

［6］E. Vazquez, M. Miguez, L. Alves, et al., Certifications in Construction: a Case Study Comparing LEED and HQE. Ecosystems and Sustainable Devel-opment, Ⅷ, pp. 253–264, 2011.

［7］IPCC，2013：决策者摘要. 见：全球升温1.5℃：关于全球升温高于工业化前水平1.5℃的影响以及相关的全球温室气体排放路径的IPCC特别报告，背景是加强全球应对气候变化的威胁、加强可持续发展和努力消除贫困［V. Masson-Delmotte, P. Zhai, H. O. Pörtner, D. Roberts, J. Skea, P.R. Shukla, A. Pirani, W. Moufouma-Okia, C. Péan, R. Pidcock, S. Connors, J. B. R. Matthews, Y. Chen, X. Zhou, M. I. Gomis, E. Lonnoy, T. Maycock，M. Tignor, T. Waterfield（编辑）］. 世界气象组织，瑞士日内瓦，32pp.

［8］IEA (2020), Global CO2 Emissions in 2019, IEA, Paris https://www.iea.org/articles/global-co2-emissions-in-2019

［9］Executive Office of the President. Federal Leadership in Environmental, Energy, and Economic Performance [EB/OL]. 2009-10-08 [2022-04-22]. https://www.federalregister.gov/documents/2009/10/08/E9-24518/federal-leadership-in-environmental-energy-and-economic-performance#h-1.

［10］Commission of the European Communities.Renewable energies in the 21st Century: Building a more sustainable future [R].Brus- sels.Jan.10，2007.

［11］The European Commission. Commission proposes new Energy Efficiency Directive [EB/OL]. 2021-07-14 [2022-04-22]. https://ec.europa.eu/info/news/commission-proposes-new-energy-efficiency-directive-2021-jul-14_en.

［12］Polaris Market Research. Net-Zero Energy Buildings (NZEBs) Market [R]. NEW YORK, 2021-08-09.

［13］张晓然，赵霄龙，何更新. 我国绿色建材技术及其标准化概述［J］. 施工技术，2018，47（6）：94-97.

［14］Green Building Materials Market-Growth, Trends, Covid-19 Impact, And Forecasts (2021～2026), Mordor Intelligence, 2021.

4　ISO 21931-1《建筑工程可持续性评价方法框架》的编制与启示

黄宁[1]　陈英杰[1]
1　中建工程产业技术研究院有限公司

4.1　前言

随着国家"一带一路"政策的推进和实施，中国标准走出去并与国际标准接轨已成为我国标准制定和研究的重点。住房和城乡建设部标定司于 2018 年 12 月下发的《关于印发国际化工程建设规范标准体系的函》为中国建设领域的标准走出去和国际化提供了指南。2020 年 9 月，国家重点研发计划"战略性科技创新合作"重点专项"'一带一路'共建国家绿色建筑技术和标准研发与应用"项目正式启动，标志着中国绿色建筑标准在"一带一路"沿线国家的技术落地和应用正在紧锣密鼓地推进。

由于历史原因，我国建设工程领域主持或参与的 ISO 标准主要包括 ISO 21723：2019《建筑和土木工程—模数协调—模数》[1]，ISO 16745-1：2017《既有建筑运营阶段碳排放计量、报告、发布》[2] 和 ISO 16745-2：2017《核查》[3] 等 3 项国际标准。

近年来，随着海外工程项目的不断增加，中国对建设领域国际标准的参与度越来越高，不少组织和个人开始重视中国标准与国际标准的融合，并参与到国际标准的编制工作中。例如 2020 年 ISO 颁布的 ISO 37156：2020《智慧城市基础设施—数据交换与共享指南》[4]，2021 年颁布的 ISO TR 22845：2020《建筑和土木工程的弹性》技术报告[5] 等，ISO 37108《城市和社区可持续发展—商务区—ISO 37101 本地实施指南》[6] 等都是由中国主导制定的国际标准。

4.2　编制任务

ISO 21931-1《建筑工程可持续发展评价方法框架 第一部分：建筑》[7] 这项标准的修订工作是由 ISO/TC59/SC17/WG4"建筑和土木工程"技术委员会可持续发展分技术委员会下的第四工作组（WG4）完成的。ISO 21931-1 是对所有建筑工程可持续性评价进行约定的框架体系，是一项关于绿色建筑评价的国际标准。

2016 年 5 月，ISO/TC59/SC17/WG4 启动了 ISO 21931-1 的修订工作。根据标准修订要求，新标准将评价框架扩展涵盖环境、社会和经济。至今，针对这项标准的修订已先后召开了十几次会议。

4.3 标准内容

ISO 21931-1 目前尚在 FDIS 稿阶段，共分 8 个章节，其基本框架和主要内容见表 4.1。

ISO21931-1 标准 FDIS 稿内容 表 4.1

标准组成	具体名称	内容
正文部分 包括 8 个章节	1 适用范围 （Scope）	明确指出可用于对建筑工程的设计、建筑材料 / 构件 / 产品的生产、施工、运营、维护翻新、废除拆解全寿命期在环境、社会、经济三个方面可持续发展程度进行评价
	2 引用 ISO 标准名录 （Normative Reference）	列出了标准中引用的 ISO 相关标准名称，如 ISO 21930《建筑和市政工程的可持续性—建筑产品和服务的环保产品声明核心规则》等
	3 术语及定义 （Terms and Definitions）	标准中出现的主要名词术语和定义，包括如"经济特征"等 59 个术语
	4 评估对象 （Objects of Assessment）	指出了建筑可作为不同评价目的，以及评价的系统边界，评价中的功能当量，建筑全寿命期，地域参考性等
	5 评估方法框架 （Framework for Methods of Assessment）	详解了评价方法应从环境、社会、经济、管理过程等主要方面设定若干评价内容，是标准的核心内容
	6 量化方法 （Methods for Quantification）	主要分析如何做到数据量化的准确性，以使得评价更具意义，如从数据来源的真实性、透明性和可追溯性，避免重复计量，加和统计，合理设置权重等方面考虑
	7 通过评价结果进行优选 （Evaluation of Assessment Results）	在设计阶段，就要利用不同方案的评价结果做出方案优化的决定，并在后续的各阶段贯穿使用该方法
	8 评价报告 （Assessment Report）	对评价报告内容做出规定
附录部分	附录 （Annex）	共包括 5 个附录，包括对于标准方法应用的一些延展介绍等

表 4.1 中的"4 评估对象"和"5 评估方法框架"是标准的核心内容。为此，本文主要介绍这两个章节的内容，并进行分析。

第 4 章"评估对象"包括："评价目的""评价的系统边界""评价中的功能当量""建筑全寿命期法""地域参考性"等条款。

在"评价目的"条款中，ISO 21931-1 提出将建筑设定为不同的功能场景，如居住、生活、社交场所；建成环境；部品和材料的集成；不动产；全寿命期管理的产物；完整运营系统；内在的文化价值体现等。

在"评价的系统边界"条款中，ISO 21931-1 指出"评价时要首先对于参评建筑自然边界、时间期限、发展阶段、特定地理条件等进行说明；建议对全部建筑进行全寿命期的评价，若存在困难需要对某一特定阶段或建筑的某一部分进行评价时，要确保前后不同阶段或不同范围的评价所采用的参数一致"。

在"评价中的功能当量"条款中要求，评价时"要考虑建筑的不同功能性如办公 / 厂房，使用情况如占用百分比，建筑设计服务年限，以及相关的技术和功能要求如物业和使用者提出的特殊要求等"。

在"建筑全寿命期法"条款中指出，要"将建筑从策划生成到使用结束拆除划分为三个大的过程，即使用前阶段（A 阶段），使用阶段（B 阶段），使用终止阶段（C 阶段）；A 阶段主要含建筑工程的前期工程策划、规划与设计、建筑构件和材料等的生产、现场施工等；B 阶段主要含建筑工程的运营、维护维修、更换翻新等；C 阶段主要含建筑工程的拆运、垃圾资源化利用和处理等。除了以上三个阶段，标准还列出了建筑全寿命期需要考虑的第四部分的内容（D 部分），即建筑对外部的贡献，主要含建筑拆除后可直接利用和再循环利用的部分，以及建筑向外部输出的电能（场地发电输出部分）、地热等"。

在"地域参考性"条款中指出，"在标准使用时需注意考虑当地的气候条件、环境风险、基础设施情况、社会价值取向等地域特殊性方面的情况"。

4.4　ISO 21931-1 与 GB/T 50378—2019 指标设置比较

第 5 章"评估方法框架"是 ISO 21931-1 的核心一章，该章节详细列出了对建筑工程进行可持续性评价时应该考虑的所有指标，按照环境、社会、经济、全过程管理四大类确立了 61 项可供参考的评价指示，详见表 4.2。表 4.2 还将 ISO 21931-1 中建议的评价指标与中国绿色建筑三星评价标准 GB/T 50378—2019[8] 的相关内容做了对比，可初步显示出我国的绿色建筑标准与国际标准的异同。

ISO 21931-1 修订稿建议评价指标与 GB/T 50378—2019 对应指标的比较　　　　表 4.2

类别		ISO 21931-1 指标设置	GB/T 50378—2019 指标设置
一、环境类（16 项）			对应条目主要在"7 资源节约""8 环境宜居"两个部分
环境影响		1. 气候变化（全球和地区间）	9.2.7 碳排放计算（提高与创新项）（此处为对条目的简述，下同）
		2. 臭氧层破坏（全球和地区间）	未设置
		3. 土壤和水的酸化（全球和地区间）	未设置
		4. 富营养化（全球和地区间）	未设置
		5. 光氧化污染（全球和地区间）	未设置
		6. 生物多样性、生态影响（地方）	8.2.1（第 1 款和第 3 款）保护场地生态系统，采取生态补偿措施等（评分项）
		7. 地方市政设施的压力，如公共服务、市政基础等（地方）	未设置
		8. 微气候环境变化（地方）	未设置
		9. 地表水质影响（地方）	未设置
环境特征		1. 可再生能源／非再生能源使用（全球和地区间）	7.2.9 合理利用可再生能源（评分项）
		2. 可再生材料／非再生材料使用（全球和地区间）	7.2.17 选用可再循环材料、可再利用材料及利废建材（评分项）

类别	ISO 21931-1 指标设置	GB/T 50378—2019 指标设置
环境特征	3. 可再生水／非再生水使用（全球和地区间）	7.2.13 使用非传统水源（评分项）
	4. 有害垃圾／无害垃圾产生和处理（全球和地区间）	8.1.7 生活垃圾应分类收集等（控制项）
	5. 土地占有（全球和地区间）	7.2.1 节约集约利用土地（评分项）
	6. 地表水和地下水的安全性及污染（地方）	8.2.5 利用场地空间设置绿色雨水基础设施（评分项）
	7. 土壤安全和污染（地方）	8.2.1（第 2 款）采取净地表层土回收利用等生态补偿措施（评分项）
二、社会类（27 项）		对应条目主要在"4 安全耐久""5 健康舒适""6 生活便利""8 环境宜居"四个部分
社会影响	1. 噪声（场地及周边）	8.2.6 场地噪声控制（评分项）
	2. 污染排放（场地及周边）	8.1.6 场地内不应有排放超标的污染源（控制项）
	3. 眩光、过度遮挡（场地及周边）	8.1.1 建筑日照遮挡要求（控制项）；5.2.8（第 3 款）主要房间眩光控制（评分项）
	4. 区域风环境（场地及周边）	8.2.8 场地风环境（评分项）
	5. 振动和震动（场地及周边）	5.2.7 空气声振动和楼板撞击振动产生噪声（评分项）
社会特征	1. 建筑及其配套设施可达性（可达性）	如下多个条目对应配套设施和外部服务可达：控制项中的 6.1.1（无障碍设计）、6.1.2（基本公交站点要求）、6.1.3（电动汽车充电设施）、6.1.4（自行车停车场所）；评分项中的 6.2.1（公交便捷性）、6.2.2（全龄化设计）、6.2.3（公共服务便利）、6.2.4（绿地、广场等可达）、6.2.5（健身场地）
	2. 外部服务可达性（可达性）	
	3. 多功能空间（适变性）	4.2.6（第 1 款）采取通用开放、灵活可变的使用空间设计，或采取建筑使用功能可变措施
	4. 易变空间（适变性）	
	5. 易扩展空间（适变性）	未设置
	6. 建筑提供／人员可控制的热工效果（健康和福祉）	5.1.8 主要功能房间应具有现场独立控制的热环境调节装置（控制项）；5.2.9 室内热湿要求（评分项）；5.2.10 自然通风（评分项）；5.2.11 可调节遮阳（评分项）
	7. 建筑提供／人员可控制的室内空气质量（健康和福祉）	5.1.1 室内苯、甲醛等污染性气体达标（控制项）；5.1.9 地下车库一氧化碳浓度监测（控制项）；5.2.1 室内污染物浓度高标准要求（评分项）；5.2.2 选择绿色装修材料（评分项）
	8. 建筑提供／人员可控制的视觉舒适度（健康和福祉）	5.1.5 照明基本要求（控制项）；5.2.8 利用天然采光（评分项）
	9. 建筑提供的声学质量（健康和福祉）	5.1.4 噪声级和隔声基本要求（控制项）；5.2.6 优化室内声环境（评分项）
	10. 建筑提供的空间质量（健康和福祉）	未设置
	11. 建筑室内用水质量（健康和福祉）	5.1.3 水质、储水设施、用具等基本要求（控制项）；5.2.3 室内各种水质满足一定标准（评分项）；5.2.4 各种储水设施满足一定卫生要求（评分项）
	12. 建筑的安全感程度（健康和福祉）	"4 安全耐久"中所有涉及安全的条目，如控制项的 4.1.1（场地安全）、4.1.2（结构主体安全）、4.1.4（其他构件安全）、4.1.5（门窗安装）、4.1.7（安全疏散）、4.1.8（安全标识）；评分项的 4.2.3（安全产品和配件）、4.2.4（室内外防滑）

类别	ISO 21931-1 指标设置	GB/T 50378—2019 指标设置
社会特征	13. 建筑的电磁波强度（健康和福祉）	4.1.1 场地应无电磁辐射（控制项）
	14. 对气候变化灾害的应对能力（安全防护）	未设置
	15. 减灾防灾能力（地震、火山喷发、爆炸、火灾等）（安全防护）	4.1.1 场地应无危险化学品、易燃易爆危险源的威胁（控制项）；4.2.1 抗震（评分项）；4.2.2 安全防护措施（评分项）
	16. 对水、电、气等城市基础设施供应突发中断或变化的应对能力（安全防护）	未设置
	17. 对建筑内部人员应对外部入侵和犯罪的自我保护（安全防护）	未设置
	18. 易维护（可修缮性）	4.1.3 依附主体结构的外部设施易维护（控制项）；4.2.9 易维护的装饰装修材料（评分项）
	19. 便于改造和拆解更换（可修缮性）	4.2.7 部品部件便于更换和升级（评分项）
	20. 周边环境协调性（建筑质量）	8.1.7 垃圾收集点与景观融合（控制项）；8.2.1 充分保护或修复场地生态环境，合理布局建筑及景观（评分项）；
	21. 周边建筑文化一致和融合（建筑质量）	9.2.2 采用适宜地区特色的建筑风貌设计，因地制宜传承地域建筑文化（提高与创新项）
	22. 规划、设计的多方参与（建筑质量）	未设置
三、经济类（7 项）		没有具体的相关条目
经济影响	1. 建筑的市场价值波动	未设置
	2. 对投资者经济/财务的影响	未设置
经济特征	1. 初始建设投资（生命周期成本 LCC）	在"7 资源节约"中的"I 节地与土地利用""IV 节材与绿色建材"有关联条目
	2. 运营成本（生命周期成本 LCC）	在"7 资源节约"中的"II 节能与能源利用""III 水与水资源利用"有关联条目
	3. 拆除、毁坏、移除成本（生命周期成本 LCC）	未设置
	4. 初始投资年度机会成本（全生命期成本核算 WLC）	未设置
	5. 建筑使用全生命周期内租赁等关联的收入支出（全生命期成本核算 WLC）	未设置
四、过程（施工、交付、运营、维护）管理类（11 项）		没有相关条目
质量管理	ISO 9001 质量认证	未设置
环境管理	ISO 14001 环境认证	未设置
人员健康安全	ISO 45001 人员健康认证	未设置
社会责任	1. 建筑相关各种硬件的资料完备及可追溯性	未设置
	2. 建筑相关各种服务的资料完备及可追溯性	未设置
	3. 人权	未设置
	4. 劳动作业友好	未设置
	5. 公平运营	未设置

类别	ISO 21931-1 指标设置	GB/T 50378—2019 指标设置
社会责任	6. 投资人参与度	未设置
	7. 消费者权限	未设置
	8. 对抱怨和投诉的处理	未设置

可以看出，ISO 21931-1 与 GB/T 50378—2019 在指标设置维度以及侧重点方面存在着一定的差异。首先是维度上，例如环境类指标，前者包括了较多的"全球和地区间"指标，后者作为一个国家标准，很少涉及。其次是侧重点上，ISO 21931-1 在"经济类"和"过程管理类"两个方面设置的 18 项指标，GB/T 50378—2019 中没有设置。GB/T 50378—2019 虽然有一些和建筑经济性关联的指标，但主要是将其纳入对环境的低影响方面，如节地、节材、节能、节水等，并未把建筑作为不动产去思考其经济价值的可持续性，这也是国内绿色建筑前期难于推广的主要原因，虽然一定程度地分析了因为资源和能源节约带来的效益（LCC 分析），但未考虑绿色建筑短期租赁提升和长期价值增加所产生的经济效益（WLC 分析），而 ISO 21931-1 同时考虑了 LCC 和 WLC 分析方法下对建筑带来的经济利益，这将有助于标准的推广。同时，ISO 21931-1 非常关注运营管理中的社会责任指标，本着对投资者和使用者更加负责的目的，设置了"投资者参与度""消费者权限"等 8 项指标。GB/T 50378—2019 在对 2014 版本修订时新增了"健康舒适""生活便利""环境宜居"等更多关心使用者满意度的指标，但在建筑的物化过程和运营维护中的社会责任方面，没有设置对应的指标。国家标准的修订，完成了从"设计指定的绿色建筑"到"使用者真正感受的绿色建筑"，通过与 ISO 21931-1 的指标对比，建议下一步发展方向是与国际接轨的"社会需要的绿色建筑"。

4.5　启示

通过 ISO 21931-1 等国际标准的修订工作，了解了国际标准制定程序，同时也感受到有助于中国建设工程领域标准走出去并逐步与国际接轨的体会。ISO 21931-1 可以被认为是 ISO 体系内的绿色建筑评价标准，其对中国绿色建筑评价标准的未来发展方向以及进一步转化成国际标准或区域性标准有如下启示。

一是更关注全球和地区性指标。环境影响上，ISO 21931-1 标准首先考虑的是建筑工程对全球范围的影响层面，设定了一些比较宏观的指标，例如温室气体排放、臭氧层破坏土壤和水的酸化等，国标 GB 50378 在全球性环境影响方面仅在"创新和提高"部分涉及碳排放内容，目前未作为评价重点，其他几个全球性环境问题在国标中都没有体现。欧美一些发达国家在编制本国标准时都会将对全球和地区产生影响的重要指标纳入标准中，如20 世纪 90 年代颁布的英国 BREEAM 绿色建筑评价标准，在环境影响方面包含了因建筑制冷剂引起的温室气体效应和臭氧层破坏相关指标，将英国的建筑环境影响范围扩展到全球层面[9]。再如德国 DGNB 可持续建筑评价标准在 2008 年就对建筑全寿命期碳排放量计算提出了明确的原则和方法，后来还成为建筑运营阶段碳排放计量与核证国际标准 ISO 16745 的理论基础[10]。2030 年实现碳达峰和 2060 年达到碳中和，已经成为中国对国际社会的承诺目标，建筑业产生的碳排放约占全社会碳排放的 40%，如何在建筑领域实现上述目标，绿色建筑评价时强调其碳指标的要求和实施路径，将是重要抓手之一。国家生态环境部也开始加大对大气环境中臭氧层破坏监管的工作力度，并于 2020 年颁布了《消耗臭氧层物质监管指南（试行）》[11]，臭氧层破坏相关指标进入绿色建筑评价指标体系指日可待，因此中国的绿色建筑相关标准应提高对此类国际环境问题的关注。同时，当中国标准走向世界时，应思考增加一些对于区域性可持续发展产生影响的指标。绿色建筑方面，我们城市中崛起的摩天大厦，已经对区域内候鸟的迁徙产生了不小的影响，每年在迁徙季节都会有不少候鸟撞幕墙而亡，建议考虑设置相关评价指标以减少高层建筑带来的负面影响，如设计隐形防撞网、迁徙季亮化工程的灯光和照度特殊要求等，这些指标已经出现在北美的一些绿色建筑标准中。

二是严格遵守国际标准提议程序。中国标准成为国际标准，主要有两种途径：

将现有的国家标准通过提议转化为国际标准，或者提出新的国际标准动议。无论采用哪种方式，都需要有非常扎实的编制和文件基础，从目前已经颁布实施的标准来看，基本上都经历了这样的过程。例如 2003 年，英国、挪威、法国等几个国家提出了编制 ISO 可持续建筑发展评价标准的动议，但因为没有完善的可参考模板，所以就从技术规程的编写做起（ISO 标准体系中将尚认为不足以成为国际标准的同类文件可先以技术规程的形式发布，即 Technical Specification，简称 ISO/TS 文件），于 2006 年发布了 ISO/TS 21931-1：2006[12]，该规程在实施 5 年后，经过修订形成了 ISO 21931-1：2010[13]（本次修订标准的旧版本）。ISO 在建设工程领域特别是关于建筑的标准产出量相对其他领域更少，掌握的原则是宁缺毋滥，成熟一个提议一个。因此，我们在中国土木工程建设领域标准"走出去"的过程中，切不能存在急躁和冒进心理，认为已经是世界建筑业第一大国，在该领域的成功代表着标准也具备全球普适性。国际标准的立项没有捷径，尚不成熟可直接立项的标准可以先以 ISO 体系内的技术规程（TS）或技术报告（TR）的形式提出，经过实践检验后再升级为 ISO 标准。

三是加强国际标准编制与交流的参与度。TC 59 是 ISO 的土木工程委员会，因其建设体量和速度、先进技术和装备，中国在土木工程领域引领着世界的发展趋势，可是在国际标准编制与交流的参与度上明显不足。希望国家标准国际化或者提高国际发言权，就要与国际同行多进行合作与交流，主动参与国际标准的制定工作，并在 ISO 标准化交流活动中讲好"中国标准"故事。

4.6 结语

本文详细介绍分析了 ISO 21931-1 标准的编制过程和具体内容，并对中国绿色建筑评价标准 GB/T 50378—2019 做了重点条目的对比，总结了 ISO 标准与国内标准的差异，并提出积极参与 ISO 标准的制定等建议。

总之，顺应国际趋势并遵照国际规则，多在建设工程领域开展与 ISO 组织的交流与合作，多参与 ISO 标准的编制工作，从而有助于将中国标准介绍给世界特别是"一带一路"沿线国家，同时提高我国在国际标准领域的话语权。

参考文献：

［1］ISO. ISO 21723-2019 Buildings And Civil Engineering Works-Modular Coordination-Module [S]. Geneva, 2019.

［2］ISO. ISO 16745-1:2017 Sustainability in Buildings and Civil Engineering Works-Carbon Metrics of an Existing Building during Use Stage-Part 1: Calculation, reporting and communication [S]. Geneva, 2017.

［3］ISO. ISO 16745-2:2017 Sustainability in Buildings and Civil Engineering Works-Carbon Metrics of an Existing Building during Use Stage-Part 2: Verification [S]. Geneva, 2017.

［4］ISO. ISO 37156:2020 Smart Community Infrastructures—Guidelines on Data Exchange and Sharing for Smart Community Infrastructures [S]. Geneva, 2020.

［5］ISO. ISO/TR 22845:2020 Resilience of Buildings and Civil Engineering Works [S]. Geneva, 2020.

［6］ISO. ISO/DIS 37108 Sustainable Cities and Communities—Business Districts—Guidance for Practical Local Implementation of ISO 37101[S]. Geneva, 2021.

［7］ISO. ISO/FDIS 21931-1 Sustainability in Buildings and Civil Engineering Works-Framework for Methods of Assessment of the Environmental, Social and Economic Performance of Construction Works as a Basis for Sustainability Assessment-Part 1: Buildings [S]. Geneva, 2021.

［8］中华人民共和国住房和城乡建设部. 绿色建筑评价标准：GB/T 50378—2019［S］. 北京：中国建筑工业出版社，2019.

［9］BRE. BREEAM International New Construction 2016 Technical Manual: SD233 2.0[S]. Watford, 2016.

［10］DGNB. German System of Sustainable Building Certificate.［S］. Stuttgart, 2008

［11］中华人民共和国生态环境部. 消耗臭氧层物质监管指南（试行）［S］. 北京，2019.

［12］ISO. ISO/TS 21931-1:2006 Sustainability in Building Construction-Framework for Methods of Assessment for Environmental Performance of Construction works-Part 1: Buildings [S]. Geneva, 2006.

［13］ISO. ISO 21931-1：2010 Sustainability in building construction - Framework for methods of assessment of the environmental performance of construction works - Part 1：Buildings [S]. Geneva, 2010.

5 ISO 37106：2021《可持续城市建立智慧城市运行模型指南》的编制与应用

孟凡奇[1] 闫栩[2] 董山峰[3] 王媛[2] 刘印本[2] 康国虎[3]

1 智城国际标准信息咨询（杭州）有限公司；
2 中新天津生态城管理委员会；3 御道工程咨询（北京）有限公司

5.1 编制背景

5.1.1 背景和目的

　　智慧城市是新型城市的升级版，是落实可持续发展战略的重要工具和路径，建设智慧城市已经成为当今世界城市发展的前沿趋势。智慧城市的核心在于破解城市发展，统筹综合利用好城市各种资源，尤其是信息资源、人力资源和物质资源。统筹整合和利用的核心是依靠标准，实现不同资源的连接互通，标准在智慧城市实践中扮演重要角色，是推动智慧城市建设及城市管理运行的关键因素，在指导顶层设计、规范技术架构、促进融合应用等方面发挥着重要作用。当前，智慧城市标准已成为国际标准化组织（ISO）、国际电工委员会（IEC）、国际电信联盟（ITU）三大国际标准化组织共同的工作热点。国际电工委员会（IEC）于 2013 年 6 月成立了"智慧城市系统评估组"，国际电信联盟（ITU-T）于 2013 年 2 月成立了"可持续发展智慧城市焦点组"（ITUFG-SSC），国际标准化组织城市和社区可持续发展技术委员会（ISO/TC268）成立了专门负责智慧城市战略的工作组（ISO/TC268/WG4），涵盖智慧城市管理服务到评价的标准体系也已经形成。在基础设施方面，ISO/TR 37150：2014 对智慧城市基础设施——与指标相关的现有活动进行回顾；ISO 37156：2020 主要聚焦智慧城市数据交换与共享领域，提供了城市基础设施数据组织治理方法；ISO 37158：2019、ISO 37165：2020 从城市交通、能源方面提出智慧化的方向；在评价指标体系方面，ISO/IEC 30146：2019 从智慧城市 ICT 视角提出了一套适用于全球的综合性评价指标。

　　为了帮助全球城市和园区的领导者同时落实可持续发展与智慧城市战略，ISO/TC 268/WG 4 发起 ISO 37106《可持续城市建立智慧城市运行模型指南》的编制。该标准是智慧城市顶层框架标准，通过联合国变革理论，设计了智慧城市从设想到实现预期收益的全过程发展蓝图，为智慧城市和社区构建了智慧城市逻辑模型。该标准结合中新天津生态城为代表的可持续智慧城市建设管理经验，为全球可持续智慧城市建设提供了"中国方案"。

该标准着眼于技术和数据的创新性使用，既能帮助决策者（公共、私营、志愿部门）在开发、协商、实施智慧城市战略方面提供指南，又能帮助管理者协调利益相关方协同开发智慧城市价值，从而建立开放协同、以人为本的数字化城市运营模式，促进城市数字化转型与变革，实现可持续发展。

5.1.2 前期工作

2018 年 7 月 ISO 正式批准并发布了由 ISO/TC268/WG4 研制的 ISO 37106:2018 Sustainable Development and Communities Guide to Establishing Strategies for Smart Cities and Communities（可持续智慧城市运行模型指南）。ISO 37106：2018 以英国国家标准 BSI PAS 182、Smart Cities Data Concept Model 为基础，描述了简单易用的智慧城市逻辑模型，通过建立城市可持续发展指标体系与智慧城市成熟度模型的逻辑关系，帮助城市领导者们建立开放协作、以人为本和数字化的智慧运行模式，更好地实现城市可持续发展。

ISO 37106：2018 和 ISO/TS 37107：2019 在全球 9 个城市进行应用和测试，包括中国中新天津生态城，澳大利亚悉尼，英国伦敦、剑桥、格拉斯哥、彼得伯勒、伯明翰，俄罗斯的莫斯科和阿联酋的迪拜。在全球实践反馈的基础上，ISO/TC268 于 2018 年 10 月决定启动 ISO 37106 修编工作，并在中国中新天津生态城开展标准试点验证。

5.2 编制工作

（1）2018 年 10 月，ISO/TC268/WG4 立项开始修改 ISO 37106：2018。

（2）2019 年 4 月，ISO/TC268/WG4 在 ISO/TC268 巴黎会议中决定本标准的修改调整为中英联合主导，英国标准化机构（BSI）派出克里斯·帕克（Chris Parker），中国派出中新天津生态城的张志强和御道咨询公司的孟凡奇，作为三位联合召集人。

（3）2019 年 6 月底，标准工作组开展标准草案试验验证。

（4）2019 年 9 月，标准工作组形成 ISO 37106 修订版工作组草案（WD 稿）。

（5）2020 年 1 月，ISO 37106 修订版委员会草案（CD 稿）注册成功并发起投票。

（6）2020 年 3 月，ISO 37106 修订版委员会草案（CD 稿）完成意见征询和投票，并收到三个国家的专家意见共 19 条。

（7）2020 年 9 月，标准工作组根据专家意见完成标准草案修改，并发起 ISO 37106 修订版询问草案（DIS 稿）投票。

（8）2020 年 12 月，ISO 37106 修订版询问草案（DIS 稿）通过投票，草案中收录了中新天津生态城智慧城市案例。

（9）2021 年 7 月，标准工作组完成 ISO 37106 修订版最终标准草案（FDIS 稿）注册并发起投票。

（10）2021 年 8 月，ISO 37106 修订版最终标准草案（FDIS 稿）投票通过。

（11）2021 年 10 月，ISO 37106：2021 版正式出版。

5.3 主要技术内容

ISO 37106：2021 包括引言、介绍和标准主要内容的 8 个章节和 3 个附录，标准主要内容包括标准范围、规范性引用文件、术语和定义、智慧城市运行模型概述、实施原则、城市主要实施流程、利益实现框架、关键成功因素、资料性附录。

5.3.1 技术性说明

ISO 37106：2021 的技术性说明包括引言、标准介绍和第一章到第三章部分。引言主要介绍 ISO 机构的性质、标准版权信息。介绍主要阐述了标准的范围和主要用户。第一章即"范围"，明确了标准的适用范围主要是面向智慧城市和社区（公共、私营、志愿部门）的决策者，在开发、协商、实施智慧城市战略方面提供指南，以使城市和社区具备转型能力来应对未来的挑战并实现未来的愿望。第二章即"规范性引用文件"，说明本标准将 ISO 37100：2018 Sustainable Cities and Communities—Vocabulary（城市和社区可持续发展术语）作为规范性引用文件。第三章即"术语和定义"，解释说明了本标准中的三个术语内涵。

5.3.2 内容概要

ISO 37106：2021 的第四章为内容概要，首先定义了如何通过智慧城市运行模型改变传统城市运行模式的最佳实践，并说明智慧城市运行模型改变的主要特点以及采用智慧城市运行模型后城市内部的六大主要治理变化。本章内容还介绍了本标准的主要结构和汇总的建议。

5.3.3 核心部分

ISO 37106：2021 的核心部分包括第五到第八章（图 5.1），主要从"实施原则""城市实施主要流程""利益实现框架""关键成功因素"这四方面详细阐述可持续智慧城市运行模型，该模型即是本标准的核心。

第五章"实施原则"阐述智慧城市运行模型的实施原则应由智慧城市领导者和利益相关方合作开发协商，并据此引导决策走向。本标准要求其所制定的原则应包括以下四方面，一是建立一个清晰的、美好的、包容的城市愿景，二是采取以人为本的方式，三是确保城市空间和系统采用普适、综合、兼容的数字化方式打造，四是在城市运转中嵌入开放和共享的理念。

第六章"城市实施主要流程"阐述如何处理城市跨部门信息融合问题，面临的城市挑战的实践指南，侧重于战略管理、以人为本的服务管理、数字化和物理资源管理这三方面。

战略管理主要指从全市管理层面的治理、规划、决策等关键方面出发，来建立综合的愿景、战略、利益实现计划，以平衡全市管理需求和当地创新需求的运作模式来巩固战略管理，并采用系统性实施方式。战略管理部分的子组成部分包括以下 7 个部分，分别是城市愿景、领导作用和治理、协同参与、采购和供应商管理、描绘城市交互性需求、通用术语和参考模式、智慧城市路线图。

以人为本的服务管理主要阐述对市民和企业城市服务的规划和实施方式，坚持城市服务智慧化转型，以人为本的服务管理的子组成部分包括通过城市数据增强城市能力、提高以人为本的综合服务、身份和隐私管理以及数字化兼容和渠道管理。

数字化和物理资源管理阐述了城市管理的物理、技术、信息资源如何加速智慧城市规划并降低其风险和成本，主要包含3个主要因素，一是管理智慧城市开发和基础设施；二是IT和数据资源制定和管理；三是开放的、服务导向的、全市性的IT架构。

第七章"利益实现框架"首先说明利益实现是智慧城市规划的核心任务，城市不仅需要有步骤的完成愿景，还应当在建成之后的发展中注入领导力和管理能力，确保能够持续调动资源和投资投入到社会和经济成果的发展中。智慧城市领导者应从利益映射、利益追踪和利益实施三方面建立利益实现框架，以确保智慧城市规划的预期利益的实现。

第八章"关键成功因素"是智慧城市运行模型的最后一部分，阐述了智慧城市规划的成功实施面临许多重大风险。从战略目的开始，城市需要识别其智慧城市规划的关键成功因素并追踪流程。关键成功因素包括九个领域，涉及战略明确性、领导作用、聚焦用户、协同参与、技能、供应商合作、实施可行性、面向未来和利益实现，城市应据此定期监控这些事项，确保按照既定的智慧城市项目路线顺利实施，并确保重要战略风险点处于有效管理之下。

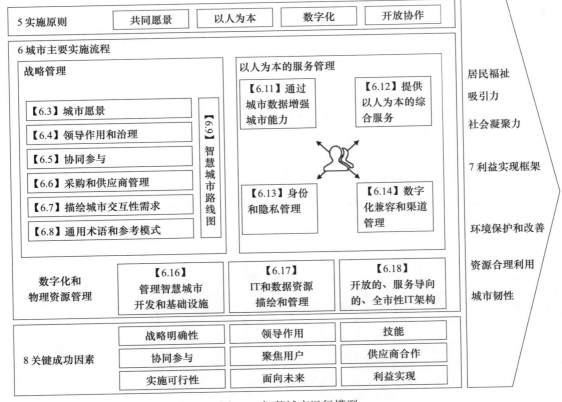

图 5.1　智慧城市运行模型

5.3.4　补充性文件

本标准补充性文件包括三个附录。附录 A 用三个图例展示了典型智慧城市的利益实现图，分别描述了智慧城市利益整体概述、资源投入实现城市治理变化的途径以及治理变化如何转化为城市的产出和战略目标，并以中新天津生态城为例加以说明；附录 B 和附录 C 分别详细解释了本标准的实施原则和关键成功因素检查单，方便智慧城市领导者与利益相关方协同开发和商定一套智慧城市战略的实施原则并检查智慧城市实施是否成功。

5.4　关键技术及创新

ISO 37106：2021 创新提出智慧城市运行模型来指导城市改变传统的运行模式，并非是为未来城市发展提供统一通用的模式，而是鼓励智慧城市领导者灵活运用该模型来与利益相关方协作，满足城市当地的需求，并通过技术的创新使用和组织治理变革，实现可持续的智慧发展，这在可持续智慧城市发展中起着战略引领和刚性控制的重要作用。本标准不仅适用于智慧城市和园区的决策者，也适用于所有维护智慧城市可持续发展的利益相关方，如智慧化建设开发运营商等。

本标准不仅可以提升地方智慧城市领导者的决策水平，还有助于城市决策者在智慧城市顶层设计中统筹考虑不同部门之间的联系、利益相关方的参与过程、系统性和专向性的统一，提升政府决策的科学性和时效性。同时，本标准使智慧城市建设更加关注人类福祉。以往智慧城市的建设更多的是技术的叠加，较少关注各层级市民真正的需求。本标准通过智慧城市模型让供应商、市民、专家学者、政府官员等各个利益相关方参与智慧城市的规划、建设、运营过程，真正做到全社会参与，保障公众利益。此外，本标准可帮助城市决策者建立更完善的智慧城市评价机制，通过政府与地方力量的结合，促进智慧城市各个环节评价机制更科学。

在本标准的研制过程中，还创新式运用城市试点验证反馈标准编制的方法，将中新天津生态城智慧城市的实践经验总结到标准中，解决标准的适用性问题（表 5.1）。

ISO 37106：2021 借鉴的中新天津生态城实践经验　　　　　　　表 5.1

标准修订章节	生态城智慧城市的实践
4.1 Transforming the Traditional Operating Model for Cities 转变城市的传统运行模型	智慧城市规划建设运营注重利益相关方广泛参与，专门设置了"城市管理事项公众年在线参与度"等公众参与指标 跨部门合作经验，建立领导小组，统筹协助 通过智慧城市建设推动城市化实时管理经验（生态城城市大脑） 推动城市资源特别是城市数据资源共享的经验
7.2 The Need 需求	借鉴了生态城智慧城市建设突出领导力的经验
7.3 The Recommendation 建议	借鉴了生态城智慧城市建设和运营管理过程中注重建设和运营过程的管理和评估的经验，以此确保智慧城市规划总体目标按正确的路径实施
7.3.3 Recommendations 建议	借鉴了生态城制定智慧城市量化指标体系和智城指数的经验，通过定量指标来跟踪评估智慧城市建设绩效

标准修订章节	生态城智慧城市的实践
7.3.3 Recommendations 建议	借鉴了生态城指标评估信息公开的经验，通过定期评估并向公众反馈，提高制度保障成熟度
7.4 The Need 需求	借鉴了生态城智慧城市注重领导力的经验，生态城成立智慧城市建设领导小组和专门负责局室，并编制发布了多项有关智慧城市建设和政策规划
Annex A 附录 A	借鉴生态城智慧城市规划建设和运营管理中报告编制的方法，做了大量基础研究的工作，并聚集相关专家进行了讨论

5.5 实施应用

该标准与 ISO 37107 "智能可持续社区成熟度模型" 一起，已在全球 9 个城市应用和测试，这些城市包括中新天津生态城，澳大利亚的悉尼，英国的伦敦、剑桥、格拉斯哥、彼得伯勒、伯明翰，俄罗斯的莫斯科和阿联酋的迪拜。本文限于篇幅，仅详细介绍在中新天津生态城的实施应用情况（图 5.2）。

中新天津生态城是中国和新加坡两国政府间的战略性合作项目，是国务院批准的首个国家绿色发展示范区，肩负着打造城市可持续发展样板的使命。2019 年 1 月，生态城为了落实 "生态＋智慧" 双轮驱动发展战略，打造生态城市升级版和智慧城市创新版，生态城管委会决定启动智慧城市规划和指标体系编制项目并对标验证 ISO 37106。一方面运用 ISO 37106 指导生态城智慧城市指标体系编制组确定生态城智慧城市战略，另一方面通过生态城智慧城市实践经验验证和改进标准草案。

2019 年 5 月，运用 ISO 37106 国际标准构建的生态城智慧城市指标体系和智城指数在世界智能大会上正式发布，成为引领生态城开展新型智慧城市规划建设和运营的纲领性文件。

生态城智慧城市指标体系与 ISO 37106 和 ISO 37101 的 4 个维度相关联，核心理念是智慧城市模式要支持城市可持续发展，为生态城的整体发展提供指导。中英双方专家还通过 ISO 37106 的指导，确定了智慧城市指标体系的评价方法，主要从智慧支撑能力、智慧行为保障和智慧感知效果三方面进行综合评价。

同时，生态城通过应用 ISO 37106，从顶层设计入手，在智慧城市指标体系指导下编制了智慧城市总体规划和实施计划，强化需求为牵引的应用体系，全面打造以数据服务为战略核心、公共平台为支持的智慧工程，形成包括 1 个智慧城市运营中心，3 个平台分别覆盖物、数、人和 N 种智慧应用组成的 "1＋3＋N" 框架体系。生态城也不断打破城市中的 "数据壁垒" 与信息孤岛，形成共建共享、数据驱动的智慧发展模式。

中新天津生态城应用 ISO 37106 国际标准，智慧城市的建设成果获得了社会各界广泛认可。作为联合编制的牵头单位，中新天津生态城结合自身智慧城市建设管理实践，在实践中探索的包括 "强化领导力，建立领导小组，保障跨部门合作；建立智慧城市平台（城市大脑）；城市数据资源共享；建设和运营过程的评估" 等成功经验反馈于 ISO 37106 的修订，提升了标准的科学性和可落地性。

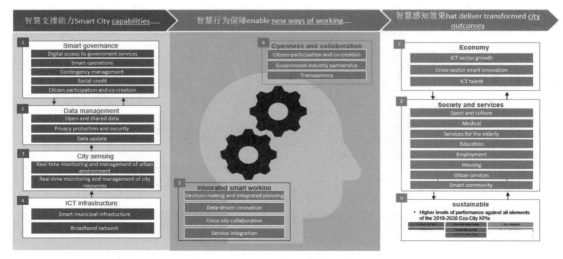

图 5.2　中新天津生态城智城指数构建框架

　　中新天津生态城智慧城市实践经验成为 ISO 37106：2021 中唯一的城市案例（表 5.2）。案例主要介绍了生态城运用 ISO 37101 和 ISO 37120 指导自身指标体系建设的实践经验，以及自 2019 年以来生态城开展的关于更新城市未来十年愿景和战略的城市发展咨询计划实践，包括运用 ISO/TS 37107 的成熟度模型和 ISO 37106 利益实现框架的经验。

　　经验重点包括以下 4 点，一是协商方法的重要性；二是培养政府组织内部人员技术和能力必要性；三是关注组织（企业）业务和个人行为变化的重要性；四是定性和定量评估方法的价值。

ISO 37106 附录 A 概况　　　　　　　　　　　　　　　　　　表 5.2

ISO37160 附录 A（参考性）—图 A4 智慧城市利益实现案例研究—中新天津生态城
主要介绍了自 2019 年以来，中新天津生态城开展的关于更新城市未来十年的愿景和战略的城市发展咨询计划实践，将智慧城市重要实践经验，反馈到 ISO 37106 的修订稿和 ISO 37107 成熟度模型的最终稿中。经验重点包括： 协商方法的重要性 培养政府组织内部人员技术和能力必要性 关注组织（企业）业务和个人行为变化的重要性 定性和定量评估方法的价值

6 英国 BREEAM 技术路径与应用思考

杜杨燕[1]
1 BRE 英国建筑研究院

6.1 BREEAM 标准体系简述

BREEAM（英国建筑研究机构环境评估方法）是针对建筑领域可持续性的评估方法，用于总体规划项目、基础设施和单体建筑。BREEAM 由 BRE 英国建筑研究院在 1990 年正式推出，涵盖设计、规划、建造及营运阶段，设定建筑物的可持续性能表现标准，适用于新建、既有及改造等项目。

BREEAM 根据建筑性能表现，采用一系列目标来评估项目采购、设计、建造和运营的可持续价值，包括减少碳排放、韧性、建筑安全与健康、社会影响、生态价值和生物多样性保护等（图 6.1）。

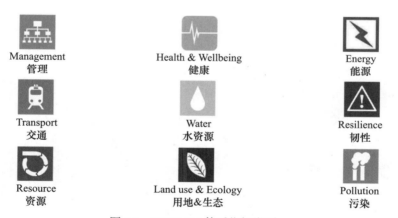

Management 管理

Health & Wellbeing 健康

Energy 能源

Transport 交通

Water 水资源

Resilience 韧性

Resource 资源

Land use & Ecology 用地&生态

Pollution 污染

图 6.1 BREEAM 体系指标类别

BREEAM 评价需要独立的有执照的审计人员根据适用标准要求对项目进行评估与审计，再由其递交给 BRE 做最终的质量保证审核。BREEAM 城区、新建及改建体系将项目分为两个评估／认证阶段（设计阶段评估获得中期证书，施工后评估获得最终证书和评级）。进行评估／认证的项目按照通过（＞30%）、良好（＞45%）、非常好（＞55%）、优异（＞70%）和杰出（＞85%）的等级进行评级和认证。在全球 BREEAM 评估的项目中，仅有最优秀的 1% 的项目可以获得杰出（＞85%）的评级，获得优异（＞70%）等级的项目也仅占全球项目的 10%。客户或其他利益相关方能够用 BREEAM 评级基准线，对其设计的建筑表现和其他获得 BREEAM 评级的建筑进行可持续性的比较，了解在全球同类项目中所处的位置。

6.2 BREEAM 标准体系的发展

6.2.1 BREEAM 标准体系的发展历程

在环境影响受到全球越来越多的关注的情况下，英国的绿色产业也在飞速发展。过去30 年里，英国绿色建筑产业增长迅速，这主要是受 BREEAM 和可持续住宅规范的推动。过去 10 年，英国绿色建筑委员会（UKGBC）一直在推动建筑行业的政策更新和行业可持续价值。UKGBC 从 2017 年开展"英国建筑环境的可持续发展状况"项目，提供了英国绿色建筑的进展和量化数据。

目前，建筑物的碳排放量占英国碳排放量的 40% 左右。自 2008 年以来，这一状况一直未有实质性的改变。受《建筑能效指令》EPBD 的约束，欧盟自 2009 年 1 月起强制量化新建筑的能效。为此，英国政府 2006 年 12 月宣布从 2016 年起，所有的新建住房都按照零碳标准进行建设。随后，在 2010 年、2013 年和 2016 年逐步采取措施使英国《建筑法规》对能源效率的要求与《可持续住宅守则》的第 3、4 和 6 级的能源效率要求保持一致。可惜的是，2015 年 7 月，英国政府发布了"奠定基础：创建一个更繁荣的国家"的计划，以提高英国的生产力，而取消了零碳标准，理由是成本和能源效率的复杂性。

然而，BREEAM 体系并未因此改变自己的初衷，仍旧不断研究和推进建筑的可持续标准及能源效率，同时也积极参与全球各项研究，并在 2015 年起以大数据的形式对建筑运营中产生的碳排放影响制定了目标。BREEAM 体系从最早的英国本国版本到最新的 V6 国际版本，历经了多个版本的更新，同时也为 NSO 国家制定了其专属的评估标准。现今，BREEAM 标准逐步以可持续提升建筑资产价值为导向，不仅考虑建筑行业面临的气候风险，同时也考虑各项指标所带来的经济影响（图 6.2）。

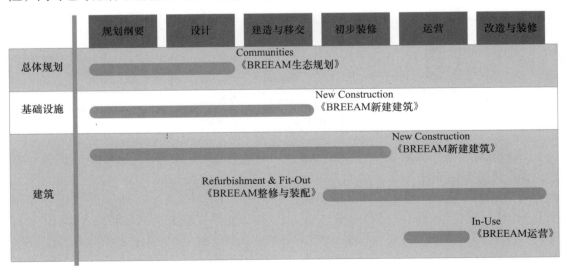

图 6.2　BREEAM 体系认证类别

6.2.2 BREEAM 标准体系的技术更新

　　BREEAM 标准体系的评估方式是将多个建筑影响环境类别集中在一个共同的、整体的框架上。同时设置性能级别和基准以保持其一致性，但也提供灵活的可以量化的选项来协助项目获得最优化的设计。然而随着科技和社会的不断进步，BREEAM 一直在考虑它在建筑领域发展中的角色和责任。因此，在 2020 年，BREEAM 标准体系进行了历史性的变革及更新。以过去 30 年的大量项目经验及数据作为支撑，BREEAM 标准体系对各类评估标准进行修订，均将环境、经济和社会问题的评估纳入新的指标中。BREEAM 标准更新的重点如下：

（1）净零碳

　　BREEAM 从第一版标准开始就非常重视能源和碳排放，涵盖碳排放指标，包括运营能耗、隐含碳、运营用水、建筑人员活动等影响因素。BREEAM 标准的设计重点是能源策略和碳排放，其在整个建筑及城区评级中占有主导地位。特别是在 BREEAM 最新的运营体系中，对于建筑能源的评级不再考虑单一的末端能源消耗量，而是以建筑每年单位碳排放量为指标，用大数据平台对评估项目的碳排放进行全球对比。对于 BREEAM 新建建筑体系，则仍保持能源的三重指标评价方法，即能源末端消耗、一次能源消耗和碳排放整体计算。对于建筑的隐含碳排放，BREEAM 体系通过建材设计和可持续采购来协助降低排放。

　　BREEAM 对城区提出建筑群和大型开发项目从规划着手多途径实现净零碳的目标。其中，既包括传统的能源规划，也对人员的行为和基础设施进行评估（图 6.3）。

Net Zero Carbon 净零碳排放

BREEAM标准强烈鼓励减少碳排放，并且在运营和体现性能方面有灵活的基准

Circular Economy 循环经济

涉及可持续物质资源使用的循环经济原则，可在BREEAM体系中各对应得分点条款获得分数

Health 健康

BREEAM标准中设计了许多与健康有关的措施，包括空气质量、视觉和热舒适性、积极健康的生活方式、生态改善和接近户外

Social Impact 社会影响

BREEAM旨在制定积极鼓励正面社会影响的标准，为人们提供普遍和平等的机会、尊严和公平的待遇

Resilience 韧性

BREEAM标准涵盖了缓解气候变化和自然资源消耗的能力，以及对自然灾害或气候变化引起的自然风险的抵御能力

Natural Environment 自然环境

BREEAM为生态保护、缓解和恢复提供了一条有意义且不断发展的途径

Quality and Whole Life Performance
质量和全生命周期性能

BREEAM认可计划好的移交和调试过程，以及贯穿整个资产生命周期的可持续管理实践

图 6.3　BREEAM 体系指标更新重点内容

（2）循环经济

循环经济作为一种潜在的资源消费解决方案，已经在许多部门获得支持，以减轻不谨慎的资源消费带来的风险。作为大量资源消费和垃圾产生的主体，建筑和房地产行业必须树立内在的循环原则。

BREEAM 鼓励可持续的资源使用。每个不同的认证体系包括各种与资源循环相关的要求，例如能源、水、材料、废弃物的回收利用。新的 BREEAM 体系指标不再单一考核资源消费和循环使用的量化指标，而是更侧重实际循环经济的解决方案与管理方式，扩展项目在循环经济方面的表现。

（3）韧性

韧性不仅是 BREEAM 的重要组成，也是 BRE 研究建筑环境的核心。BREEAM 体系基于建筑和社区的复原力开展了实地的研究，如痴呆症友好之家或洪涝修复之家。在最新的 BREEAM 体系中，韧性不是几个条款，而是由各影响因素构成一整套指标，不仅包括风险评估，还包括应急措施。同时，对于韧性的评价不再仅仅局限于灾害，将气候变化所带来的经济和社会风险也包括在其中，更全面地了解建筑和社区面对突发事件后的复原力表现，让业主能更直观地评估其投资和运营风险。

（4）社会影响

BREEAM 团队自 2016 年开始，就积极探索社会影响与建筑的环境表现之间的联系。对于 BREEAM 体系来说，建筑环境不仅要切合实际，更要具有社会敏感性，并有意识地为长期经济增长、健康和福祉、人民和社区的韧性和凝聚力做出贡献。BREEAM 系列标准，如基础设施评估 CEEQUAL 和居住住宅品质 HQM，一直要解决各类社会可持续问题，以获得积极的社会影响。

2019 年，BREEAM 成立了一个社会影响核心技术团队（CTT），以识别改善 BREEAM 标准所带来的社会影响和价值。而在最新的 BREEAM 运营体系 V6 版中也将社会影响作为一个重要的指标纳入建筑和社区韧性的评估之中。可以说将社会影响作为建筑可持续评估的指标是 BREEAM 体系更新的一个重大变化。

（5）健康

作为一个以科学为基础的组织，BRE 积极监测全球在应对公共安全及健康问题上的新动向。最新版本的 BREEAM 运营体系、基础设施评估体系 CEEQUAL、新推出的居住住宅品质标准 HQM 和 BREEAM 国际新建标准，都对健康与福祉进行了更新。新冠肺炎疫情以来，BREEAM 标准体系对健康和福祉的要求进行更新和提升，制定了四个目标，以协助决策者制定处理健康和福祉相关问题的方法：

1）改善建筑物持有方和使用者的健康和福祉；

2）在施工阶段实现更好的健康、安全和福祉；

3）通过社区发展为邻里及周围人员带来积极的健康和福祉影响；

4）与其他在健康和安全领域工作的人合作，实现共同的目标。

BREEAM 体系的更新还在逐步完善，其未来还会将自然生态、建筑质量、全生命周期性能纳入评估范畴，更全面地评估建筑及房地产业的环境影响，这些指标将出现在更新版的 BREEAM 体系中。

6.3 BREEAM 标准体系的应用

6.3.1 BREEAM 标准体系的国际应用

BREEAM 体系目前已在全球 93 个国家应用，总注册建筑数为 230 多万个，其中 60 万个项目已获得认证（图 6.4）。

图 6.4 BREEAM 体系认证全球数据

BREEAM 体系从 1990 年开发到现在，形成多个版本。包括 NSO 国家版本和国际版本。例如美国、德国、西班牙等国家都有着自己的 NSO 版本，这些标准的编制均会参考其本国的环境及政策要求，旨在更契合其当地的法律和规范。BREEAM 国际版本应用于除英国及 NSO 国家之外的其他国家。

6.3.2 BREEAM 标准体系在我国的应用

BREEAM 标准体系在我国应用于多种不同类型的项目，从城区到商业、从社区到住宅等。其中，对于最早开发及应用于国际的 BREEAM 城区体系，南京青龙山项目则可以作为一个典型案例。项目从前期的规划开始到后期的单体布局设计，都一直贯穿着绿色低碳的概念。特别对于可持续的经济发展，BREEAM 城区体系也将其作为一个重要关注点纳入评估范围中。为此，项目组在早期规划阶段，就对当地政府和居民开展了详细咨询。

BREEAM 新建建筑体系是在我国应用最多的体系之一，涵盖了工业、商业、办公及住宅等多类项目，包括上海国际航运中心、中粮置地广场、香港 ICC 大厦等标志性建筑。此外，BREEAM bespoke 定制体系的项目也在中国区迅速开展，其中尤为值得关注的是王府井半岛酒店。这个项目是中国区最早的一个改造项目，在整个改造整修过程中保留了其独有的历史特征和底蕴，同时也通过精良的设计和施工加入了很多新技术。在整个项目评估过程中，标准技术团队发现如果将建筑改造的评估按照模块化拆分和组合，更能直接且科学地评价其提升的范围和结果，也便于后期量化对比，这也促成了后来 BREEAM 改建标准国际版框架的诞生。

6.3.3　BREEAM 标准体系对我国建筑业的影响与建议

　　BREEAM 体系已有 30 年历史，在这 30 年的开发应用过程中，BREEAM 技术团队也积累了大量的实践和方法，可以给中国的建筑行业的发展提供宝贵的经验和技术支撑。

　　首先，BREEAM 标准体系在全球的推广中，考虑到了不同地区气候和人文环境的不同，以及当地法律和规范的差异。由于中国地域广阔，BREEAM 新建体系在中国应用时划分了 6 个不同的区域，指标权重各有不同。以区块 5（上海、江苏和浙江等）和区域 6（深圳、广州、香港等）为例，这两个区域不仅能耗部分的权重不同，其对于其他部分例如废弃物、水资源的评估权重也有着较大的差异。相比而言，区域 6 相比区域 5 评估项权重差异最突出的是废弃物章节，原因是由于区域 5 相对于区域 6 来说，对于废弃物的收集处理政策和规范更为完善。调整了权重后，可以发现区域 6 的项目在循环经济方面的表现有了稳步提升。原因可以归结为提高了废弃物章节评估权重，鼓励相关利益方在权衡采用的技术和提升措施时会较为优先考虑权重高的部分，而不是一味只关注节能节水。这一实践对于中国的绿色建筑评估和发展来说，也可以应用到其标准中，特别是一些地域较大的省市，可以通过调整权重来让开发机构、设计人员和相关决策者了解到哪些部分是在其项目所在区域特别需要关注的。从权重的调整设置来促使决策者提升较为薄弱的环节，促进不同区域的均衡发展，缩小不同城区、省市因为政策和人文的不同导致的差异。

　　此外，整个 BREEAM 体系，其倡导的是因地制宜，以结果为导向推动建筑行业的可持续发展。然而，在实践中发现，因为地域和基准线的不同，很难将不同区域、不同类型的项目在同一维度评价。不少项目因为其类型的特殊和区域环境的限制，不得不放弃一些常用的节能措施和设计要求。因此，为了保证 BREEAM 体系评估的一致性和灵活性，BRE 技术团队在整个评估体系中，设定了 Bespoke 定制这一项特殊的流程和修订准测。如果一个项目类型是非标准型且在评估条款中有多项条款不适用，则可以选择定制来进行标准的定制修订。这种应用流程不仅大大减少了标准在不同地区不同条件下应用的局限性，同时也确保了标准评估的一致性和不同项目之间的可比性。这一方法也在中国地区中进行了多次实践。例如西藏博物馆、Club Med 度假村等，都是通过定制体系来完成了项目评估。特别是 Club Med 度假村项目，已经不仅仅是评估建筑单体的可持续表现，对于一个以休闲娱乐为主的项目，更需要考虑其室外生态环境和使用的安全。因此，Club Med 定制体系特别结合了城区标准中大型室外生态和环境部分的内容，让设计方和决策者更能关注这部分的提升。国内非标准型建筑的种类和数量近年大幅提升，大型综合体和休闲娱乐设施与现有的绿色评价标准条款的匹配程度有一定的差异。如果有一个标准化的修订和定制流程，将会为这些非标准型建筑的绿色评估提供较为便利且科学化的途径。

　　除了单体建筑和建筑群之外，国内外对于绿色生态城区评估的范围也有着类似争议，如何界定城区/社区的范围一直困扰着国内外专家。为此，BREEAM 城区标准正是通过bespoke 流程将这一问题进行了系统化的梳理。对于城区的评估，BREEAM 标准按照开发阶段将需要评估的条文进行了整理，并提出了定性的要求。而对于细节的条款和一些定量指标，则依据具体项目进行定制化的确认。这样不仅可以解决不同项目之间范围及规模大小造成的差异，同时也能更精准地了解到项目需要关注的点，从而进行更科学的评估。对于国内的城区／社区项目来说，其范围规模参差不齐，发展方向和经济形态也不尽相同。如果采用定制化标准修订的流程，对其科学化评估将会有很大帮助。

7 法国 HQE 技术路径与应用思考

孟冲[1] 刘茂林[1] 曾璐瑶[1] 张然[1] 李淙淙[1]
1 中国建筑科学研究院有限公司

7.1 HQE 总体介绍

HQE 英文全称为 High Quality Environment，中文译为高质量环境，是法国特有的生态战略体系和方法论，与英国 BREEAM、德国 DGNB 并称为欧洲三大绿色建筑标准体系。1992 年，法国波尔多建筑景观学院教授 Gilles Olive 率先提出 14 个生态设计目标，从环境影响、能源利用、室内环境质量方面评估建筑的生态价值。在此基础上，法国能源环境与能源管理局等机构牵头编制了 HQE 标准，并以校园建筑为示范进行应用效果的论证。2004 年，HQE 标识评价作为一项政府工作在法国境内推行。2012 年，HQE 标准国际版发布，应用范围从法国本土向世界各地快速拓展。目前，法国建筑科学技术中心子公司 Certivéa 负责 HQE 评价工作。

HQE 主张从区域规划和发展的整体视角出发，指导具体项目的建设或更新，对规划、设计、建造、运行、管理全过程各环节干预，解决资源利用、环境保护、生活质量提升遇到的工程问题，实现人、建筑、环境的优化协调与相互支撑。与我国绿色建筑标准、美国 LEED、英国 BREEAM、德国 DGNB 等其他绿色建筑标准相比，HQE 中关于用户健康舒适的指标权重更高，突出了高质量环境建设以人文本的核心理念。

现行的 HQE 标准国际版用于对法国境外的建筑、基础设施、城区项目进行技术与管理评价，分为居住建筑、非居住建筑、城区规划和开发项目评价标准。自发布实施以来，已经在很多国家应用实施。截至 2021 年 8 月，全球（法国境外）获得认证的建筑项目达 451 个，城区项目 16 个，遍及中国、德国、意大利、卡塔尔、阿尔及利亚、巴西、加拿大等 26 个国家。其中，非居住建筑、居住建筑标识项目约各占一半，包括 45 个运行标识。HQE 在我国的发展还处于起步阶段。目前，在青岛、武汉、广州共有 4 个非居住建筑项目获得了 HQE 认证标识，总建筑面积为 79132m^2。2020 年 11 月，青岛西海岸项目获得了我国首个 HQE 最高级——卓越级认证，以此项目为纽带，中国城市科学研究会、中国建筑科学研究院有限公司与 Certivéa 开展了 HQE 标准的深入研究和交流。

7.1.1 居住建筑和非居住建筑标准

现行的 HQE 标准国际版包括居住建筑、非居住建筑、城区规划和开发项目评价标准，用于对法国境外的建筑、基础设施、城区项目进行技术与管理的评价。居住建筑和非居住建筑评价标准用于新建、改建的单栋建筑或建筑群的方案、设计和竣工评价。与居住建筑的评价相比，非居住建筑增加了运行评价标准，包括面向业主的可持续建筑评价、面向物业的可持续管理评价、面向用户的可持续使用评价三项标准（表 7.1）。与我国绿色建筑评价标准同时适用于民用建筑设计、运营的评价方法相比，HQE 标准面向不同建筑类型，非居住建筑标准面向多主体多需求的运行评价方法，增强了对建筑运行实效的评价。

HQE 建筑标准适用情况对比 表 7.1

建筑标准分类	居住建筑标准	非居住建筑标准
标准名称	HQE 居住建筑评价标准（HQE-R）	HQE 非居住建筑评价标准（HQE-NR） HQE 非居住建筑可持续建筑评价标准（HQE-NR BO） HQE 非居住建筑可持续管理评价标准（HQE-NR MO） HQE 非居住建筑可持续使用评价标准（HQE-NR UO）
建筑类型	社区住房、学生宿舍、疗养院等	办公建筑、教育建筑、商业建筑、酒店建筑、物流建筑、交通运输类建筑、娱乐建筑、文化建筑、餐饮建筑、监狱建筑等；不适用于医院建筑
评价阶段	方案、设计和竣工评价	方案、设计、竣工评价，运行评价

　　HQE 建筑标准针对环境可持续和用户健康舒适建立了一个综合的、多准则的指标体系。非居住建筑标准 HQE-NR 包括环境（Environment）、能源（Energy）、舒适（Comfort）、健康（Health）四个一级指标，在一级指标下共设置 14 个二级指标。居住建筑标准 HQE-R 指标设置与 HQE-NR 基本一致（图 7.1），一级指标增加了节约，并将水资源、维护两个二级指标划分在能源和节约（Energy and Savings）部分。原因主要是：在居住建筑标准中，水资源指标强调水耗监测、非传统水源利用和雨水管理，而非居住建筑增加了污水管理、径流污染、突发污染控制的措施，强调了环境影响。HQE-R 的维护指标包括了水资源节约相关的内容，而非居住建筑侧重维护的目的和便捷，包括设备、系统等建筑用品的维护方法，能耗、水耗的监测计量，以及系统与设备运行工况的识别。HQE-R 一级指标增加了安全，具体是在空间质量中增加了电力安全、防火安全、居室入侵防护的内容。

图 7.1　HQE-NR 和 HQE-R 技术指标

7.1.2　城区规划和开发项目标准

城区规划和开发项目评价标准（HQE-P&D）适用于基础设施、住区、城区等项目的方案、设计和竣工评价，标准没有直接限定项目的规模、业态、区位等，但从技术层面提出了吸引力、幸福感、社会凝聚力、环境保护和改善、韧性、资源使用六方面的要求。HQE-P&D 主要从项目与城市的融合，自然资源保护、环境与健康质量，社会多样性和经济活力三方面制定了 17 个可持续指标（图 7.2），在融合协调、生态保护、健康促进的基础上，结合了项目经济性、社会多样性、经济活力，对区域和基础设施建设的社会经济影响进行评估。

城区规划和开发项目17项可持续指标
17 THEMES OF SUSTAINABLE URBAN PLANNING AND DEVELOPMENT

一、项目与城市的融合
Integration and cohesion of the neighborhood with the urban fabric and the other territorial levels
区域和局部环境　Territory and local context
密度　Density
机动性和可达性　Mobility and accessibility
遗产、景观和识别度　Heritage, landscape and identity
适应性和进化能力　Adaptability and ability to evolve

二、自然资源保护、环境与健康质量
Preserve natural resources and encourage the environmental and health quality of the development
水资源　Water
能源和气候　Energy and climate
材料与设备　Material and equipment
垃圾　Waste
生态系统和生物多样性　Ecosystems and biodiversity
应对自然和技术危害　Natural and technological hazards
健康　Health

三、社会多样性和经济活力
Promote a local social life and reinforce economic dynamics
项目经济　Economics of the project
社会功能和多样性　Social functioning and diversity
公共环境与空间　Public ambiance and spaces
整合、培训和认知　Integration, training and awareness
吸引力与经济活力　Appeal, economic dynamics and local branches

图 7.2　HQE P&D 技术指标

（1）项目与城市的融合

重点包括区域和局部环境的协调，合理的规划与开发密度，公共交通的可达性与管理，遗产、景观和识别度的保护或建立，气候与功能适应性方面的要求。

（2）自然资源保护，环境与健康质量

重点包括水资源的节约与利用，能源系统的适配与管理，绿色产品与本地建材的使用，废弃物的分类与回收利用，生态系统和生物多样性的保护，自然灾害的预防能力，环境的健康支持方面的要求。

（3）社会多样性和经济活力

重点包括项目经济效益的平衡，社会服务的多样性，公共空间美学与资源共享，邻里关系和谐与生活方式的可持续，营商环境及经济活力营造方面的要求。

7.2 HQE-NR 与我国绿色建筑标准的对比分析

7.2.1 指标整体情况

考虑到 HQE 不同标准技术内容和评价要求的差异性，本章节选取已经在我国应用实施的 HQE-NR，与《绿色建筑评价标准》GB/T 50378—2019 对比分析。从环境、使用者视角看，HQE-NR 一级指标归为环境与能源、舒适与健康两方面，各包括 7 个二级指标，权重分别占到 50%。在对比分析中，将 HQE-NR 的 14 个二级指标包括的 127 项条款与我国绿色建筑标准条款逐一进行比较。HQE 条款内容在我国绿色建筑标准相应条款直接涵盖的列为"内容一致"，条款内容部分涉及和侧重点不同的列为"内容相关"，分别统计"内容一致"和"内容相关"的条款数量，并计算在 HQE 各二级指标中的占比。根据分析，两部标准在施工场地、废弃物、嗅觉舒适、空间质量、水质量差异较大，在健康方面的指标一致性相对较弱（图 7.3）。

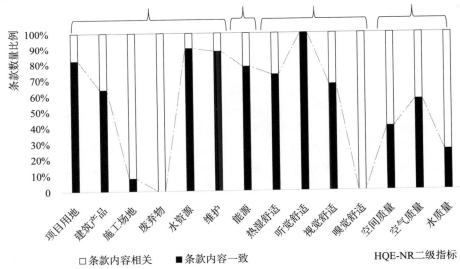

图 7.3　HQE-NR 与《绿色建筑评价标准》GB/T 50378—2019 条款内容一致性分析

7.2.2 指标对比分析

（1）HQE-NR 环境指标

环境指标从空间整体、建筑材料、建造施工、资源利用、维护管理多方面来降低建筑对周边环境和内部环境的负面影响，重点关注建筑与区域规划的协调，建筑产品的环保性能，施工过程中的环境干扰与资源消耗，运行阶段水资源、能源和废弃物的管理，以及设备维护策略。在产品选择方面，我国绿色建筑标准鼓励采用绿色建材或绿色产品，强调绿色性能，而 HQE-NR 标准增加材料健康影响的要求。对于废弃物的管理，HQE-NR 标准较我国绿色建筑标准要求更多，强调在设计阶段预留处置空间，满足后期废弃物处理设备更新和废量增加的需求；提出运营阶段选用专业的清理运输、分类回收、无害处理等服务，并对存放区域和清运路线的卫生质量予以重视。

（2）HQE-NR 能源指标

能源指标包括了被动式设计、围护结构热工性能、暖通空调系统与电气设备效率、可再生能源利用、大气污染物，能源需求与碳排放的要求。可再生能源的经济技术可行性分析为控制性要求，鼓励根据当地资源分布与适用条件进行充分利用，评价的依据是建筑产能与供暖、供冷、照明和生活热水能源需求总量的比值。较我国绿色建筑标准，HQE-NR 增加了大气污染防治的要求，一方面限制与能源使用相关的 SO_2 排放，另一方面控制设备的环境影响，如设备材料的臭氧消耗潜值 ODP 含量。

（3）HQE-NR 舒适指标

舒适指标包括热湿、听觉、视觉、嗅觉舒适，通过建筑设计、调控措施、限值约束等措施，优化室内空气质量、声、光、热、湿环境，提升使用者的直觉体验、主观满意度和获得感。热湿舒适强调空间整体、分区、局部设计的优化，针对供暖、供冷不同模式，对温度、湿度、风速、辐射以及调控措施进行评价。视觉舒适包括天然采光和人工照明质量和控制，较我国绿色建筑标准加强了个性化控制的要求，提升用户使用的舒适。HQE-NR 标准中将异味相关的内容单独列为一个二级指标，增加了用户的嗅觉舒适。在我国绿色建筑标准中，要求避免厨房、餐厅、打印复印室等空间空气和污染物的串流，仍侧重于卫生健康保障。

（4）HQE-NR 健康指标

健康指标包括空间的电磁辐射、卫生条件、空气质量、水系统和水质，关注建筑内部环境的健康影响。HQE-NR 较我国绿色建筑标准，对维修室等更多的功能空间提出了卫生要求。对于空气质量，HQE-NR 在污染源与浓度控制的基础上，细化了通风管道气密性、机械通风洁净度的要求。对于水质和水系统，HQE-NR 关于水质的条款比我国绿色建筑标准少，但对管道材料和施工、管网保护、输配水水温、污水处理方面要求更多，侧重于过程控制保障健康。

7.2.3 评价方法对比

HQE-NR 较我国绿色建筑评价，增加了环境管理评价，包括项目实施方案、规划说明、责任主体、人员技能、工程记录、监督审查、纠错机制等方面。采用技术和管理的双重评价，为技术方案的执行和预期目标提供保障。此外，两部标准在评价对象、形式、阶段、等级、证书以及等效认可机制和咨询师管理方面也有不同，总结如表 7.2 所示。

HQE-NR 与我国建筑评价方法对比   表 7.2

序号	内容	HQE-NR	我国绿色建筑
1	评价对象	非居住建筑（除医院建筑），单栋建筑或建筑群	民用建筑，单栋建筑或建筑群
2	评价要求	技术与管理双重要求，满足技术指标评价和环境管理评价 依据 HQE 居住建筑评价标准，HQE 环境管理评价标准	侧重技术要求，满足技术指标评价 依据《绿色建筑评价标准》GB/T 50378—2019
3	评价形式	文件审查和现场验收，持续 1.5～2 天完成	文件审查和现场验收，通常 1 天完成

序号	内容	HQE-NR	我国绿色建筑
4	评价阶段	方案、设计和竣工评价 三者不可单独申请，可获得各阶段证书，以竣工评价为结点	预评价和评价 不再区分设计评价与运行评价
5	等级划分	五个级别：合格、良好、优秀、杰出、卓越	四个级别：基本级、一星级、二星级、三星级
6	等效认可机制	接受符合同等原则的替代指标	无等效替代，但设置了加分项鼓励创新
7	咨询师管理机制	提供专业培训和资质管理，对参与项目给予认证费优惠	无
8	证书内容	体现一级指标得分情况	未体现一级指标得分情况

7.3　HQE-NR 评价对我国绿色建筑的借鉴

通过对 HQE-NR 技术指标和评价方法的学习探究，结合我国首个 HQE 标识项目技术路径和评价工作，梳理总结以下重点要求，为我国绿色建筑项目实施和评价工作提供参考。

（1）重视建筑与区域规划的协调

HQE-NR 在第一款条文"地块规划与区域发展"中做出了详细的要求，包括土地开发法规和区域发展的协同、能源资源的开发与利用、基础设施与服务的联通、生物多样性的改善与保护、气候环境的调节与改善、用户和附近居民利益的保障等。在我国绿色建筑评价中，加强这方面的要求和引导，有利于城市整体平衡，实现城市功能的协调发展和高质量发展。

（2）加大绿色建材与产品的采信

建材、设备等建筑用产品的生产、运输、安装、维护、拆除、回收贯穿了建筑的全寿命期，对节能减排和安全健康贡献明显。HQE-NR 对于室内所有饰面材料，其他材料设备的气候影响、绿色性能、健康影响、固碳能力均提出了要求，要求采信第三方认证产品予以落实。在我国推动绿色建筑的过程中，提高绿色建材的应用比例，将有效促进绿色性能提升、制造升级、环境与健康影响溯源以及第三方信用机制的建设。

（3）细化绿色施工与管理的评价

HQE-NR 对施工场地从废弃物管理，噪声、空气、土壤、视觉、生物多样性影响，资源消耗等方面详细要求。我国绿色建筑标准中将绿色施工列入提高与创新章节，要求按照现行相关绿色施工标准执行，节约钢筋和混凝土，执行力度和精细化程度有待提升。在绿色建筑评价过程中细化和丰富这一部分内容，将显著降低对环境和居民的影响，减少资源的浪费。

（4）鼓励健康性能和措施的提升

HQE-NR 有关用户健康的权重和指标更高，加强了维修室等多种空间的卫生、防霉抗菌材料的使用、供水管网和出水口水温、新风设备管道气密性和净化能力等方面的要求。事实上，我国的空气、噪声等环境问题不容忽视。随着人民生活水平的提高，对健康的需求也更高，不仅有生理健康，还包括心理和社会适应方面的健康。因此，提升绿色建筑的健康性能十分必要。

（5）规范绿色建筑咨询师的管理

国际上其他建筑认证均引入了专业认定的机制，包括 HQE、BREEAM、DGNB、LEED、WELL 等。HQE 对咨询资质有完善的培训和管理要求，鼓励申报项目邀请获得资质的专业技术人员参与，并且给予直接的认证费用优惠。我国的绿色建筑一直以来没有相关的要求，导致咨询人员技术水平参差不齐，责任难以落实，不利于绿色建筑的高质量发展。

附　　录

附录1 中国工程建设标准化协会
绿色建筑与生态城区分会简介

中国工程建设标准化协会绿色建筑与生态城区分会（简称"中国建设标协绿色生态分会"），英文译名为：Branch of Green Building and Eco-District, China Association for Engineering Construction Standardization，登记号4058-51，是由绿色建筑与生态城区行业从事工程建设标准化活动的单位和个人自愿参加组成，中国工程建设标准化协会批准成立的分支机构（登记证书：社政字第4058-51号）。分会的依托单位是中国建筑科学研究院有限公司，办公住所设在北京市朝阳区北三环东路30号（邮编100013）。

中国建设标协绿色生态分会第一届委员会于2015年正式成立，第二届理事会成立大会于2019年召开，现有理事150人、常务理事34人、会长1人、副会长6人，并特聘王有为、毛志兵、李迅、程大章、韩继红等知名专家担任顾问。本分会的理事均为热心支持或从事标准化工作，在绿色建筑与生态城区专业领域内具有一定影响力，学术上有成就或工作上有贡献的技术或管理人员，主要来自研究院所、高等院校、规划院、设计院、建设业企业、房地产开发企业、专业技术企业、检验检测认证机构、行业公益机构。分会设立常务理事，在分会全体会议闭会期间行使有关职责。

以针对特殊形态的绿色建筑及区域的评价标准和建设标准、绿色建筑全生命期中建设流程上的重要节点标准、绿色建筑发展所涉及的重点专项技术标准为发展重点，中国建设标协绿色生态分会现已组织行业有关单位开展编制《既有建筑绿色改造技术规程》T/CECS 465—2017等绿色建筑和生态城区领域协会标准295余部，占协会同期立项标准总数的9%。其中，工程建设标准133项（含英文版4项），占协会同期立项标准总数的5%；产品标准162项（含英文版3项），占协会同期立项标准总数的22%。目前已完成标准111项，总完成率37.6%。此外，分会还与有关单位合作组织了国家标准《绿色建筑评价标准》GB/T 50378—2019等标准的宣贯培训，在《工程建设标准化》杂志刊登了"绿色建筑与生态城区"专栏系列论文，与《暖通空调》杂志社、英国建筑研究院（BRE）、法国建筑科学技术中心（CSTB）、德国可持续建筑委员会（DGNB）等国内外机构开展交流合作，并组织编写《中国绿色建筑与绿色生态城区标准》年度报告。

中国建设标协绿色生态分会积极响应和切实贯彻《标准化法》《国家标准化发展纲要》《关于推动城乡建设绿色发展的意见》《绿色建筑创建行动方案》等国家政策文件，联合绿色建筑与生态城区领域各方面的力量，积极开展工程建设标准化活动，反映会员诉求，不断提高绿色建筑与生态城区领域工程建设标准化科学技术水平和标准化工作者的素养，促进绿色建筑与生态城区标准化事业的健康发展。围绕绿色建筑和生态城区协会标准这一工作核心，将其打造成为绿色建筑国家标准和行业标准的有益补充和有力支撑，进而共同达成优势互补、良性互动、协同发展的标准化工作模式，为我国城乡绿色高质量发展和美丽中国建设贡献力量。

历届委员会/理事会的组织机构情况：

第一届委员会（2015年11月）
主 任 委 员：王清勤
副主任委员：鹿　勤　程志军　林波荣　林常青
秘 书 长：程志军（兼）
副 秘 书 长：叶　凌

第二届理事会（2019年10月）
会　　　长：王清勤
副 会 长：林波荣　刘加平　李向民　杨仕超　高立新
秘 书 长：赵　力
副 秘 书 长：叶　凌（常务）　朱荣鑫　仇丽娉　李国柱　吴伟伟　何更新　张永炜
　　　　　　夏子清　盖轶静

附录2 国家技术标准创新基地（建筑工程）绿色建筑专业委员会

国家技术标准创新基地（建筑工程）（以下简称"创新基地"），英文译名：NATIONAL TECHNICAL STANDARD INNOVATION BASE OF CONSTRUCTION ENGINEERING，英文缩写：NTSIB-CE，是在国家标准化管理委员会、住房和城乡建设部的指导下，由中国建筑科学研究院有限公司和中国建筑标准设计研究院有限公司会同住房城乡建设领域内的有关企业、科研院所、高校、行业组织等单位及专家，通过建筑工程科技成果创新、标准实施应用与推广而打造的建筑工程全产业链的标准孵化器和标准化创新服务平台。

国家技术标准创新基地（建筑工程）绿色建筑专业委员会（简称"创新基地绿色建筑专委会"），英文译名为：BRANCH OF GREEN BUILDING, NATIONAL TECHNICAL STANDARD INNOVATION BASE OF CONSTRUCTION ENGINEERING，是由绿色建筑领域内的有关企业、科研院所、高校、行业组织等单位及专家自愿参加组成，经国家技术标准创新基地（建筑工程）批准成立。创新基地绿色建筑专委会的依托单位是中国建筑科学研究院有限公司，办公住所设在北京市朝阳区北三环东路30号（邮编100013）。

创新基地绿色建筑专委会第一届委员会于2021年正式成立，现有主任委员1名、副主任委员15名、常务委员23名、委员62名。本专委会实行委员制，委员由绿色建筑领域的科研、高校、勘察设计、施工、监理、生产、检验检测、认证、监测等单位及有关学会、协会等行业组织代表构成。同时，本专委会下设秘书处，现有秘书长1名、副秘书长4名，主要在主任委员领导下负责组织开展绿色建筑领域创新基地工作及专委会日常事务。

在创新基地的指导下，创新基地绿色建筑专委会主要工作包括：加强与政府部门、各级标准化管理机构的联系，组织委员参与绿色建筑及建筑工业化行业的工程建设国家标准、行业标准、地方标准、团体标准的制修订、审查、宣贯及有关的科学研究工作；组织开展绿色建筑及建筑工业化行业的标准化学术活动、培训、编辑出版书刊和资料；组织开展绿色建筑及建筑工业化行业的工程建设标准化服务，包括工程建设标准化技术咨询、项目论证和成果评价等；接受企业委托，协助编制企业标准；组织开展绿色建筑及建筑工业化行业的工程建设标准化国际合作和交流，参与国际标准化活动；为住房和城乡建设部标准化主管部门提供绿色建筑及建筑工业化行业的标准化信息和政策建议。通过上述工作，围绕建筑业转型升级，推动我国绿色建筑高质量发展。

创新基地绿色建筑专委会以习近平新时代中国特色社会主义思想为指导，遵守我国宪法、法律、法规和国家有关方针政策，遵守社会道德风尚，自觉加强诚信自律建设，坚定不移贯彻"创新、协调、绿色、开放、共享"的新发展理念，坚持以服务为宗旨，联合绿色建筑领域各方面力量，有效整合绿色建材研发、生产与绿色建筑科研、设计、施工、运营行业资源，不断完善绿色建筑及建筑工业化相关工程建设、运营管理、能源管理体系等标准，打造绿色建筑及建筑工业化创新成果转化为技术标准的服务平台，助推创新技术和产品市场化、产业化和国际化。

历届委员会 / 理事会的组织机构情况：

第一届委员会（2021 年 6 月）
主 任 委 员：王清勤
副主任委员：蒋航军　李向民　林波荣　刘加平　刘艳峰　刘永刚　毛志兵　沈立东
　　　　　　汪　杰　王美华　王庆辉　徐　伟　杨仕超　张永志　张　宇
秘 书 长：赵 力
副秘书长：姜　波　孟　冲　张　淼　朱荣鑫

附录 3 可持续建筑与城区标准化大事记

◆ 国家和地方重大政策发布

2020 年 4 月 24 日，北京市住房和城乡建设委联合市规划和自然资源委员会、市财政局印发《北京市装配式建筑、绿色建筑、绿色生态示范区项目市级奖励资金管理暂行办法》（京建法〔2020〕4 号），新增装配式建筑奖励政策，提高绿色建筑奖励标准，完善绿色生态示范区奖励管理。

2020 年 7 月 15 日，住房和城乡建设部等七部委联合印发《绿色建筑创建行动方案》（建标〔2020〕65 号），提出推动新建建筑全面实施绿色设计。制修订相关标准，将绿色建筑基本要求纳入工程建设强制规范，提高建筑建设底线控制水平。推动绿色建筑标准实施，加强设计、施工和运行管理。推动各地绿色建筑立法，明确各方主体责任，鼓励各地制定更高要求的绿色建筑强制性规范。

2020 年 7 月 22 日，住房和城乡建设部等部门发布《关于印发绿色社区创建行动方案的通知》。提出到 2022 年，绿色社区创建行动取得显著成效，力争全国 60% 以上的城市社区参与创建行动并达到创建要求，基本实现社区人居环境整洁、舒适、安全、美丽的目标。

2020 年 8 月 18 日，住房和城乡建设部、教育部、工业和信息化部、公安部、商务部、文化和旅游部、卫生健康委员会、税务总局、市场监督管理总局、体育总局、能源局、邮政局、中国残联等十三部门联合就开展居住社区建设补短板行动提出意见，并发布《住房和城乡建设部等部门关于开展城市居住社区建设补短板行动的意见》（建科规〔2020〕7 号）。《意见》提出"落实完整居住社区建设标准"的重点任务。

2020 年 9 月 10 日，住房和城乡建设部官网发布《关于认定第二批装配式建筑示范城市和产业基地的通知》（建办标函〔2020〕470 号）。

2020 年 9 月 24 日，世界绿色建筑委员会发布一份新的报告，概述了亚太地区固碳所带来的气候和商业价值，并呼吁到 2050 年实现建筑业的近零排放。

2020 年 10 月 13 日，财政部、住房和城乡建设部发布《关于政府采购支持绿色建材促进建筑品质提升试点工作的通知》，要求形成绿色建筑和绿色建材政府采购需求标准。选择一批绿色发展基础较好的城市，在政府采购工程中探索支持绿色建筑和绿色建材推广应用的有效模式，形成可复制、可推广的经验。试点城市为南京市、杭州市、绍兴市、湖州市、青岛市、佛山市。

2020 年 12 月 9 日，联合国环境规划署（UNEP）最新发布的报告指出，疫情后的绿色复苏有望推动全球在预测的 2030 年温室气体排放量基础上减排25%，使世界更接近《巴黎协定》设定的 2℃温控目标。

2020 年 12 月 17 日，世界绿色建筑委员会发布《全球建筑与建造状况报告》，该报告概述了全球建筑和建筑业在实现《巴黎气候协定》目标方面的工作进展和成果。

2020 年 12 月 21 日，国务院新闻办公室发布《新时代的中国能源发展》白皮书。中国能源供应保障能力不断增强，基本形成了煤、油、气、电、核、新能源和可再生能源多轮驱动的能源生产供给体系。

2020 年，云南省、河北省、宁夏回族自治区、山东省、安徽省、山西省、湖北省、黑龙江省、福建省、河南省、重庆市、天津市、吉林省、陕西省等积极贯彻落实住房和城乡建设部、国家发展改革委员会等部门印发的《绿色建筑创建行动方案》的要求，结合各地实际情况，编制、印发了各地的《绿色建筑创建行动计划》，明确目标和任务。部分省市还印发了《绿色社区创建行动计划》。

2021 年 1 月 8 日，住房和城乡建设部发布《住房和城乡建设部关于印发绿色建筑标识管理办法的通知》（建标规〔2021〕1 号），旨在规范绿色建筑标识管理，推动绿色建筑高质量发展。

2021 年 1 月 19 日，市场监管总局、生态环境部、住房和城乡建设部、水利部、农业农村部、国家卫生健康委、林草局等七部门联合印发《关于推动农村人居环境标准体系建设的指导意见》（国市监标技函〔2020〕207 号）。《指导意见》根据当前农村人居环境发展现状和实际需求，明确了五大方面三个层级的农村人居环境标准体系框架，确定了标准体系建设、标准实施推广等重点任务，提出了运行机制、工作保障、技术支撑、标准化服务四个方面的保障措施。

2021 年 1 月 29 日，科技部发布了《科技部关于印发〈国家高新区绿色发展专项行动实施方案〉的通知》（国科发〔2021〕28 号）。《方案》提出引导国家高新区加强绿色技术供给，构建绿色技术标准及服务体系。引导国家高新区强化绿色标准贯彻实施，引导企业运用绿色技术进行升级改造，推进标准实施效果评价和成果应用。

2021 年 2 月 22 日，国务院发布了《国务院关于加快建立健全绿色低碳循环发展经济体系的指导意见》（国发〔2021〕4 号）。《意见》指导制定行业相关绿色标准，提出开展绿色标准体系顶层设计和系统规划，形成全面系统的绿色标准体系。加快标准化支撑机构建设。

2021 年 3 月 12 日，《中华人民共和国国民经济和社会发展第十四个五年规划和 2035 年远景目标纲要》对外公布。《规划纲要》全文共十九篇，六十五章。其中，涉及工程建设及住房城乡建设 29 条，涉及标准化工作 20 条。

2021 年 4 月 6 日，住房和城乡建设部、中央网信办、教育部、科技部、工业和信息化部、公安部、民政部、人力资源社会保障部、交通运输部、商务部、文化和旅游部、卫生健康委、应急部、市场监管总局、广电总局、体育总局联合印发《住房和城乡建设部等部门关于加快发展数字家庭提高居住品质的指导意见》（建标〔2021〕28 号）。《意见》提出到 2025 年底，构建比较完备的数字家庭标准体系。

2021 年 4 月 6 日，国家标准委发布了《国家标准化管理委员会关于印发〈2021 年全国标准化工作要点〉的通知》（国标委发〔2021〕7 号），提出五大项 90 条要求。

2021 年 4 月 8 日，国家发展改革委发布《国家发展改革委关于印发〈2021 年新型城镇化和城乡融合发展重点任务〉的通知》（发改规划〔2021〕493 号），提出 7 方面 24 项任务。要求在住建领域落实适用、经济、绿色、美观的新时期建筑方针。

2021年4月21日，三部委联合印发《中国人民银行发展改革委证监会关于印发〈绿色债券支持项目目录（2021年版）〉的通知》（银发〔2021〕96号），并随文发布《绿色债券支持项目目录（2021年版）》。绿色建筑、可持续建筑等新时期国家重点发展的绿色产业首次入选目录。

2021年5月25日，住房和城乡建设部、科技部、工业和信息化部、民政部、生态环境部、交通运输部、水利部、文化和旅游部、应急部、市场监管总局、体育总局、能源局、林草局、文物局、乡村振兴局联合发布《住房和城乡建设部等15部门关于加强县城绿色低碳建设的意见》（建村〔2021〕45号）。《意见》明确提出大力发展绿色建筑和建筑节能。

2021年7月7日，国家发展改革委印发《国家发展改革委关于印发"十四五"循环经济发展规划的通知》（发改环资〔2021〕969号）。《规划》以全面提高资源利用效率为主线，围绕工业、社会生活、农业三大领域，提出了"十四五"循环经济发展的主要任务。

2021年7月11日，《中共中央 国务院关于加强基层治理体系和治理能力现代化建设的意见》发布，推进社区服务标准化，健全基层智慧治理标准体系。

2021年7月22日，《中共中央 国务院关于新时代推动中部地区高质量发展的意见》发布，顺应新时代新要求，为推动中部地区高质量发展勾勒蓝图。提出加快形成绿色生产生活方式。支持开展低碳城市试点，积极推进近零碳排放示范工程，开展节约型机关和绿色家庭、绿色学校、绿色社区、绿色建筑等创建行动，提升生态碳汇能力。

2021年9月22日，中共中央、国务院印发《中共中央 国务院关于完整准确全面贯彻新发展理念做好碳达峰碳中和工作的意见》，明确了"提升城乡建设绿色低碳发展质量，大力发展节能低碳建筑""完善标准计量体系，加快节能标准更新升级，加强标准国际衔接"为碳达峰碳中和工作重点任务之一。

2021年10月10日，中共中央、国务院印发《国家标准化发展纲要》，提出"优化标准化治理结构，增强标准化治理效能，提升标准国际化水平，加快构建推动高质量发展的标准体系"的新要求新战略。《纲要》为我国标准化工作与改革指明方向，一是实现标准供给由政府主导向政府与市场并重转变；二是实现标准运用由产业与贸易为主向经济社会全域转变；三是实现标准化工作由国内驱动向国内国际相互促进转变；四是实现标准化发展由数量规模型向质量效益型转变。

2021年10月23日，中共中央、国务院印发《关于推动城乡建设绿色发展的意见》，提出转变城乡建设发展方式，建设高品质绿色建筑，实现工程建设全过程绿色建造。《意见》强调，要建设国际化工程建设标准体系，完善相关标准。

2021年10月26日，国务院发布《关于印发〈2030年前碳达峰行动方案〉的通知》（国发〔2021〕23号）。要求在城乡建设碳达峰行动中，加快推进城乡建设绿色低碳发展。推动建立以绿色低碳为导向的城乡规划建设管理机制，制定建筑拆除管理办法，杜绝大拆大建。建设绿色城镇、绿色社区。加快更新建筑节能、市政基础设施等标准，提高节能降碳要求。加强适用于不同气候区、不同建筑类型的节能低碳技术研发和推广，推动超低能耗建筑、低碳建筑规模化发展。

2021 年 12 月 5 日，中共中央办公厅、国务院办公厅印发《农村人居环境整治提升五年行动方案（2021—2025 年）》，推进制度规章与标准体系建设。

2021 年 12 月 6 日，国家标准化管理委员会等 10 部门联合印发《"十四五"推动高质量发展的国家标准体系建设规划》（国标委联〔2021〕36 号）。文件提出，国家标准更好地同法律法规和相关政策协调配套，标准作为宏观调控、产业推进、行业管理、市场准入和质量监管依据的作用更加凸显。

2022 年 1 月 10 日，国家发展改革委、国家能源局、工业和信息化部、财政部、自然资源部、住房和城乡建设部、交通运输部、农业农村部、应急部、市场监管总局联合印发《国家发展改革委等部门关于进一步提升电动汽车充电基础设施服务保障能力的实施意见》（发改能源规〔2022〕53 号）。

2022 年 1 月 11 日，国家卫生健康委印发《国家卫生健康委关于印发"十四五"卫生健康标准化工作规划的通知》（国卫法规发〔2022〕2 号）。提出加强公共卫生环境基础设施标准化建设，以推进城乡环境卫生整治为目标，加快环境场所类、环境介质类标准制定，完善环境健康调查监测标准、环境健康风险评估标准。

2022 年 1 月 18 日，国家发展改革委、工业和信息化部、住房和城乡建设部、商务部、市场监管总局、国管局、中直管理局联合印发《国家发展改革委等部门关于印发〈促进绿色消费实施方案〉的通知》（发改就业〔2022〕107 号），文件提出积极推广绿色居住消费。推动绿色建筑、低碳建筑规模化发展，将节能环保要求纳入老旧小区改造。推进农房节能改造和绿色农房建设。

2022 年 1 月 21 日，住房和城乡建设部发布《住房和城乡建设部关于印发中国人居环境奖申报与评选管理办法的通知》（建城〔2022〕12 号），进一步加强对人居环境建设工作的指导，规范中国人居环境奖的申报与评选管理。

2022 年 2 月 15 日，国家标准化管理委员会发布《国家标准化管理委员会关于印发〈2022 年全国标准化工作要点〉的通知》（国标委发〔2022〕8 号），深化标准化改革创新，构建推动高质量发展的标准体系。提出组织编制碳达峰碳中和标准体系建设指南，推动碳排放术语、管理体系、碳排放核算报告、生态碳汇等一批基础通用标准研制。

2022 年 2 月 15 日，国家标准化管理委员会印发《国家标准化管理委员会关于成立国家碳达峰碳中和标准化总体组的通知》（国标委发〔2022〕9 号），并公布了总体组的组长、副组长、顾问以及专家成员名单。

2022 年 2 月 15 日，国家标准委发布了《国家标准化管理委员会关于印发〈2022 年全国标准化工作要点〉的通知》（国标委发〔2022〕8 号），提出发布实施促进团体标准规范优质发展的意见，实施团体标准培优计划，推动学会、协会、商会团体标准化建设，引导社会团体制定原创性、高质量标准；完善团体标准化良好行为系列国家标准，推动团体标准组织开展自我评价和自我声明；修订国家技术标准创新基地管理办法，发布国家技术标准创新基地申报指南。

2022 年 2 月 22 日，《中共中央 国务院关于做好 2022 年全面推进乡村振兴重点工作的意见》，即 2022 年中央一号文件发布。文件第五条"扎实稳妥推进乡村建设"指出，健全乡村建设实施机制，接续实施农村人居环境整治提升五年行动，扎实开展重点领域农村基础设施建设，大力推进数字乡村建设，加强基本公共服务县域统筹，加快推进以县城为重要载体的城镇化建设。

2022年2月23日，经国务院标准化协调推进部际联席会议全体会议审议通过，国家标准化管理委员会等十七部门联合印发了《关于促进团体标准规范优质发展的意见》（国标委联〔2022〕6号）。《意见》分别从提升团体标准组织标准化工作能力、建立以需求为导向的团体标准制定模式、拓宽团体标准推广应用渠道、开展团体标准化良好行为评价、实施团体标准培优计划、促进团体标准化开放合作、完善团体标准发展激励政策、增强团体标准组织合规性意识、加强社会监督和政府监管、完善保障措施等方面给出了指导意见。

2022年3月1日，住房和城乡建设部发布《住房和城乡建设部关于印发〈"十四五"建筑节能与绿色建筑发展规划〉的通知》（建标〔2022〕24号），提出了提升绿色建筑发展质量、提高新建建筑节能水平、加强既有建筑节能绿色改造、推动可再生能源应用、实施建筑电气化工程、推广新型绿色建造方式等重点任务，并提出健全法规标准体系、落实激励政策保障、创新工程质量监管模式等保障措施。

2022年3月10日，国家发展改革委发布了《国家发展改革委关于印发〈2022年新型城镇化和城乡融合发展重点任务〉的通知》（发改规划〔2022〕371号）。《重点任务》明确要加快推进新型城市建设，加快改造城镇老旧小区，更多采用市场化方式推进大城市老旧厂区改造，高质量高标准推进国家级新区建设。

2022年3月21日，住房和城乡建设部发布了《住房和城乡建设部关于印发2022年工程建设规范标准编制及相关工作计划的通知》（建标函〔2022〕21号）。将开展对《绿色建筑评价标准》GB/T 50378—2019、《民用建筑绿色设计规范》JGJ/T229—2010的局部修订。

◆ **国家、行业、协会、学会标准发布实施**

编号	标准名称	标准号	发布时间	实施日期	发布机构
1	《健康社区评价标准》	T/CECS 650—2020 T/CSUS 01—2020	2020年3月21日	2020年9月1日	中国城市科学研究会和中国工程建设标准化协会
2	《绿色建筑评价标准》英文版	GB/T 50378—2019	2020年5月7日		住房和城乡建设部
3	《居住区智能化改造技术规程》	T/CECS 693—2020	2020年5月11日	2020年11月1日	中国工程建设标准化协会
4	《智慧医院评价标准》	T/CECS 711—2020	2020年6月16日	2020年12月1日	中国工程建设标准化协会
5	《健康小镇评价标准》	T/CECS 710—2020	2020年6月16日	2020年12月1日	中国工程建设标准化协会
6	《绿色城市轨道交通建筑评价标准》	T/CECS 724—2020	2020年7月20日	2021年1月1日	中国工程建设标准化协会
7	《绿色超高层建筑评价标准》	T/CECS 727—2020	2020年7月20日	2021年1月1日	中国工程建设标准化协会
8	《绿色建筑检测技术标准》	T/CECS 725—2020	2020年7月20日	2021年1月1日	中国工程建设标准化协会
9	《健康医院建筑评价标准》	T/CECS 752—2020	2020年8月31日	2021年1月1日	中国工程建设标准化协会

编号	标准名称	标准号	发布时间	实施日期	发布机构
10	《绿色智慧产业园区评价标准》	T/CECS 774—2020	2020 年 11 月 25 日	2021 年 4 月 1 日	中国工程建设标准化协会
11	《既有工业建筑民用化改造绿色技术规程》	T/CECS 753—2020	2020 年 9 月 28 日	2021 年 2 月 1 日	中国工程建设标准化协会
12	《既有住区健康改造评价标准》	T/CSUS 08—2020	2020 年 11 月 13 日	2020 年 12 月 1 日	中国城市科学研究会
13	《民用建筑室内绿色评价标准》	T/CSUS 10—2020	2020 年 11 月 26 日	2020 年 12 月 1 日	中国城市科学研究会
14	《既有居住建筑低能耗改造技术规程》	T/CECS 803—2021	2021 年 1 月 12 日	2021 年 6 月 1 日	中国工程建设标准化协会
15	《汽车工业绿色厂房评价标准》	T/CECS 802—2021	2021 年 1 月 12 日	2021 年 6 月 1 日	中国工程建设标准化协会
16	《绿色装配式边坡防护技术规程》	T/CECS 812—2021	2021 年 1 月 29 日	2021 年 6 月 1 日	中国工程建设标准化协会
17	《绿色港口客运站建筑评价标准》	T/CECS 829—2021	2021 年 3 月 8 日	2021 年 8 月 1 日	中国工程建设标准化协会
18	《既有城市住区环境更新技术标准》	T/CECS 871—2021	2021 年 6 月 2 日	2021 年 11 月 1 日	中国工程建设标准化协会
19	《既有城市住区海绵化改造评估标准》	T/CECS 903—2021	2021 年 8 月 24 日	2022 年 1 月 1 日	中国工程建设标准化协会
20	《建筑节能与可再生能源利用通用规范》	GB 55015—2021	2021 年 9 月 8 日	2022 年 4 月 1 日	住房和城乡建设部
21	《建筑环境通用规范》	GB 55016—2021	2021 年 9 月 8 日	2022 年 4 月 1 日	住房和城乡建设部
22	《市政公用工程绿色施工评价标准》	T/CECS 975—2021	2021 年 12 月 29 日	2022 年 5 月 1 日	中国工程建设标准化协会
23	《健康建筑可持续运行评价技术规范》	T/CSUS 39—2022	2022 年 3 月 3 日	2022 年 3 月 31 日	中国城市科学研究会

◆ 重要组织活动

2020 年 3 月 23 日，世界绿色建筑委员会（WorldGreen Building Council）发文刊登中国绿色建筑在应对新型冠状病毒肺炎（COVID-19）中的贡献。文中指出绿色建筑是中国建筑科技发展过程中的重要里程碑，肯定了中国建筑科学研究院有限公司、上海市建筑科学研究院（集团）有限公司牵头编制的《绿色建筑评价标准》GB/T 50378—2019 在疫情防控中的积极作用。

2020 年 6 月 16 日，中国建设教育协会、中国城市科学研究会绿色建筑与节能专业委员会联合公布，"第二届全国高等院校绿色建筑设计技能大赛"杰出作品、优秀作品的公告，大赛组委会专业技术评审组对 186 项初赛晋级决赛的作品进行了评审，推选出 64 项作品由 15 位专家进行了现场评审，最终推选出杰出作品 56 项和优秀作品 95 项。

2020 年 6 月 19 日，由中国建筑科学研究院有限公司牵头，住房和城乡建设部科技与产业化发展中心、中国城市科学研究会、西安建筑科技大学、华南理工大学、西南交通大学、中国建筑材料科学研究总院有限公司、中建科工集团有限公司、北京建筑技术发展有限责任公司、世界绿色建筑委员会、英国建筑科学研究院、德国可持续建筑委员会、马来亚大学及越南建筑材料科学研究院共同参与的国家重点研发计划"'一带一路'共建国家绿色建筑技术和标准研发与应用"项目（编号2020YFE0200300）获科技部"战略性科技创新合作"重点专项立项并成功启动。

2020年7月30日，由国际知名专业权威机构英国皇家特许测量师学会（RICS）举办的"RICS Awards China 2020"颁奖典礼在上海静安香格里拉大酒店隆重举行，数百名行业领军企业和专家齐聚一堂、共襄盛举。华建集团上海建筑科创中心获得"年度可持续发展成就冠军奖""年度研究团队优秀奖"两项大奖。

2020年8月7日，国家标准化管理委员会复函批准，同意由中国建筑科学研究院有限公司协同有关单位筹建国家技术标准创新基地（建筑工程）。这是我国在城乡建设领域首次获得筹建的国家级技术标准创新基地。

2020年8月18日，由中国建筑科学研究院有限公司、全联房地产商会联合主办的"第十二届全国既有建筑改造大会"在北京隆重召开。本届大会主题为"凝聚行业力量，助力城市更新"。

2020年8月24日，住房和城乡建设部、中国人民银行、中国银保监会等三部委联合发文，批准湖州市正式成为全国首个绿色建筑和绿色金融协同发展试点城市。

2020年8月26～27日，第十六届国际绿色建筑与建筑节能大会暨新技术与产品博览会在苏州国际博览中心举行，大会主题为"升级住房消费—健康绿色建筑"。

2020年9月8日，"2020（第二届）健康建筑大会"以在线会议的形式召开，会议主题为"从健康建筑到健康社区，共建健康人居"。

2020年9月9日，第三届"绿色建筑设计"技能大赛通知发布。首届大赛吸引到参赛的高校团队达360支、第二届达611支。

2020年9月22～23日，住房和城乡建设部在上海召开全国建筑节能、绿色建筑、装配式建筑和绿色建材发展座谈会。

2020年10月22日，财政部国库司、住房和城乡建设部标准定额司联合召开座谈会，对政府采购支持绿色建材促进建筑品质提升试点工作进行动员部署。

2020年11月5日，由住房和城乡建设部科技与产业化发展中心组织的"第十九届全国装配式建筑暨智能建造发展交流大会"在北京隆重召开，来自全国各省市住房和城乡建设领域的领导、专家、相关企业代表等300余人现场参会，2600余人线上观看了直播。

2020年11月10日，世界绿色建筑委员会《健康与福祉工作框架》亚太地区发布会通过线上方式举行。

2020年11月16日，由中国建筑科学研究院有限公司牵头编制的国家全文强制性工程建设规范《建筑环境通用规范（送审稿）》通过住房和城乡建设部标准定额司组织的专家审查会审查。

2020年11月18～19日，第七届全国近零能耗建筑大会在北京召开。大会以"收官'十三五'、展望'十四五'、创新中国体系、推动产业升级"为主题。

2020 年 11 月 24 日，由中国建筑科学研究院有限公司牵头编制的国家全文强制性工程建设规范《建筑节能与可再生能源利用通用规范（送审稿）》通过住房和城乡建设部标准定额司组织的专家审查会审查。

2020 年 11 月 24 日，住房和城乡建设部副部长倪虹与瑞士联邦驻华大使罗志谊举行会谈，并签署住房和城乡建设部与瑞士外交部《关于在建筑节能领域发展合作的谅解备忘录》。

2020 年 11 月 25～27 日，由联合国人居署、上海市住房和城乡建设管理委员会主办、上海市绿色建筑协会承办的"2020 上海国际城市与建筑博览会"在国家会展中心举办，本届城博会认真践行"人民城市人民建，人民城市为人民"重要理念，紧扣"提升社区和城市品质"主题。

2020 年 11 月 25～26 日，第十届夏热冬冷地区绿色建筑联盟大会在上海举行，大会以"提升建筑绿色品质，强化城市智慧管理"为主题，设"绿色可持续升级，建筑高质量发展""发展健康建筑，提升绿色性能""景观赋能，唤醒生活""2020 第二届老旧小区既有建筑改造"四个分论坛。

2020 年 11 月 29 日，健康建筑产业技术创新战略联盟、中国建筑科学研究院有限公司主办的"2020 健康建筑产业创新发展高峰论坛"在北京召开，首次对《健康社区评价标准》进行宣贯。

2020 年 12 月 3 日，世界绿色建筑委员会（WorldGBC）的"亚太地区绿色建筑先锋奖"获奖结果正式公布，绿色建筑女性领袖奖获得者——叶青，Cundall 荣获可持续发展商业领袖奖，CoEvolve Estates 设计的 CoEvolve 北极星，吕元祥建筑师事务所设计的香港高等科技教育学院柴湾校区和 Paramit Malaysia Sdn Bhd 设计的 Paramit Factory in the Forest 荣获可持续设计和性能领导力奖，Arthaland Corporation 的 Arthaland Century Pacific Tower 荣获特别表彰奖。

2020 年 12 月 4 日，住房和城乡建设部、陕西省人民政府签署在城乡人居环境建设中开展美好环境与幸福生活共同缔造活动合作框架协议，提出了建立完善共同缔造活动工作机制、在实施城市更新行动和乡村建设行动等工作中全面开展美好环境与幸福生活共同缔造活动、加强机制创新和人才培养等方面的合作内容。住房和城乡建设部部长王蒙徽、陕西省省长赵一德代表双方签约。

2020 年 12 月 5 日，第五届西南地区建筑绿色化发展年度研讨会在重庆交通大学盛大召开。

2020 年 12 月 10～11 日，"第十届热带及亚热带（夏热冬暖）地区绿色建筑技术论坛"在福州市福建会堂举行，主题是"绿色健康　你我同行"，大会设"绿色建筑设计""绿色节能技术""既有建筑绿色改造"三个分论坛。

2020 年 12 月 21 日，全国住房和城乡建设工作会议在京召开。会议深入学习贯彻习近平总书记关于住房和城乡建设工作的重要指示批示精神，贯彻落实党的十九届五中全会和中央经济工作会议精神，总结 2020 年和"十三五"住房和城乡建设工作，分析面临的形势和问题，提出 2021 年工作总体要求和重点任务。住房和城乡建设部党组书记、部长王蒙徽作工作报告。

2021 年 2 月 14 日，中国建筑科学研究院有限公司、中国建筑标准设计研究院有限公司联合印发《关于积极做好国家技术标准创新基地（建筑工程）碳达峰碳中和标准化工作的通知》，文件提出两点要求：梳理碳达峰碳中和标准清单、鼓励提交碳达峰碳中和和ISO国际标准提案。

2021年4月8日，住房和城乡建设部在北京召开新闻发布会，公布2020年度全国绿色建筑创新奖获奖名单，并对目前我国绿色建筑发展情况，以及在实现"30—60"双碳目标过程中绿色建筑的作用等进行了介绍。会上，强调了七部委联发的《绿色建筑创建行动方案》内容，到2022年，当年城镇新建建筑中绿色建筑面积占比达到70%。

2021年4月29日，住房和城乡建设部印发《住房和城乡建设部关于公布2020年度全国绿色建筑创新奖获奖名单的通知》（建标〔2021〕29号）。按照《全国绿色建筑创新奖管理办法》规定，经项目单位申报、省级住房和城乡建设部门推荐、组织专家评审并向社会公示，确定"北京大兴国际机场旅客航站楼及停车楼工程"等61个项目获得2020年度全国绿色建筑创新奖。

2021年6月19日，国家技术标准创新基地（建筑工程）（以下简称创新基地）成立大会暨第一次全体会议在北京市顺利召开。有关领导、行业知名专家和企业家等80位嘉宾出席大会，800余位代表通过视频直播在线观看。这是我国城乡建设领域成立的首个国家级技术标准创新基地。会上，中国工程建设标准化协会与国家技术标准创新基地（建筑工程）举行了战略合作协议签署仪式。该基地装配式建筑专业委员会、绿色建筑专业委员会同期成立。国家技术标准创新基地是为贯彻落实创新驱动发展战略和《中国制造2025》，贯彻实施国家重大发展战略、重大改革创新举措、重大产业政策而设立的标准化试点示范有效形式，是促进科技创新成果转化为技术标准的服务平台，对助力城乡建设领域技术和产品的创新，激发市场组织标准创新活力，推进工程建设标准化改革具有重要意义。

2021年9月18日，由中国建筑科学研究院有限公司、全联房地产商会联合主办的"第十三届全国既有建筑改造大会"在上海隆重召开，大会主题为"城市更新与建筑改造助力人民美好生活"，旨在推进城市更新与既有建筑改造全行业的有机联动和密切协作，蓄势赋能城市高质量发展，共同构建宜居宜业的城市空间。

2021年9月28日，中国工程建设标准化协会发布了《中国工程建设标准化协会关于"标准科技创新奖"评审结果的公告》，对2021年度标准科技创新奖奖项评审结果进行公示。"标准科技创新奖"是中国工程建设标准化协会报请科技部国家科技奖励办公室批准设立的工程建设领域唯一的标准奖项（奖励编号：0292）。2021年标准科技创新奖标准项目奖48项、个人奖41名、卓越贡献奖10家。其在行业和领域的广泛性、权威性、专业性越来越强，影响力越来越大。标准科技创新奖的设立，有力地调动了标准化工作者的积极性和创造性，推动了工程建设标准的实施和创新，为在全社会、全行业营造标准化良好氛围发挥了积极促进作用。

2021年10月14日，为了贯彻落实《国家标准化发展纲要》，中国工程建设标准化协会与国家技术标准创新基地（建筑工程）联合举办"学习贯彻《国家标准化发展纲要》暨庆祝2021年世界标准日座谈会"，邀请相关领导和专家进行《纲要》专题解读、主题座谈。

2021年12月10日，中国工程建设标准化协会发布实施《工程建设标准编写导则》，编号为 T/CECS 1000—2021，自 2021 年 12 月 1 日起施行。

2021 年 12 月 13 日，由中国工程建设标准化协会等单位联合主办的中国工程建设标准化学术大会在济南召开。大会以"实施标准化纲要，促进高质量发展"为主题。建设部原副部长宋春华和中国工程院周绪红院士、徐建院士等作主旨报告，住房和城乡建设部标准定额司副司长王玮作重要讲话。线上、线下共 8 万余人参加了大会。大会深入贯彻实施《国家标准化发展纲要》，加快构建推动高质量发展的新型标准体系，为"十四五"时期工程建设标准化事业开好局起好步提供有力技术支撑。

2021 年 12 月 13 日，中国工程建设标准化协会在山东济南隆重举行了"2021 年度标准科技创新奖颁奖大会"。有关领导、专家、中国工程建设标准化协会各分支机构代表，以及 2021 年标准科技创新奖标准项目奖、个人奖、卓越贡献奖获奖者及代表参加会议。

2022 年 2 月 10 日，中国工程建设标准化协会印发《关于积极做好协会碳达峰碳中和标准化工作的通知》（建标协函〔2022〕17 号）。